# MicroStation CE开发入门与实战

## ——基于铁路站场BIM设计

## Introduction and Practice of MicroStation CE Development
## —Based on BIM Design of Railway Station and Yard

刘祾頠　郑　洪　韩国兴　著

**图书在版编目(CIP)数据**

MicroStation CE 开发入门与实战:基于铁路站场 BIM 设计/刘祾頠,郑洪,韩国兴著. —武汉:中国地质大学出版社,2023.4

ISBN 978-7-5625-5561-2

Ⅰ.①M… Ⅱ.①刘… ②郑… ③韩… Ⅲ.①铁路车站-建筑设计-计算机辅助设计 Ⅳ.①TU248.1

中国国家版本馆 CIP 数据核字(2023)第 066104 号

**MicroStation CE 开发入门与实战:基于铁路站场 BIM 设计** 刘祾頠 郑 洪 韩国兴 **著**

责任编辑:杜筱娜 选题策划:杜筱娜 责任校对:李焕杰

出版发行:中国地质大学出版社(武汉市洪山区鲁磨路 388 号) 邮政编码:430074
电 话:(027)67883511 传 真:(027)67883580 E-mail:cbb@cug.edu.cn
经 销:全国新华书店 http://cugp.cug.edu.cn

开本:787 毫米×1092 毫米 1/16 字数:360 千字 印张:14.25
版次:2023 年 4 月第 1 版 印次:2023 年 4 月第 1 次印刷
印刷:河北华商印刷有限公司

ISBN 978-7-5625-5561-2 定价:88.00 元

# 前　言

由于在三维设计、数字设计、协同设计等方面展现出巨大优势，近年来 BIM（Building Information Modeling，建筑信息模型）开始在勘察设计行业得到大力推广，出现了许多成功的 BIM 设计案例。作为一种全生命周期技术手段，BIM 除了能有效提升项目的勘察设计技术水平外，更可以实现项目全生命周期的信息集成，将项目各个阶段有效衔接起来，对项目降本增效作用明显。也正因为如此，国内几乎各个设计院都在推行 BIM，但各个设计院都有自己的设计理念、管理机制和技术体系，使得 BIM 推行过程产生了大量的个性化需求，如何将这些个性化需求融入 BIM 设计的过程中，是当前业界普遍面临的难题。商业 BIM 软件虽然为我们提供了强大的 BIM 设计能力，但在解决上述问题时显得有些力不从心。目前来看，解决这些问题较为有效的办法，依然是针对商业 BIM 软件进行二次开发，通过对软件的扩展完善，实现流程再造和功能再生，以此来满足个性化需求，从而提质增效。

Bentley MicroStation 是一款非常优秀的 BIM 设计软件和图形平台，被广泛应用于公路、铁路、市政、房建等领域的 BIM 设计。虽然该软件提供了丰富的开发接口供二次开发，但市面上关于 MicroStation 的开发参考资料非常稀缺，许多想了解和学习 MicroStation 的朋友由于缺乏参考资料而极度苦恼。于是，我们通过整理这些年的项目研发经验，编写了本书，希望能帮助大家快速掌握 MicroStation 的开发技巧。

本书分 3 篇共 12 章，由浅入深地介绍了 Bentley MicroStation 二次开发的方法、步骤、主要接口及关键技术。其中，第 1 章至第 3 章为基础篇，主要介绍 MicroStation 的历史、重要概念及软件操作、三维开发中涉及的数学基础知识；第 4 章至第 9 章为初级篇，主要介绍 MicroStation 的开发准备、图形元素、人机交互、材质、属性数据存储、界面定制等方面的开发内容；第 10 章至第 12 章为高级篇，以铁路站场 BIM 设计为例，对 BIM 二次开发中的关键技术进行了详细讲解。

本书中的内容来自作者多年的项目实践，许多技术细节是首次公开发表。通过阅读此书，读者不仅可以快速掌握 Bentley MicroStation 的二次开发技巧，而且能够深入了解铁路站场工程 BIM 设计技术的方法及原理。本书虽是以铁路站场工程为例，但许多思想也适用于公路、市政、城轨等其他领域，因此本书适用于所有从事与 BIM 设计及软件研发相关的人员。本书既可以作为 Bentley MicroStation 二次开发的入门教程，也可以作为相关领域工作者的技术参考手册。

由于作者水平有限，书中不妥之处在所难免，恳请读者朋友们海涵。最后，很高兴通过此书与大家相识，祝大家阅读愉快！

**著　者**

**2023 年 2 月于武汉**

# 目　录

## 基础篇



## 初级篇

## 高级篇

# 基础篇

# 第1章　MicroStation概述

Bentley 软件公司由 Bentley 兄弟创办于 1984 年，MicroStation 是该公司开发的旗舰产品，广泛地应用于建筑、交通运输等领域。本章将介绍 MicroStation 的历史及软件下载和授权方法。

## 1.1　MicroStation的历史

20 世纪 80 年代初期，一名就职于美国特拉华州杜邦公司的年轻工程师 Keith Bentley 编写了一款软件，该软件可将廉价的图形终端连接到公司的小型计算机，实现工程图纸和模型的可视化，这款软件在公司内部得到了广泛的应用。1983 年，Keith 离开了杜邦公司，加入其兄弟 Barry Bentley 在加利福尼亚州成立的软件公司，在离开杜邦公司时，Keith 通过协商争取到了这款软件的独立出售权。1984 年，Keith 和 Barry 携手成立了 Bentley 软件公司，1985 年他们将公司搬到了宾夕法尼亚州的费城，并在这里招募到了 Ray 和 Scott 以及其他几位年轻的工程师。1986 年，Bentley 软件公司着手开发其旗舰产品——一款独立的计算机三维辅助设计系统，并取名为 MicroStation。MicroStation 于 1987 年正式投入市场，在经历了激烈的市场竞争后，逐渐发展成为全球领先的计算机二、三维辅助设计软件。MicroStation 具有丰富且完善的建模功能，小到螺丝钉，大到建筑物，它都可以设计。MicroStation 还具有广泛的数据兼容能力，能够读取和导入包括 AutoDesk 在内的其他主流 CAD 的数据文件，用它建立的模型也可以被导出为多种主流的三维模型文件，如 3DS、FBX、SKP 等。MicroStation 除了本身是一款强大的计算机辅助设计软件外，还是一款性能优越的图形平台，许多著名的专业设计软件就是以 MicroStation 为图形平台开发的，比如大家熟知的 InRoads、PKPM 等。Bentley 软件公司更是以 MicroStation 为基础，开发了几十款专业设计软件，如 OpenRoads、OpenPlant、ABD 等。

在 30 多年的发展中，MicroStation 一直在不断升级和完善，与大多数商业软件一样，MicroStation 也通过版本号来区分不同时间的产品。MicroStation 的版本有版本名称和版本号两种表示方式，最新的 MicroStation 版本名称前缀叫 CONNECT Edition（简称 CE）。人们经常会被 MicroStation 的版本迷惑，对版本的先后关系不清楚，为此，笔者专门收集了 MicroStation 的版本信息，如表 1 - 1 所示。

**表 1-1　MicroStation 版本一览**

| MicroStation 版本 | 版本号 | 发布日期 |
|---|---|---|
| CE Update 17 | 10.17.0.209 VUE 渲染引擎(SES) | 2022/07/01 |
| CE Update16.3 | 10.16.03.11 VUE 渲染引擎(SES) | 2022/04/05 |
| CE Update16.2 | 10.16.02.34 VUE 渲染引擎(SES) | 2021/12/07 |
| CE Update16.1 | 10.16.01.56 VUE 渲染引擎(SES) | 2021/10/13 |
| CE Update16 | 10.16.00.80 VUE 渲染引擎(SES) | 2021/06/22 |
| CE Update15.2 | 10.15.02.11 VUE 渲染引擎预览(SES) | 2021/03/17 |
| CE Update15 | 10.15.00.74 VUE 渲染引擎预览(SES) | 2020/11/21 |
| CE Update14 | 10.14.02.01(SES) | 2020/08/13 |
| CE Update13 | 10.13.01.01(SES) | 2019/09/12 |
| CE Update12 | 10.12.00.40(SES) | 2019/03/04 |
| CE Update11 | 10.11.00.36 (SES) | 2018/11/05 |
| CE Update10 | 10.10.00.23 | 2018/07/05 |
| CE Update9 | 10.09.01.01 | 2018/04/23 |
| CE Update8 | 10.08.00.37/10.08.00.41(简体中文版) | 2018/02/20 |
| CE Update7 | 10.07.00.39 | 2017/11/10 |
| CE Update6 | 10.06.00.38 | 2017/08/01 |
| CE Update5 | 10.05.00.40 | 2017/05/09 |
| CE Update4 | 10.04.00.46 | 2017/01/17 |
| CE Update3 | 10.03.00.30 | 2016/10/19 |
| CE Update2 | 10.02.00.39 | 2016/07/28 |
| CE Update1 | 10.01.00.13 | 2016/04/22 |
| CE | 10.00.00.25/10.0.0.30(简体中文版) | 2015/08/27 |
| V8i SS10 | 08.11.09.916 | 2019/05/03 |
| V8i SS4 | 08.11.09.829/08.11.09.833(简体中文版) | 2016/03/18 |
| V8i SS3 Update2 | 08.11.09.459 | 2013/06/27 |
| V8i SS3 Update1 | 08.11.09.357 | 2012/09/17 |
| V8i SS3 | 08.11.09.292 | 2012/03/15 |
| V8i SS2 | 08.11.07.443 | 2010/07/16 |
| V8i SS1 | 08.11.07.171 | 2009/11/02 |
| V8i | 08.11.05.17 | 2008/10/29 |
| V8XM | 08.09.04.88 | 2008/07/10 |
| V8-2004 | 08.05.02.70 | 2007/11/28 |
| J | 07.01.05.03 | 2005/02/08 |

## 1.2　软件下载

在 Bentley 中国优先社区的网站上，Bentley 公司提供了 Bentley 系列产品的下载链接供用户下载试用，试用期限一般为 14 天。其中 MicroStation CONNECT 的下载地址如下：https://communities. bentley. com/communities/other_communities/chinafirst/w/chinawiki/39555/modeling–and–visualization。

## 1.3　软件授权

Bentley 软件的授权分为 Select Licensing 和 Connect Licensing。Select Licensing 采用激活码的方式来实现软件的授权，Connect Licensing 采用账号登录的方式实现软件的授权。V8i 之前的版本都采用 Select Licensing 的方式授权，CE 版本都采用 Connect Licensing 的方式授权。

Connect Licensing 是 Bentley 采用的新一代产品激活方法，能有效提升用户的数字化工作流并加强许可的监管性能。它具有以下特点：

(1) 许可用量提醒。用户可自定义用量的临界值，当实际用量达到这个值时，可以收到警报提醒。

(2) 废弃激活码方式。通过用户账号进行认证，提升许可管理的安全性。

传统的激活方法是，一个单位将产品激活码分发给每个用户进行软件激活。在 Connect Licensing 的方式下，软件激活通过用户登录的 Connection Client 账号进行认证。这种方式下，许可管理更加安全便捷，比如用户管理员可以根据购买数量设置合理的用量临界值，当实际用量达到这个值，下一个用户再尝试打开软件时，会收到用量超出的提醒，此时用户关闭软件就不会产生超用。为了让用户能实时查看软件的许可状态，Bentley 提供了 Bentley Licensing Tool(图 1 – 1)，该工具可以显示软件的到期时间、当前许可类型、是否允许在线等信息。

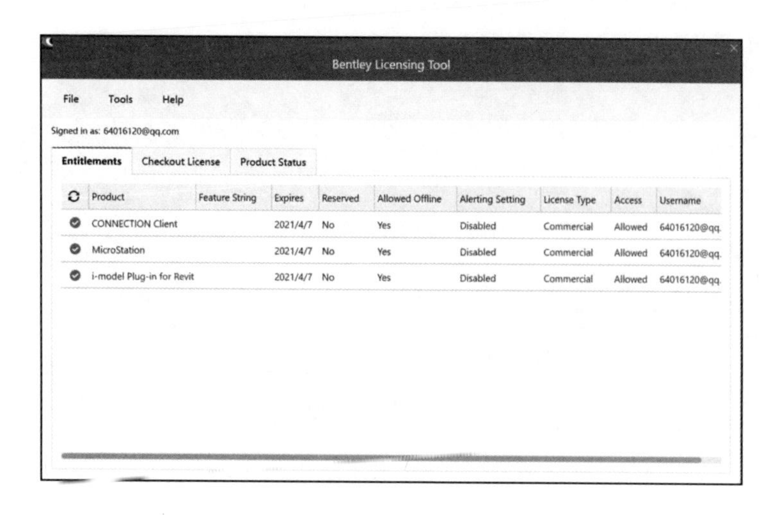


图 1 – 1　许可工具对话框

# 第2章　初识MicroStation

要使用 MicroStation 开发应用软件，首先需要对 MicroStation 的工作机制、内置命令有一定的了解和认识，只有充分掌握软件本身的使用方法，开发起来才会得心应手。本章将对 MicroStation 的软件界面、DGN 文件、工作单位、坐标系统等基础知识进行简要介绍，让大家对 MicroStation 有初步了解。

## 2.1　软件界面

MicroStation CE 版采用了全新的 Ribbon 界面，最上面为快速访问栏，如图 2－1 中的①所示，通过该栏中的工作流下拉框可以快速切换工作流。该栏还提供保存、回退、重做等常用按钮供用户快速访问。快速访问栏下面为菜单选项卡，如图 2－1 中的②所示，此处显示每个工作流下面的菜单项，单击菜单选项卡，可以调出该菜单的可用工具。软件的中间部分为视图窗口，如图 2－1 中的③所示，用于显示用户的模型，用户可以在此窗口执行交互操作，如缩放、旋转、拾取等。软件的底部为状态栏，如图 2－1 中的④所示，用于显示软件或用户操作的状态和提示。

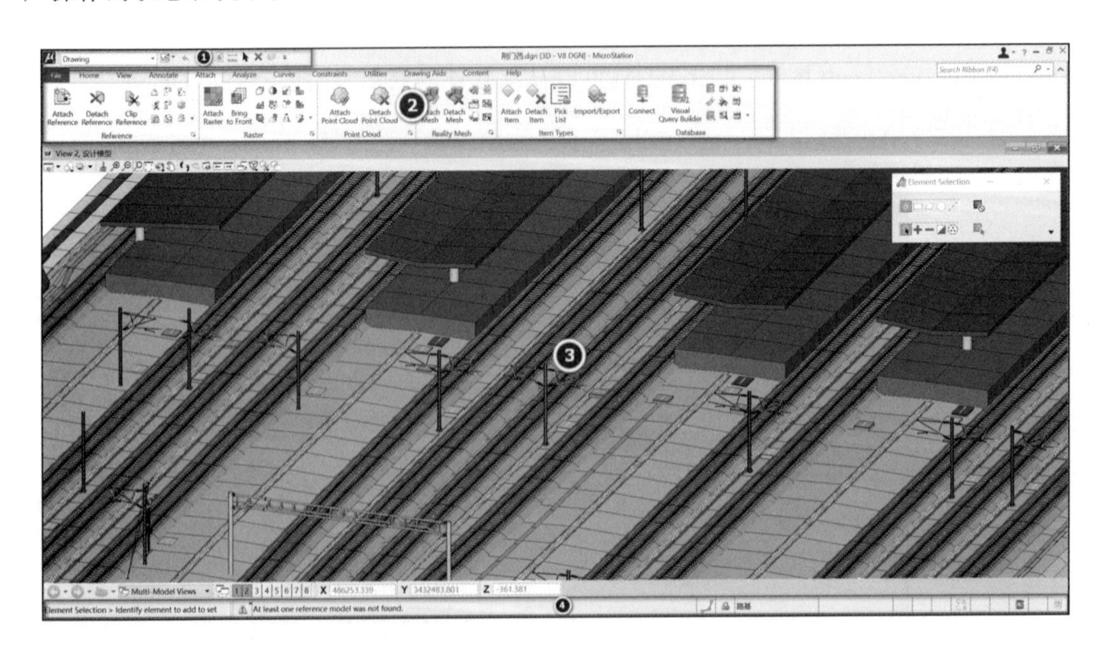

图 2－1　MicroStation 主界面

## 2.2　DGN 文件介绍

MicroStation 存储数据的文件叫 DGN 文件，扩展名为 .dgn，实际上因为 Bentley 全系软件都是以 MicroStation 为图形平台，所以 Bentley 全系软件的数据文件都是 DGN 文件。DGN 文件其实存储了两种内容，即工作标准和工作内容。用户定义的单元、文字样式、标注样式以及界面元素、模板都是以工作标准的形式存储在 DGN 文件中的。用户绘制的图形、标注、模型等与项目相关的设计成果，则是作为工作内容存储在 DGN 文件中的。

为便于工作内容的管理，DGN 文件内部被分成了不同的存储区域，在 MicroStation 中叫模型(Model)，这里的模型与我们一般所说的模型稍有不同，这里的模型是指区域。用户可以在 DGN 中创建新的 Model，也可以删除或修改现有的 Model。DGN 的 Model 分为 2D 和 3D 两种类型，2D 类型的 Model 只能存储二维图形，3D 类型的 Model 则可以存储三维图形和模型。每个 DGN 会有一个默认的 Model，这个 Model 是不允许被用户删除的。用户可以根据自己的需要，将不同的设计内容放在不同的 DGN 文件中，也可以将不同的设计内容放在同一个 DGN 文件的不同 Model 中。图 2－2 为 MicroStation 中的模型管理界面。

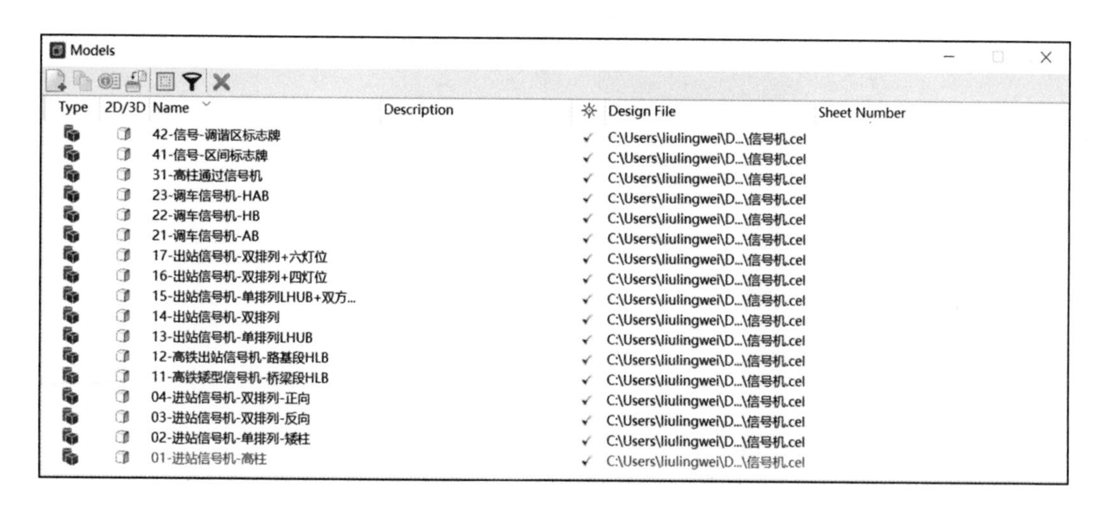


图 2－2　MicroStation 中的模型管理界面

MicroStation 中的其他文件格式，如 .cel、.dgnlib、.i.dgn、.imodel 等，其文件内部结构也与 .dgn 类似，它们都属于 DGN 文件的扩展类型。另外，MicroStation 具有很强的数据兼容能力，支持大部分主流图形数据的导入和导出。通过打开、导入、导出、另存等功能，MicroStation 支持几十种文件的读写，对第三方图形软件数据及标准图形数据文件的支持能力非常强大。在设计过程中，可以轻松地将其他软件生成的模型导入进来，从而极大地提升生产效率。表 2－1 列出了 MicroStation 可以导入和导出的数据格式。

表 2-1 Bentley 软件导入和导出支持的格式

| 序号 | 类别 | 格式 | 格式说明 | 导入 | 导出 |
|---|---|---|---|---|---|
| 1 | 常用 | .dwg | AutoDesk 图形文件 | √ | √ |
| 2 | | .dgn | Bentley 图形数据文件 | √ | √ |
| 3 | | .cel | 存储结构单元的基于 DGN 文件 | √ | |
| 4 | | .rdl | 基于 DGN 的标注文件 | √ | √ |
| 5 | | .s | 附有视图的边线和块的 DGN 文件 | √ | |
| 6 | | .idgnDb | DgnDb 文件 | √ | |
| 7 | | .imodel | 基于 DGN 的模型容器文件 | √ | |
| 8 | | .shp | 一种通用的地理信息矢量数据文件 | √ | |
| 9 | | .txt | ASCII 文本文件 | √ | |
| 10 | | .image | 栅格数据文件 | √ | |
| 11 | | .mif | MapInfo 数据交换文件 | √ | |
| 12 | | .tab | MapInfo 本地数据文件 | √ | |
| 13 | | .hln | 基于 DGN 的文件,里面包含了可见表面的边线 | | √ |
| 14 | | .dgnlib | 包含设计库的 DGN 文件,如数据资源、层、样式等 | √ | √ |
| 15 | 交换文件 | .pdf | Adobe PDF | | √ |
| 16 | | .cgm | 计算机图元文件 | √ | √ |
| 17 | | .dae | 一种 3D 数据交换文件格式 | | √ |
| 18 | | .dxf | 一种通用的绘图交换文件格式 | √ | √ |
| 19 | | .fbx | AutoDesk 专有的文件格式 | √ | √ |
| 20 | | .igs | 一种图形文件交换规范格式 | √ | √ |
| 21 | | .jt | 西门子 PLM 软件的 3D 数据格式 | √ | √ |
| 22 | | .stp | 一种标准的模型数据交换格式 | √ | √ |
| 23 | | .ifc | 通用工业基础类别文件 | √ | |
| 24 | | .rfa | AutoDesk Revit 系列软件文件 | √ | |
| 25 | 3D 模型文件 | .sat | Spatial Technology 公司文件格式 | √ | √ |
| 26 | | .obj | Wavefront 公司文件格式 | √ | √ |
| 27 | | .x_t | 西门子 PLM 软件的文件格式 | √ | √ |
| 28 | | .skp | SketchUp 软件的文件格式 | √ | √ |
| 29 | | .stl | 3D Systems 文件格式 | √ | √ |
| 30 | | .3ds | AutoDesk 3ds Max 3D 建模软件文件格式 | √ | |
| 31 | | .3dm | Rhino 文件,用于 NURBS 几何模型交换 | √ | |
| 32 | 可视化文件 | .kml | 一种基于 xml 的用于地理信息标注和可视化的文件格式 | | √ |
| 33 | | .lxo | 一种用于场景可视化的文件格式 | | √ |
| 34 | | .svg | 一种基于 xml 的可伸缩矢量图形文件格式 | | √ |
| 35 | | .u3d | Universal 3D 文件格式 | | √ |
| 36 | | .vml | 一种基于虚拟现实建模语言的图形文件格式 | | √ |
| 37 | | .vob | 一种可编辑的 ASCII 文件 | | √ |

## 2.3 工作单位

同许多其他的辅助设计软件一样，MicroStation 是有工作单位的，用户在设计前需要根据工程实际情况设定工作单位，设置的工作单位信息将会保存在 DGN 文件中。MicroStation 中的工作单位由三部分组成，即主单位、子单位、位置单位(也叫分辨率单位)，用英文表达就是 Master Unit：Sub Unit：Positional Unit(缩写为 MU:SU:PU)。为何要引入主单位和子单位？这主要是为英制单位服务的。我们知道 1 英尺等于 12 英寸，对于英制来说，我们可以将主单位设置为英尺，子单位设置为英寸。这样当用户想输入 2'5"时就可以直接输入 2:5，而不需要先将 5"换算成 0.416 666 666 666 67'，再输入 2.416 666 666 666 67。当然，这种巧妙的设计对于公制来说反而显得多此一举，但这一点也不影响公制单位的使用。

那为何还需要一个分辨率单位(PU)呢？这是历史原因造成的。在 V7DGN 时代，为了提高程序的工作效率，内部全部用整数表达。但现实世界中不能没有实数，那就设置一个 PU，当显示给用户看时就用内部保存的整数除这个 PU，从而变成实数，当保存用户输入的实数时就乘这个 PU 转换为整数后保存。由此可见，这个 PU 其实就表达了 V7DGN 时代的数值精度。不过到了 V8DGN，内部数据直接用实数表达，这个 PU 其实意义已经不大了，但为了保持 V7DGN 概念的延续性，仍然保留了这个概念。

如何设置我们当前工作单位的显示样式呢？选择菜单 File → Settings → File → Design File Settings 来打开 Design File Settings 对话框，最后一行的 Working Units 就是所有对工作单位的控制项。其中的 Format 可以选择 MU:SU:PU、MU:SU 或者 MU。图 2-3 为 MicroStation 中工作单位的设置界面。

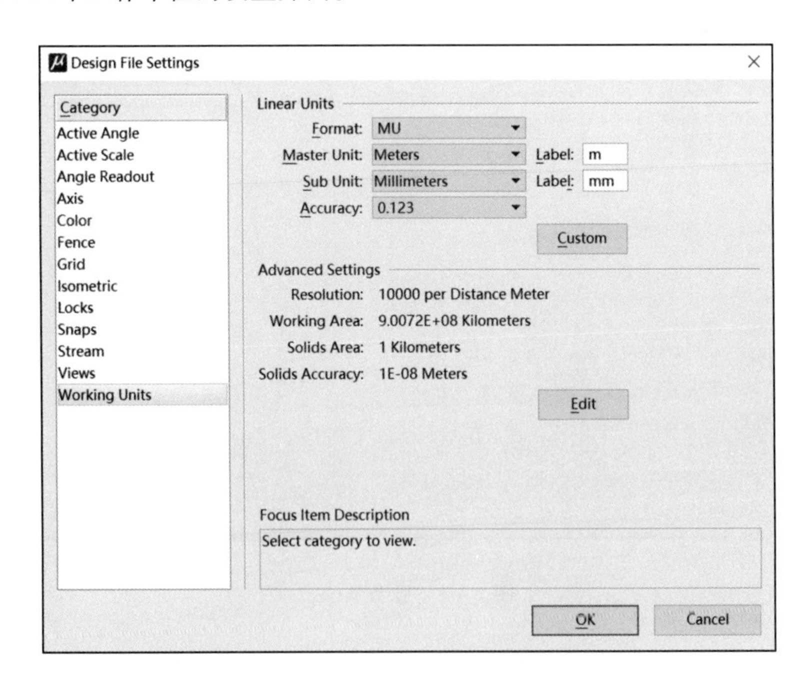


图 2-3　MicroStation 中工作单位的设置界面

图中的主单位为 Meters（米），子单位为 Millimeters（毫米），位置单位为 0.000 1 米（10 000 per Distance Meter）。按照上面的单位设置，我们要输入一个 500mm 的长度，以下几种写法都是正确的：0.5，:500，::5000。如果你想故意为难自己也没关系，输入 0.3:100:1000 也是可以的。需要特别说明的是，在 Addin 和 MDL 编程中，所给的值默认为 UOR（Unit Of Resolution）单位，即 PU。

## 2.4 坐标系统

在 MicroStation 中，一共有 3 种坐标系统：世界坐标系（GCS）、辅助坐标系（ACS）、精确绘图坐标系（AccuDraw）。

（1）世界坐标系：它的原点位于 Global Origin（简称 GO），该点默认位于绘图平面的中心，用户可以更改，但一般情况不需要。同时双击鼠标的左、右键，会出现一个试探捕捉的十字光标，而软件下方的消息中心和精确绘图坐标系中会显示该点的世界坐标，这个世界坐标就是根据文件预定义的 GO 计算出来的。

（2）辅助坐标系：简称 ACS，它是一种局部坐标系统，用户可以自己定义它的原点和坐标轴方向，绘图过程中通过 ACS 锁定，可以方便用户定位和捕捉（图 2－4）。MicroStation 可以通过红、黄、绿三色箭头显示 ACS 的坐标轴，用户可以在视图窗口的视图属性中打开或关闭此功能。

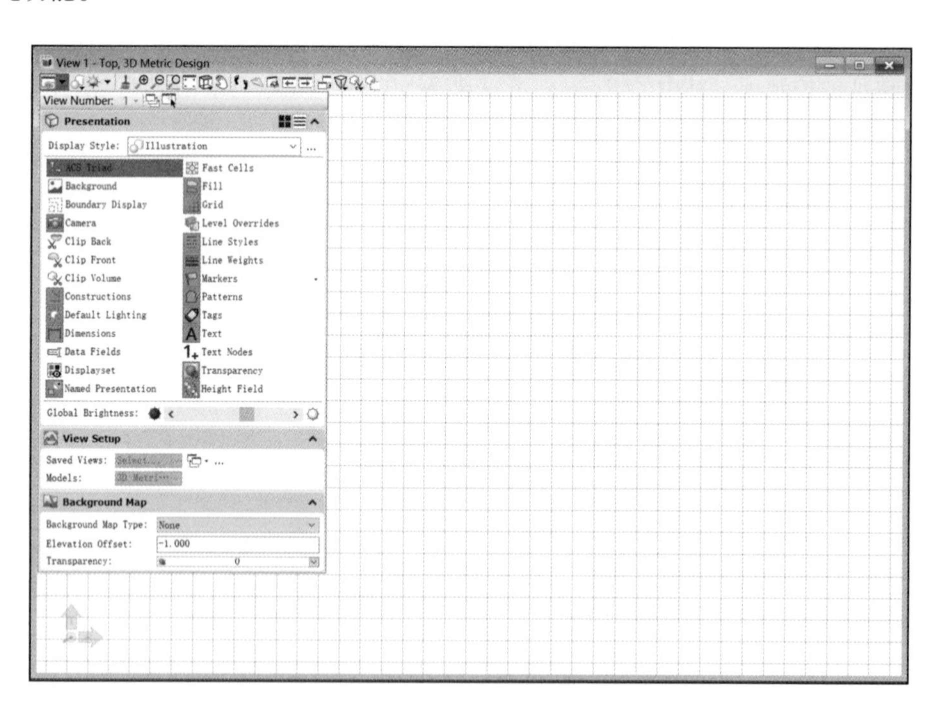


图 2－4　显示 ACS

（3）精确绘图坐标系：它是绘图过程中的一种局部坐标系，坐标系原点一般位于上一次鼠标点击处，用户可以用 O 键将其移动到当前鼠标位置，也可以通过快捷键将坐标平面对齐到世界坐标系的坐标平面、辅助坐标系的坐标平面。精确绘图坐标系是 MicroStation 的精髓,可以极大地提高绘图效率(图 2-5)。

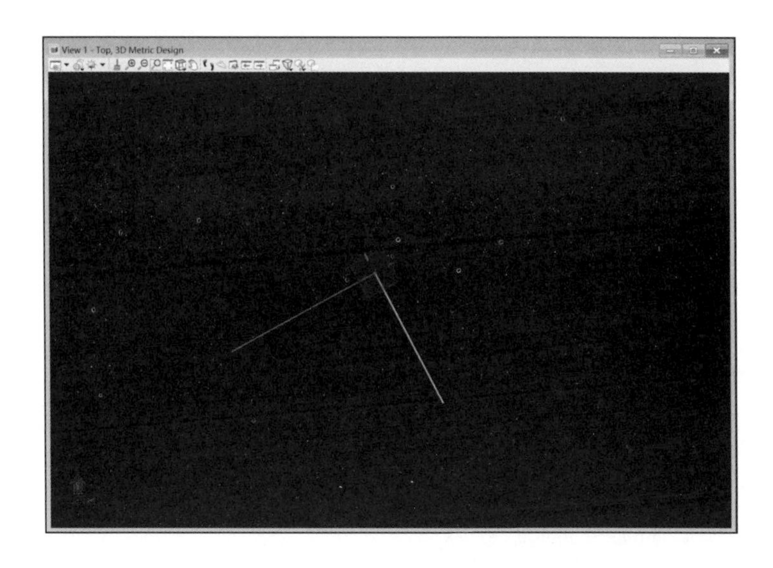

图 2-5　MicroStation 中的精确绘图坐标系

MicroStation 提供了丰富的坐标输入和坐标设置功能,用户在绘图中可以很方便地根据需要来输入坐标或调整设置。可以按下 P 键来输入世界坐标值,也可以通过 T、F、S 键将精确绘图坐标平面对齐到世界坐标系的平面、前面和侧面,通过 RA 键来旋转辅助坐标系,通过 RX、RY、RZ 键来旋转精确绘图坐标系。

## 2.5　MicroStation 视图

MicroStation 默认可以同时打开 8 个视图,多视图、多角度的模型展现可以极大地方便用户的设计工作。每个视图都有独立的控制工具、视图属性、显示样式和亮度控制等命令工具,可以控制每个视图的显示效果。MicroStation 提供了灵活的视图操作功能,在视图中按下鼠标中键可以平移视图,按下鼠标中键的同时按下 shift 键则可以对视图进行旋转。

MicroStation 采用了一种独特的视图系统,既支持视图的单屏显示,也支持视图的多屏显示。单屏显示是大多数辅助设计软件支持的,但支持多屏显示的辅助设计软件并不多见。当接有多个显示器时,每个视图都可以显示在不同的显示器上,而且用户的操作是可以跨显示器的,对用户来说,就像在一个显示器中操作一样。

## 2.6　MicroStation 元素

用户的设计成果是以元素的形式存储在 DGN 文档中的,MicroStation 的元素分为图形元素和非图形元素。非图形元素主要用来存储属性信息、元素之间的关系等非图形数据,图形元素是各种几何图形的可视化表达载体。MicroStation 中的图形元素有近 20 种,包括点、线、面、体、文字与标注、单元、数字高程模型等几大类,详细的元素分类如表 2-2 所示。

**表 2-2 MicroStation 中的图形元素分类**

| 序号 | 类别 | 元素类型 | 备注 |
| --- | --- | --- | --- |
| 1 | 点 | PointString(点串) | 2D 元素最大点数为 2728,3D 元素最大点数为 2338 |
| 2 | 线 | Line(线) | |
| 3 | | LineString(线串) | 最多由 5000 个点组成的多段直线 |
| 4 | | Arc(弧线) | |
| 5 | | Curve(曲线) | 表达曲线的过渡方案,已废弃 |
| 6 | | BsplineCurve(样条曲线) | |
| 7 | | MultiLine(平行多段线) | 最多由 16 段平行线组成的多段线 |
| 8 | 面 | Shape(形状) | |
| 9 | | Ellipse(椭圆) | 包括圆 |
| 10 | | Surface(表面) | |
| 11 | | ComplexShape(复杂形状) | |
| 12 | | BsplineSurface(样条表面) | |
| 13 | | Mesh(网络面) | |
| 14 | 体 | Cone(圆锥体) | |
| 15 | | Solid(实体) | |
| 16 | | ParametricSolid(参数化实体) | |
| 17 | 文字与标注 | Text(文本) | |
| 18 | | TextNode(文本节点) | |
| 19 | | Tab(标签) | 与图形元素关联的文字 |
| 20 | | Dimmension(尺寸标注) | |
| 21 | 单元 | Cell(单元) | |
| 22 | | SharedCell(共享单元) | 多个共享单元实例共享一个共享单元定义,对于有多个相同复杂单元的情况,可以节省模型容量 |
| 23 | 数字高程模型 | DTM | 专用于表达地形 |

MicroStation CE 中的实体分为普通实体(Solid)和参数化实体(ParametricSolid)。Solid 对几何坐标范围没有限制,ParametricSolid 由于采用了西门子 ParaSolid 技术,要求几何坐标范围不能超过 1 千米。ParametricSolid 非常强大,可以创建任意复杂的形体,适合异形结构的建模。此外,MicroStation 的共享单元技术也非常强大,当用户的文档中有成千上万个一模一样的形状,只是位置和姿态不同时,这项技术能成倍提升用户的效率。它是事先在 DGN 的数据字典中定义共享单元,在创建共享单元实例时并不是直接创建一个元素,而是通过引用共享单元定义来达到减小模型容量、提升渲染速度的目的。

# 第3章　图形开发数学基础

通过第 2 章的学习，你已经对 MicroStation 有了初步的了解，但要进行三维图形程序开发，还需要深入学习其他知识，而数学就是其中一项很重要的内容。MicroStation 是一个图形平台，在它上面进行二次开发时，将涉及大量图形开发，而数学几乎存在于图形开发中的各个环节。MicroStation 对图形开发中常用的数学模型进行了封装，程序员只要调用这些现成的类或函数就可以在上面绘制各种各样的二维图形和三维图形并完成相关计算，非常方便。尽管如此，对程序员来说，了解图形开发中的数学原理对于灵活运用 MicroStation 开发库将会大有好处，并且在 MicroStation 提供的接口无法满足一些特殊需求时还可以进行扩展。

计算机图形开发几乎用到了数学的各个分支，如解析几何、线性代数、微积分等，计算机图形开发也因此被认为是计算机软件开发中较难的方向之一。深入地讲解计算机图形开发所需的全部数学内容需要大量篇幅。本章仅介绍常用的、典型的数学知识，帮助读者认识图形开发中的一些基本数学概念和原理。

## 3.1　矢量

### 3.1.1　笛卡儿坐标

在三维空间中，要准确地表达空间中的一个位置，最好的方法是用坐标。笛卡儿坐标是图形开发中最常用的坐标系，它使用 3 个互相垂直的轴来描述空间中的位置。在笛卡儿坐标系中，一个点的位置可用 3 个实数来表示，如($P_x$,$P_y$,$P_z$)。

根据坐标轴方向的不同，笛卡儿坐标系又分为左手坐标系和右手坐标系。伸出左手，使手掌除拇指以外的四只手指指向 $x$ 轴正方向，再将除拇指以外的四只手指向 $y$ 轴正方向弯曲，大拇指刚好指向 $z$ 轴正方向，满足这样条件的坐标系属于左手坐标系。同理，伸出右手，使手掌除拇指以外的 4 只手指指向 $x$ 轴正方向，再将除拇指以外的 4 只手指向 $y$ 轴正方向弯曲，大拇指刚好指向 $z$ 轴正方向的都属于右手坐标系。图 3 - 1 展示了左、右手坐标系的不同。

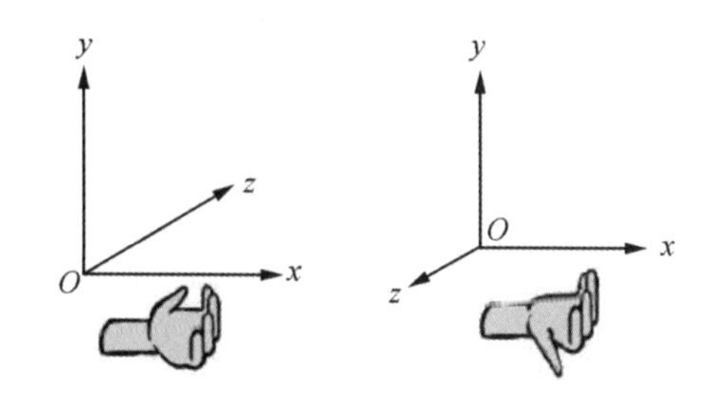

图 3 - 1　左手笛卡儿坐标系和右手笛卡儿坐标系

从左手坐标系和右手坐标系的定义来看，两者的区别在于 3 个轴中一个轴的方向不同。例如，当 $y$ 轴指向上，$x$ 轴指向右时，在

右手坐标系中 $z$ 轴会指向自己，而在左手坐标系中 $z$ 轴会指向远离自己的方向。左、右手坐标系是可以相互转换的，而且转换非常容易，只需要将其中一个轴反转，而保持另外两个轴的方向不变即可。需要特别说明的是，数学法则是永恒不变的，也就是说无论所用的坐标系是左手坐标系，还是右手坐标系，数学法则都同样适用。如无特别说明，本书中的坐标系都采用右手坐标系。

### 3.1.2 矢量定义

矢量(vector)是指 $n$ 维空间中包含模(magnitude)和方向的量。矢量一般用带箭头的直线表示，箭头表示向量的方向，直线的长度表示向量的模。相对于矢量的另一个概念叫标量(scalar)，标量只有模而没有方向。三维矢量可以用 3 个标量($x,y,z$)表示，如同点一样。点和矢量的区别实际上是很细微的，严格来说，矢量是相对于某已知点的偏移。一个矢量可移至三维空间的任何位置，只要该矢量的方向和大小保持不变，无论在哪个位置，皆为同一个矢量。

矢量也可以用来表示点，只要把其尾部固定在坐标系的原点。这些矢量有时候称为位置矢量(position vector)或矢径(radius vector)。对我们来说，可以把 3 个标量视为点或矢量，只要记住，位置矢量的尾部固定于已选坐标系的原点即可。这意味着，数学上点和矢量使用时有微妙的区别，或者说，点是绝对的，而矢量是相对的。因此，在编写程序时不推荐两者混用。当需要表示位置时一般用点，当需要表示方向时一般用矢量。图形开发中许多计算都是依赖矢量完成，或者当有多种方案时，用矢量来计算通常都会更简单、更高效。

矢量一般用黑体的小写字母表示，可以写成一行，也可以写成一列，如矢量 $\boldsymbol{a}$ 可表示为

$$\boldsymbol{a} = \begin{pmatrix} x \\ y \\ z \end{pmatrix}$$

也可表示为

$$\boldsymbol{a} = (x, y, z)$$

行和列仅仅是表示形式不同，本质上并没有区别，也不会影响矢量的运算结果。本书为了书写上的方便，统一采用行的形式表示。

由矢量的定义可知矢量是有长度的，矢量的长度又称为矢量的模(magnitude)，在矢量字母两边加上垂直线表示矢量的长度，根据勾股定理可得矢量长度的计算公式为

$$a = \sqrt{x^2 + y^2 + z^2}$$

矢量的长度具有下述性质：

(1) 非负性。当 $a \neq 0$ 时，$|a| > 0$；当 $a = 0$ 时，$|a| = 0$。

(2) 齐次性。$|\lambda a| = |\lambda||a|$。

当 $|\boldsymbol{a}| = 1$ 时，称 $\boldsymbol{a}$ 为单位矢量，单位矢量在图形开发中非常有用。将一个矢量变为单位矢量的过程称为矢量归一化。矢量归一化的方法很简单，就是用矢量除它的长度：

$$\boldsymbol{u} = \frac{\boldsymbol{v}}{|\boldsymbol{v}|}$$

### 3.1.3　矢量加减

多数标量运算法则对于矢量也适用,比如矢量与标量的加法、减法、乘法和除法,当标量与矢量进行运算时,结果仍然是一个矢量,新的矢量的各个分量为原矢量分量与标量的运算结果。如标量 $s$ 和矢量 $\boldsymbol{a}$ 相乘,等于 $s$ 与 $\boldsymbol{a}$ 的每个分量相乘。

$$s\boldsymbol{a} = (s\boldsymbol{a}_x, s\boldsymbol{a}_y, s\boldsymbol{a}_z)$$

两个矢量 $\boldsymbol{a}$、$\boldsymbol{b}$ 相加后会得到一个新的矢量,该矢量的每个分量为 $\boldsymbol{a}$ 和 $\boldsymbol{b}$ 中每个对应的分量之和(图 3-2)。此运算可以用图形表示,把 $\boldsymbol{a}$ 的尾连接至 $\boldsymbol{b}$ 的头,那么它们的和就是一个由 $\boldsymbol{a}$ 的尾延伸至 $\boldsymbol{b}$ 的头的矢量:

$$\boldsymbol{a} + \boldsymbol{b} = [(\boldsymbol{a}_x + \boldsymbol{b}_x), (\boldsymbol{a}_y + \boldsymbol{b}_y), (\boldsymbol{a}_z + \boldsymbol{b}_z)]$$

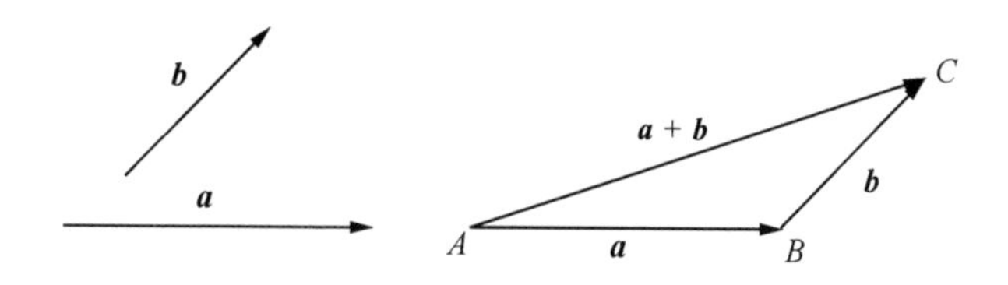


图 3-2　两个矢量相加

两个矢量相减 $\boldsymbol{a} - \boldsymbol{b}$ 等同 $\boldsymbol{a}$ 和 $-\boldsymbol{b}$(即 $\boldsymbol{b}$ 乘 $-1$,也就是反转 $\boldsymbol{b}$ 的方向)之和(图 3-3)。这也对应一个矢量,其分量是 $\boldsymbol{a}$ 和 $\boldsymbol{b}$ 中每个相对分量之差:

$$\boldsymbol{a} - \boldsymbol{b} = [(\boldsymbol{a}_x - \boldsymbol{b}_x), (\boldsymbol{a}_y - \boldsymbol{b}_y), (\boldsymbol{a}_z - \boldsymbol{b}_z)]$$

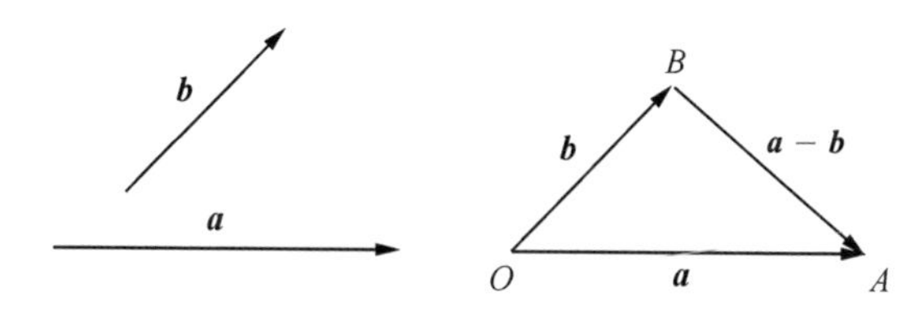


图 3-3　两个矢量相减

### 3.1.4　矢量点乘与叉乘

矢量间还可以相乘,但和标量相乘不同,矢量的乘法有两种:点乘和叉乘。

1. 点乘

点乘的结果称为点积或内积,两个矢量的点积是一个标量,此标量定义为两矢量中每对分量乘积之和:

$$\boldsymbol{a} \cdot \boldsymbol{b} = a_x b_x + a_y b_y + a_z b_z$$

两个矢量的点积也等于:

$$\boldsymbol{a} \cdot \boldsymbol{b} = |\boldsymbol{a}||\boldsymbol{b}|\cos\theta$$

上式中 $\theta$ 为两矢量的夹角。

点乘符合交换律和分配律:

$$\boldsymbol{a} \cdot \boldsymbol{b} = \boldsymbol{b} \cdot \boldsymbol{a}$$

$$\boldsymbol{a} \cdot (\boldsymbol{b} + \boldsymbol{c}) = \boldsymbol{a} \cdot \boldsymbol{b} + \boldsymbol{a} \cdot \boldsymbol{c}$$

点乘和标量乘法可按如下方法结合：

$$(s\boldsymbol{a}) \cdot \boldsymbol{b} = \boldsymbol{a} \cdot (s\boldsymbol{b}) = s(\boldsymbol{a} \cdot \boldsymbol{b})$$

若 $\boldsymbol{u}$ 为单位矢量($|\boldsymbol{u}|=1$)，则 $\boldsymbol{a} \cdot \boldsymbol{u}$ 表示在由 $\boldsymbol{u}$ 方向定义的无限长度直线上的投影长度。此投影概念同样适用于二维向量和三维向量，对解决各类空间问题非常有用。

2. 叉乘

叉乘的结果称为叉积或外积，对于三维矢量，两个矢量叉乘会产生另一个矢量，该矢量垂直于原来的两个矢量，如图 3－4 所示。对于二维矢量，矢量叉乘的结果是一个数字。

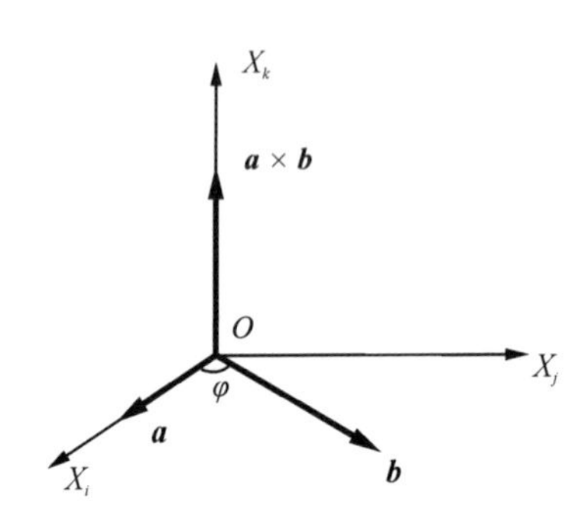


图 3－4　两个矢量叉乘

矢量 $\boldsymbol{a}$ 与矢量 $\boldsymbol{b}$ 叉乘的结果为

$$\boldsymbol{a} \times \boldsymbol{b} = [(a_y b_z - a_z b_y),(a_z b_x - a_x b_z),(a_x b_y - a_y b_x)]$$

矢量叉乘得到的新矢量的长度为

$$|\boldsymbol{a} \times \boldsymbol{b}| = |\boldsymbol{a}||\boldsymbol{b}|\sin\theta$$

上式中 $\theta$ 为两矢量的夹角，由点乘的定义可知：

$$\theta = \arccos\left(\frac{\boldsymbol{a} \cdot \boldsymbol{b}}{|\boldsymbol{a}||\boldsymbol{b}|}\right)$$

把两个矢量看作平行四边形的两条边，其面积就是矢量叉积的长度$|\boldsymbol{a} \times \boldsymbol{b}|$。由于三角形是平行四边形的一半，所以如果将两个矢量看作三角形的两条边，其面积为矢量叉积的一半。

当使用右手坐标系时，可以使用右手法则来表示叉积的方向。伸出右手，使除大拇指以外的 4 只手指指向矢量 $\boldsymbol{a}$ 的方向，再把 4 只手指弯曲指向矢量 $\boldsymbol{b}$ 的方向，那么拇指的方向便是叉积的方向。

注意，若使用左手坐标系，则叉积的方向是用左手法则来定义的。这意味着，叉积的方向随选用坐标系的不同而改变。开始可能会感到奇怪，但要记住，坐标系和数学计算并无关系，坐标系只影响数字在三维空间中的视觉化。当从右手坐标系转换为左手坐标系时，所有点和矢量的数字表达保持不变，只是在视觉化时，一个轴变为相反方向。一切视觉化后会以反转轴形成镜像。因此，如果一个叉积和该轴平行对齐，视觉化后也会反转。如果它不反转,则要修改数学定义去符合视觉化的结果。只要记住,当视觉化一个叉积时,右手坐标系使用右手法则,左手坐标系使用左手法则。

交换律不适用于矢量叉乘,即

$$\boldsymbol{a} \times \boldsymbol{b} \neq \boldsymbol{b} \times \boldsymbol{a}$$

叉积在加法上可适用分配律,即

$$\boldsymbol{a} \times (\boldsymbol{b} + \boldsymbol{c}) = \boldsymbol{a} \times \boldsymbol{b} + \boldsymbol{a} \times \boldsymbol{c}$$

叉乘和标量乘法可以结合如下:

$$(s\boldsymbol{a}) \times \boldsymbol{b} = \boldsymbol{a} \times (s\boldsymbol{b}) = \mathrm{s}(\boldsymbol{a} \times \boldsymbol{b})$$

### 3.1.5　矢量点乘的应用

矢量点乘非常适合用来判断两矢量间的关系,如共线、垂直、方位等。对于任意 2 个矢量 $\boldsymbol{a}$ 和 $\boldsymbol{b}$,有以下特性:

(1) 共线且方向相同:$\boldsymbol{a} \cdot \boldsymbol{b} = |\boldsymbol{a}||\boldsymbol{b}|$(即夹角为 0°)。

(2) 共线且方向相反:$\boldsymbol{a} \cdot \boldsymbol{b} = -|\boldsymbol{a}||\boldsymbol{b}|$(即夹角为 0°)。

(3) 垂直:$\boldsymbol{a} \cdot \boldsymbol{b} = 0$(即夹角为 90°)。

(4) 方向相同:$\boldsymbol{a} \cdot \boldsymbol{b} > 0$(即夹角小于 90°)。

(5) 方向相反:$\boldsymbol{a} \cdot \boldsymbol{b} < 0$(即夹角大于 90°)。

### 3.1.6　矢量叉乘的应用

对于任意 2 个二维矢量 $\boldsymbol{a}$ 和 $\boldsymbol{b}$,它们的叉乘结果可以反映它们之间的方位关系。

(1) 共线:$\boldsymbol{a} \times \boldsymbol{b} = 0$。

(2) $\boldsymbol{a}$ 在 $\boldsymbol{b}$ 的逆时针方向:$\boldsymbol{a} \times \boldsymbol{b} < 0$。

(3) $\boldsymbol{a}$ 在 $\boldsymbol{b}$ 的顺时针方向:$\boldsymbol{a} \times \boldsymbol{b} > 0$。

对于三维矢量来说,叉乘经常用于求同时垂直于 2 个矢量的第三个矢量。例如,我们在计算一个平面的法向量时,就是利用矢量叉乘的原理,即利用平面上任意 3 个点,如 $P_0$、$P_1$、$P_2$,由 3 个点可以得到 2 个矢量,由矢量叉乘得到平面的法向量。

## 3.2　矩阵

### 3.2.1　矩阵定义

由 $m \times n$ 个数 $a_{ij}(i = 1, 2, \cdots, m; j = 1, 2, \cdots, n)$ 排成的 $m$ 行 $n$ 列的数表称为 $m$ 行 $n$ 列矩阵,简称 $m \times n$ 矩阵。为表示它是一个整体,总是加一个括号,并用大写黑体字母表示,记作

$$\boldsymbol{A} = \begin{pmatrix} a_{11} & a_{12} & \cdots & a_{1n} \\ a_{21} & a_{22} & \cdots & a_{2n} \\ \vdots & \vdots & & \vdots \\ a_{m1} & a_{m2} & \cdots & a_{mn} \end{pmatrix}$$

这 $m \times n$ 个数称为矩阵 $\boldsymbol{A}$ 的元素,简称为元,数 $a_{ij}$ 位于矩阵 $\boldsymbol{A}$ 的第 $i$ 行第 $j$ 列,称为矩阵 $\boldsymbol{A}$

的$(i,j)$元,以数 $a_{ij}$ 为$(i,j)$元的矩阵可简记作$(a_{ij})$或$(a_{ij})m\times n$,$m\times n$ 矩阵 $\boldsymbol{A}$ 也记作 $\boldsymbol{A}_{m\times n}$。

行数和列数都等于 $n$ 的矩阵称为 $n$ 阶矩阵或 $n$ 阶方阵。$n$ 阶矩阵 $\boldsymbol{A}$ 也记作 $\boldsymbol{A}_n$。

两个矩阵的行数相等,列数也相等时,就称它们是同型矩阵。如果 $\boldsymbol{A}=(a_{ij})$与 $\boldsymbol{B}=(b_{ij})$是同型矩阵,并且它们的对应元素相等,即

$$a_{ij}=b_{ij}(i=1,2,\cdots,m;j=1,2,\cdots,n)$$

那么就称矩阵 $\boldsymbol{A}$ 与矩阵 $\boldsymbol{B}$ 相等,记作

$$\boldsymbol{A}=\boldsymbol{B}$$

元素都是零的矩阵称为零矩阵,记作 $\boldsymbol{O}$。注意不同型的零矩阵是不同的。

当矩阵从左上角到右下角的直线以外的元素都是 0 时,这种矩阵称为对角矩阵,即

$$\boldsymbol{A}=\begin{pmatrix}\lambda_1 & 0 & \cdots & 0\\ 0 & \lambda_2 & \cdots & 0\\ \vdots & \vdots & & \vdots\\ 0 & 0 & \cdots & \lambda_n\end{pmatrix}$$

特别情况,当 $\lambda_1=\lambda_2=\cdots=\lambda_n=1$ 时,矩阵称为单位矩阵,单位矩阵的特点就是对角线上的元素都是 1,其他元素都是 0。单位矩阵一般用字母 $\boldsymbol{E}$ 表示。

$$\boldsymbol{E}=\begin{pmatrix}1 & 0 & \cdots & 0\\ 0 & 1 & \cdots & 0\\ \vdots & \vdots & & \vdots\\ 0 & 0 & \cdots & 1\end{pmatrix}$$

### 3.2.2 矩阵加减

设有两个 $m\times n$ 矩阵 $\boldsymbol{A}=(a_{ij})$和 $\boldsymbol{B}=(b_{ij})$,那么矩阵 $\boldsymbol{A}$ 与 $\boldsymbol{B}$ 的和记作 $\boldsymbol{A}+\boldsymbol{B}$,规定为

$$\boldsymbol{A}+\boldsymbol{B}=\begin{pmatrix}a_{11}+b_{11} & a_{12}+b_{12} & \cdots & a_{1n}+b_{1n}\\ a_{21}+b_{21} & a_{22}+b_{22} & \cdots & a_{2n}+b_{2n}\\ \vdots & \vdots & & \vdots\\ a_{m1}+b_{m1} & a_{m2}+b_{m2} & \cdots & a_{mn}+b_{mn}\end{pmatrix}$$

需要注意的是,只有当两个矩阵是同型矩阵时,这两个矩阵才能进行加法运算。矩阵加法运算满足下列规律(设 $\boldsymbol{A}$、$\boldsymbol{B}$、$\boldsymbol{C}$ 都是 $m\times n$ 矩阵):

(1) $\boldsymbol{A}+\boldsymbol{B}=\boldsymbol{B}+\boldsymbol{A}$;

(2) $(\boldsymbol{A}+\boldsymbol{B})+\boldsymbol{C}=\boldsymbol{A}+(\boldsymbol{B}+\boldsymbol{C})$。

设矩阵 $\boldsymbol{A}=(a_{ij})$,记

$$-\boldsymbol{A}=(-a_{ij})$$

$-\boldsymbol{A}$ 称为矩阵 $\boldsymbol{A}$ 的负矩阵,显然有

$$\boldsymbol{A}+(-\boldsymbol{A})=0$$

由此规定,矩阵的减法为

$$\boldsymbol{A}-\boldsymbol{B}=\boldsymbol{A}+(-\boldsymbol{B})$$

### 3.2.3 矩阵相乘

数 $\lambda$ 与矩阵 $\boldsymbol{A}$ 的乘积记作 $\lambda\boldsymbol{A}$ 或 $\boldsymbol{A}\lambda$,称为矩阵数乘,规定为

$$\lambda A = A\lambda \begin{pmatrix} \lambda a_{11} & \lambda a_{12} & \cdots & \lambda a_{1n} \\ \lambda a_{21} & \lambda a_{22} & \cdots & \lambda a_{2n} \\ \vdots & \vdots & & \vdots \\ \lambda a_{m1} & \lambda a_{m2} & \cdots & \lambda a_{mn} \end{pmatrix}$$

矩阵数乘满足下列运算规律(设 $A$、$B$ 为 $m \times n$ 矩阵,$\lambda$、$\mu$ 为数字):

(1) $(\lambda\mu)A = \lambda(\mu A)$;

(2) $(\lambda + \mu)A = \lambda A + \mu A$;

(3) $\lambda(A + B) = \lambda A + \lambda B$。

设 $A = (a_{ij})$是一个 $m \times s$ 矩阵,$B = (b_{ij})$是一个 $s \times n$ 矩阵,那么规定矩阵 $A$ 与矩阵 $B$ 的乘积是一个 $m \times n$ 矩阵 $C = (c_{ij})$,其中:

$$c_{ij} = a_{i1}b_{1j} + a_{i2}b_{2j} + \cdots + a_{is}b_{sj} = \sum_{k=1}^{s} a_{ik}b_{kj}(i = 1,2,\cdots,m;j = 1,2,\cdots,n)$$

并把矩阵乘积记作

$$C = AB$$

### 3.2.4 转置矩阵

把矩阵 $A$ 的行换成同序数的列得到一个新矩阵,叫作 $A$ 的转置矩阵,记作 $A^{\mathrm{T}}$。矩阵的转置也是一种运算,满足下述运算规律(假设运算都是可行的):

(1) $(A^{\mathrm{T}})^{\mathrm{T}} = A$;

(2) $(A + B)^{\mathrm{T}} = A^{\mathrm{T}} + B^{\mathrm{T}}$;

(3) $(\lambda A)^{\mathrm{T}} = \lambda A^{\mathrm{T}}$;

(4) $(AB)^{\mathrm{T}} = B^{\mathrm{T}} A^{\mathrm{T}}$。

### 3.2.5 逆矩阵

对于 $n$ 阶矩阵 $A$,如果有一个 $n$ 阶矩阵 $B$,使

$$AB = BA = E$$

则称矩阵 $A$ 是可逆的,并把矩阵 $B$ 称为矩阵 $A$ 的逆矩阵。

如果矩阵 $A$ 是可逆的,那么 $A$ 的逆矩阵是唯一的。这是因为 $B$、$C$ 都是 $A$ 的逆矩阵,则有

$$B = BE = B(AC) = (BA)C = EC = C$$

$A$ 的逆矩阵记作 $A^{-1}$,即若 $AB = BA = E$,则 $B = A^{-1}$。

### 3.2.6 齐次坐标

在二维坐标系下,我们要将一个点 $A(x,y)$ 绕原点旋转一个角度 $\theta$(逆时针方向为正),可用以下公式表示:

$$\begin{pmatrix} x' \\ y' \end{pmatrix} = \begin{pmatrix} \cos\theta & -\sin\theta \\ \sin\theta & \cos\theta \end{pmatrix} \begin{pmatrix} x \\ y \end{pmatrix}$$

此公式也适用于三维坐标系,将一个点 $A(x,y,z)$ 绕 $Z$ 轴旋转 $\theta$(方向遵循右手定则),则可用以下公式表示:

$$\begin{pmatrix} x' \\ y' \\ z' \end{pmatrix} = \begin{pmatrix} \cos\theta & -\sin\theta & 0 \\ \sin\theta & \cos\theta & 0 \\ 0 & 0 & 1 \end{pmatrix} \begin{pmatrix} x \\ y \\ z \end{pmatrix}$$

实际上,上面的公式可以完成点绕任意轴旋转,但是除了旋转,平移也是三维坐标系下的常用操作,而上面的公式无法完成平移操作。把空间中的一点平移到另一个位置,实际上只需要将该点的各个分量加上平移值,即

$$\begin{pmatrix} x' \\ y' \\ z' \end{pmatrix} = \begin{pmatrix} x + \Delta x \\ y + \Delta y \\ z + \Delta z \end{pmatrix}$$

矩阵的乘法是可以实现上述向量元素相加的,但用 $3 \times 3$ 矩阵无法实现,解决的办法是采用 $4 \times 4$ 矩阵。

$$\begin{pmatrix} x' \\ y' \\ z' \\ 1 \end{pmatrix} = \begin{pmatrix} 1 & 0 & 0 & \Delta x \\ 0 & 1 & 0 & \Delta y \\ 0 & 0 & 1 & \Delta z \\ 0 & 0 & 0 & 1 \end{pmatrix} \begin{pmatrix} x \\ y \\ z \\ 1 \end{pmatrix} = \begin{pmatrix} x + \Delta x \\ y + \Delta y \\ z + \Delta z \\ 1 \end{pmatrix}$$

这样就将点坐标从三维延伸至四维了,称为齐次坐标。齐次坐标在三维开发中使用非常频繁,有了齐次坐标,旋转和平移就可以用一套矩阵公式来表示了。

### 3.2.7 平移

下面的矩阵能将点向 $\boldsymbol{t}$ 矢量方向平移:

$$\boldsymbol{M}_{\text{move}} = \begin{pmatrix} 1 & 0 & 0 & \Delta x \\ 0 & 1 & 0 & \Delta y \\ 0 & 0 & 1 & \Delta z \\ 0 & 0 & 0 & 1 \end{pmatrix}$$

而坐标的平移就可以表示为

$$\boldsymbol{P}' = \boldsymbol{M}_{\text{move}} \boldsymbol{P}$$

其中 $\boldsymbol{P}$ 为平移前的坐标,即

$$\boldsymbol{P} = \begin{pmatrix} x \\ y \\ z \\ 1 \end{pmatrix}$$

$\boldsymbol{P}'$ 为平移后的坐标,即

$$\boldsymbol{P}' = \begin{pmatrix} x' \\ y' \\ z' \\ 1 \end{pmatrix} = \boldsymbol{M}_{\text{move}} \begin{pmatrix} x \\ y \\ z \\ 1 \end{pmatrix} = \begin{pmatrix} x + \Delta x \\ y + \Delta y \\ z + \Delta z \\ 1 \end{pmatrix}$$

### 3.2.8 旋转

说到旋转,可以首先讨论分别绕 $x$ 轴、$y$ 轴和 $z$ 轴的旋转,任何复杂的旋转都可以分解

成这 3 种旋转的组合。下面的矩阵能使点绕 $x$ 轴旋转 $\varphi$ 角度：

$$\boldsymbol{M}_{\text{rotate}x}=\begin{pmatrix}1 & 0 & 0 & 0\\0 & \cos\varphi & -\sin\varphi & 0\\0 & \sin\varphi & \cos\varphi & 0\\0 & 0 & 0 & 1\end{pmatrix}$$

下面的矩阵能使点绕 $y$ 轴旋转 $\varphi$ 角度：

$$\boldsymbol{M}_{\text{rotate}y}=\begin{pmatrix}\cos\varphi & 0 & \sin\varphi & 0\\0 & 1 & 0 & 0\\-\sin\varphi & 0 & \cos\varphi & 0\\0 & 0 & 0 & 1\end{pmatrix}$$

下面的矩阵能使点绕 $z$ 轴旋转 $\varphi$ 角度：

$$\boldsymbol{M}_{\text{rotate}z}=\begin{pmatrix}\cos\varphi & -\sin\varphi & 0 & 0\\\sin\varphi & \cos\varphi & 0 & 0\\0 & 0 & 1 & 0\\0 & 0 & 0 & 1\end{pmatrix}$$

细心观察，会发现上述旋转矩阵有一定的规律：

(1) 左上 $3\times 3$ 矩阵中的 1 必然位于旋转轴上，正弦项和余弦项则在轴以外。

(2) 正旋是自 $x$ 至 $y$(绕 $z$ 轴旋转时)、$y$ 至 $z$(绕 $x$ 轴旋转时)、$z$ 至 $x$(绕 $y$ 轴旋转时)，因为本书采用右手坐标系，正旋方向也符合右手法则。

(3) 纯旋转矩阵的逆矩阵，即是该旋转矩阵的转置矩阵。这是因为旋转的逆变换等同于反向旋转，并且因为 $\cos(-\varphi)=\cos\varphi$ 及 $\sin(-\varphi)=-\sin\varphi$，所以把角度求反就等于把两个正弦向求反，余弦项则维持不变。

对旋转的另一种定义是采用欧拉角，此时需要在旋转中心建立物体坐标系。该坐标系是一种相对坐标系，可以将其看作物体的方位，该坐标系的 $z$ 轴通常竖直向上。首先让物体坐标系绕着它的 $z$ 轴旋转 $\alpha$ 角度，再让新的物体坐标系绕着它的 $x$ 轴旋转 $\beta$ 角度，再让新的物体坐标系绕 $y$ 轴旋转 $\gamma$ 角度，此时会得到最终的物体坐标系，这个坐标系也代表了物体的最终姿态。这 3 次旋转的角度分别称为偏航(yaw)、俯仰(pitch)和横滚(roll)，也称为欧拉角。图 3-5 是欧拉角的示意图。

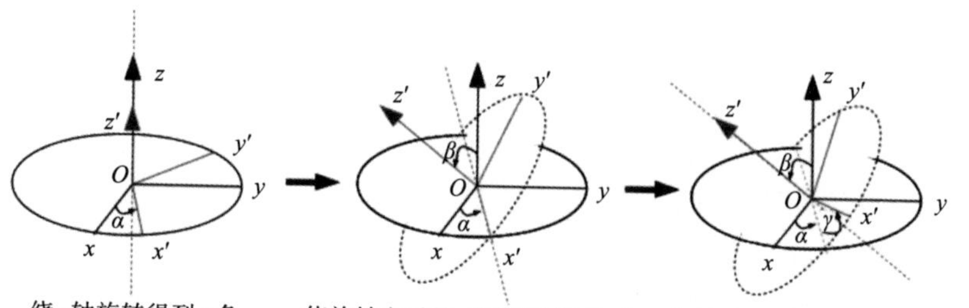


图 3-5　欧拉角的示意图

欧拉角很重要的一个优点就是直观、容易理解，因此在三维开发中使用较为广泛，特别是在人机交互层面，使用欧拉角来表示物体的姿态更容易让用户理解。

但欧拉角也存在以下几个缺点：

(1) 欧拉角是不可传递的，旋转的顺序影响旋转的结果，不同的应用又可能使用不同的旋转顺序，旋转顺序无法统一。

(2) 3 个旋转的角度可以不受限制，既可以是 10 000°，也可以是−1500°。

(3) 可能造成万向节死锁(gimbal lock)，万向节死锁会导致旋转自由度的缺失。

### 3.2.9 缩放

下面的矩阵能将点的 $x$ 分量、$y$ 分量及 $z$ 分量分别缩放 $S_x$、$S_y$ 和 $S_z$：

$$\boldsymbol{M}_{\text{scale}}=\begin{pmatrix} S_x & 0 & 0 & 0 \\ 0 & S_y & 0 & 0 \\ 0 & 0 & S_z & 0 \\ 0 & 0 & 0 & 1 \end{pmatrix}$$

$S_x$、$S_y$ 和 $S_z$ 也称为缩放因子。当 $S_x$、$S_y$ 和 $S_z$ 相等时，缩放称为统一缩放，只有统一缩放能保持物体的形状不变。缩放矩阵的逆矩阵就是用 $1/S_x$、$1/S_y$、$1/S_z$ 分别替换 $S_x$、$S_y$、$S_z$ 即可。

### 3.2.10 仿射变换

仿射变换就是将一个矩阵与向量或点相乘得到一个新的向量或点的过程，而这个矩阵则称为仿射变换矩阵。任何仿射变换矩阵都能由一连串表示纯平移、纯旋转、纯缩放的 4×4 矩阵相乘得到。例如，如下变换就是将一个点先平移，再旋转，最后缩放：

$$\boldsymbol{P}'=\boldsymbol{M}\times\boldsymbol{P}=\boldsymbol{M}_{\text{scale}}\times\boldsymbol{M}_{\text{rotatex}}\times\boldsymbol{M}_{\text{move}}\times\boldsymbol{P}$$

从上面的算式可以看出，仿射变换实际是一组矩阵进行串行相乘。这里要注意的是，这些矩阵相乘的顺序非常重要，同一组矩阵，串行相乘的顺序不一样，得到的仿射变换矩阵也不一样，理所当然地，仿射变换的结果也不一样。其实这很好理解，将一个点先平移再旋转和先旋转再平移的结果是不一样的。

## 3.3 四元数

### 3.3.1 四元数定义

虽然矩阵可以用来进行坐标旋转，但是它并不是最理想的旋转表达方式，主要是由于：

(1) 旋转矩阵需要 16 个浮点数，而实际上在旋转时只需要用 3 个浮点数来表示。如果程序中同时使用大量的旋转矩阵，一方面，会浪费大量的内存；另一方面，旋转矩阵的运算会耗费大量宝贵的 CPU 资源，降低渲染效率。

(2) 在实际应用中，通常需要计算在 2 个已知旋转之间的旋转，如要平滑地将摄像机在一定时间内从姿态 $A$ 调整到姿态 $B$，需要计算出 $A$ 与 $B$ 之间的许多中间姿态。如果以矩阵来表达姿态 $A$ 与姿态 $B$，则中间姿态的计算比较困难。

四元数就能很好地解决上述问题，四元数是由威廉·罗文·哈密顿爵士（Sir William Rowan Hamilton）于1843年发明的，作为复数的延伸，四元数最初是用于解决力学问题的。四元数很像四维矢量，但其运算与四维矢量有很大区别。通常用如下形式表示四元数：

$$q=[\, q_x \quad q_y \quad q_z \quad q_w \,]$$

单位四元数其实是一个四维矢量，通常用一个三维矢量 $\boldsymbol{q}_v=(q_x \quad q_y \quad q_z)$ 再加上第四维的标量 $q_w$ 来表示，三维矢量部分是旋转的单位轴乘以旋转半角的正弦，而第四维标量是旋转半角的余弦，那么四元数可等价表示为

$$q=[\, \boldsymbol{q}_v \quad q_w \,]=\left[\boldsymbol{a}\sin\frac{\theta}{2} \quad \cos\frac{\theta}{2}\right]$$

式中，$\boldsymbol{a}$ 为旋转轴方向的单位向量；$\theta$ 为旋转角度，旋转方向遵从右手法则，即右手拇指朝向旋转轴的方向，正旋转角则是其余4只手指弯曲的方向。

### 3.3.2　四元数相乘

四元数的乘法有几种，这里只讨论与三维旋转相关的一种，用两个四元数 $p$ 和 $q$ 分别代表两次旋转 $P$ 和 $Q$，则这两个四元数的乘积代表了这两次旋转的合成，即先进行 $P$ 旋转，再进行 $Q$ 旋转。该乘法也称为格拉斯曼积（Grassmann product）。格拉斯曼积可用以下公式表示：

$$p=[\, p_v \quad p_w \,]$$
$$q=[\, q_v \quad q_w \,]$$
$$pq=[(p_w q_v+q_w p_v+p_v\times q_v)(p_w q_w-p_v\cdot q_v)]$$

格拉斯曼积也是将四元数分为矢量部分和标量部分来定义，矢量部分为四元数的前三个分量，标量部分则是最后一个分量。

### 3.3.3　共轭及逆四元数

一个四元数的逆和原四元数的乘积（格拉斯曼积）等于单位四元数，即(0,0,0,1)，它代表零旋转。要计算一个四元数的逆四元数，需要先明白共轭的概念，当一个四元数的前三个分量取反，最后一个分量保持不变时，形成的新四元数称为原四元数的共轭四元数，即

$$q^*=[\, -q_v \quad q_w \,]$$

用 $q^{-1}$ 表示四元数 $q$ 的逆四元数，定义如下：

$$q^{-1}=\frac{q^*}{|q|^2}$$

式中，$|q|$ 为四元数的长度，其计算方法见矢量长度计算。由于我们使用的四元数都是用来代表三维旋转的，这些四元数都是单位长度的（即 $|q|=1$），这里共轭四元数和逆四元数是相等的。也就是说，当知道四元数已经归一化处理过时，就不用除模的平方了，这将会极大提高运算速度，这也是四元数运算比矩阵运算要快的原因，用四元数运算来代替矩阵运算，也是三维程序开发中常用的优化手段。

四元数的积的共轭四元数等于各个四元数的共轭四元数以相反次序相乘，即

$$(pq)^* = q^* p^*$$

同样地,四元数积的逆等于各个四元数的逆以相反次序相乘,即

$$(pq)^{-1} = q^{-1} p^{-1}$$

### 3.3.4 用四元数旋转矢量

由于四元数是四维矢量,而空间的矢量是三维的,要用四元数来旋转矢量,需要给矢量加一个分量,将其变为四维矢量,这个增加的分量置为 0,即 $v = (v_x \quad v_y \quad v_z \quad 0)$。

要以四元数 $q$ 旋转矢量 $v$,须用 $q$ 前乘矢量,再后乘 $q$ 的逆四元数,即

$$v' = qvq^{-1}$$

从结果四维矢量 $v'$ 中提取前三个分量,就能得到旋转后的三维矢量。

和基于矩阵的变换一样,四元数也可通过多次相乘来合成旋转。例如,定义 3 个四元数 $q_1$、$q_2$、$q_3$ 分别表示不同的旋转,同时定义其对应的旋转矩阵为 $\boldsymbol{R}_1$、$\boldsymbol{R}_2$、$\boldsymbol{R}_3$,现顺次进行 $q_1$ 旋转、$q_2$ 旋转和 $q_3$ 旋转,求得合成旋转的四元数 $q$ 和旋转矩阵 $\boldsymbol{R}$ 为

$$q = q_3 q_2 q_1$$

$$\boldsymbol{R} = \boldsymbol{R}_1 \boldsymbol{R}_2 \boldsymbol{R}_3$$

这里可以看到,四元数旋转的相乘次序和进行旋转的次序是相反的,因为旋转四元数需要在两边相乘。

## 3.4 三维空间中的坐标系

只要选定一个原点并定义好坐标轴就可以建立坐标系了,从理论上来说,一个坐标系是可以描述无限空间信息的,它可以包含空间中所有的点。然而这并不意味着我们就只需要一个坐标系来描述世界,在特定的条件下,可能一个坐标系比另外一个坐标系更加合适。因此,三维空间中出现了不同的坐标系,本节将一一介绍。

### 3.4.1 世界坐标系

世界坐标系是一个特殊的坐标系,它建立了描述其他坐标系所需要的参考框架。从另一方面说,能够用世界坐标系描述其他坐标系的位置,而不用更大的、外部的坐标系来描述世界坐标系。换句话说,我们可以把其他坐标系中的点转成世界坐标系中的点,但是我们不能用更大的坐标系来表示和包括世界坐标系。

世界坐标系是建立一个我们关心的最大的坐标系统,但很多情况下这并不是整个世界。举个例子,如果我们希望渲染笛卡儿坐标系中的一个画面,我们实际会用到的笛卡儿坐标系就是"世界",我们没必要关心这个世界坐标系被定位在哪里,甚至它是否存在于真实的世界中。

世界坐标系是用来描述物体的绝对坐标的,理论上,我们可以用世界坐标系来描述任意的位置,比如在街上行走的行人,天空中飞行的飞机。但要注意的是,世界坐标系也是需要人为定义的,比如坐标原点的位置,三个坐标轴的方向,一旦定义好,它就是我们用来描述世界的基础。图 3-6 就是以地球质心为原点,以零子午圈与赤道的交线为 $x$ 轴正向,以北极

方向为 $z$ 轴正方向建立的地球直角坐标系，也称为 WGS-84 直角坐标系，这是一种在测绘领域广泛使用的世界坐标系。

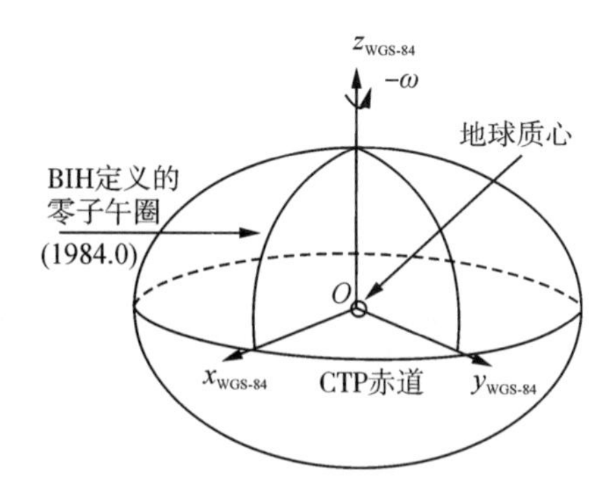


图 3－6　WGS-84 直角坐标系

### 3.4.2　物体坐标系

物体坐标系是和特定物体相关联的坐标系，每个物体坐标系都是独立的。当物体移动或改变方向时，和该物体相关联的坐标系也将随之移动或改变方向。也就是说，物体坐标系与特定的物体关联，每个物体都可以有自己特定的物体坐标系(图 3－7)。不同物体之间的坐标系相互独立，可以相同，也可以不同，没有任何联系。同时，物体坐标系与物体绑定，绑定的意思就是物体发生移动或者旋转，物体坐标系发生相同的平移或者旋转，物体坐标系和物体之间运动同步，相互绑定。

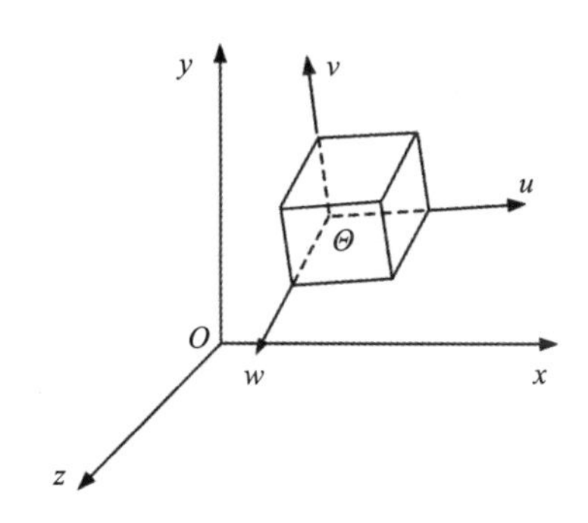


图 3－7　物体坐标系

在图形学中，物体坐标系又被称作模型坐标系，因为模型的顶点都是在这个模型坐标系中表示的。

### 3.4.3　相机坐标系

相机坐标系是和观察者密切相关的坐标系。相机坐标系和屏幕坐标系相似，差别在于相机坐标系处于三维空间中，而屏幕坐标系处于二维平面里。相机坐标系可以被看作一种特殊的物体坐标系。该物体坐标系就定义在摄像机的屏幕可视区域。在相机坐标系中，相机一直处于相机坐标系的原点，$+x$ 的方向是向右的，$+z$ 的方向是向屏幕外的，$+y$ 的方向是向上的。这里的向上不是世界坐标系的正上，而是一个相机的上方向。相机坐标系如图 3－8 所示。

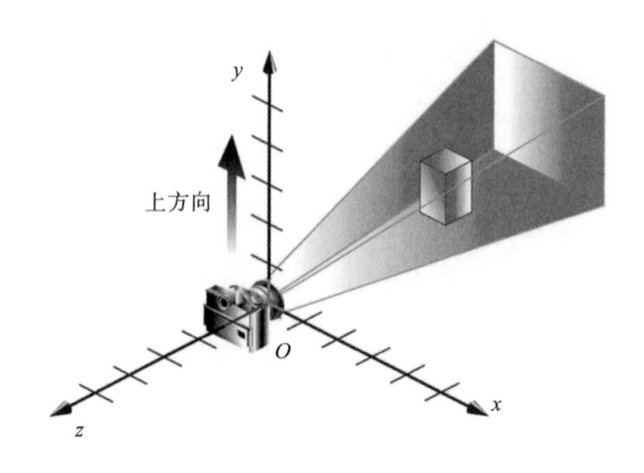


图 3－8　相机坐标系

这里要注意一些细节，相机的坐标是三维空间，而我们在屏幕上看到的是二维的平面。因为我们做了一个映射，把三维空间的东西映射到了一个二维的平面上，这个映射就是大家熟知的“投影”了。

# 初级篇

# 第4章　MicroStation开发准备

任何开发都需要开发工具，MicroStation 支持 VBA、Addin 和 MDL 三种开发方式，不同的开发方式所用的开发语言不一样，开发工具的选择也略有差异。本章首先详细介绍这三种开发方式的特点，以及不同版本的 MicroStation 对开发工具版本及环境的要求，最后进入 MicroStation 编程世界，完成 HelloWorld 项目。

## 4.1　MicroStation开发方式

根据 Bentley 官方的介绍，MicroStation 的开发方式主要有三种，即 VBA、Addin 和 MDL。

(1) VBA 开发采用 Visual Basic 宏语言，开发起来非常简单，仅需安装 MicroStation 软件即可，开发时通过调用 MicroStation 内部的宏命令实现功能。

(2) Addin 开发采用 C#或其他 .NET 语言，除了 MicroStation 软件外，还需要安装相应版本的 Visual Studio 软件和对应的 .NET Framwork，开发时通过调用 MicroStation 的 .NET 接口实现功能。需要注意的是，MicroStation 从 V8XM 版本才开始支持 Addin 的开发。

(3) MDL 是 MicroStation Development Language 的缩写，翻译过来就是"MicroStation 开发语言"。它原来是一套 API 函数加上 C 语言再加上 Bentley 的编译器和链接器，我们称之为 PureMDL（纯 MDL）。现在正逐渐变为 MicroStation Development Library（MicroStation 开发库），称之为 NativeMDL（本地 MDL），它是 MicroStation 提供的一套 C++接口，用户可以用微软的编译器和链接器生成程序，最终可执行的文件为 DLL。最新版的 MicroStation 已经不支持 PureMDL 了。

三种开发方式中，MDL 开发最灵活，因为 MicroStation 提供的 C++接口最全，用户几乎可以用它实现任意功能，但用 MDL 方式开发界面时比较麻烦，无论是采用 MDL 资源定义的方式，还是采用 MFC，都比较耗时，而且做出来的界面效果也不太好。VBA 开发方式虽然简单，但由于 VBA 宏命令有限，只能实现一些简单的功能，此方式不适合大型软件的开发。相对来说，Addin 方式兼具灵活和方便的优点，一方面，Addin 方式中可以直接用 C# WinForm 来开发用户界面。另一方面，虽然 .NET 中的原生接口不及 C++接口丰富，但对于 .NET 中未实现的 C++接口，可以采用 CLI 技术封装后再在 .NET 中调用，也就是说，理论上从 Addin 方式中可以获得与 C++一样丰富的接口。

在进行 MicroStation 二次开发时，开发方式的选择确实是一个难题。笔者的建议是，如果要实现的功能很简单，或者说仅仅是对 MicroStation 操作的一个集成，那么优先选择 VBA 方式；如果要开发的功能相对比较复杂，需要定制用户界面，还有复杂的业务逻辑和流程，则可以考虑 Addin 方式。笔者并不推荐大家采用 MDL 方式进行 MicroStation 的开发，而这个观点也与 Bentley 官方一致。Bentley 官方现在也比较推荐用户采用 Addin 方式进行二次开发,并且在不断加强 Addin 开发的支持力度。基于 Addin 开发方式的优势,本书将着重介绍 Addin 这种开发方式。

## 4.2 MicroStation 开发工具

基于 Addin 和 NativeMDL 进行 MicroStation 二次开发时,需要安装 Visual Studio 作为开发工具,用于代码的编辑和编译。不同的 MicroStation 版本要求的 Visual Studio 版本也不一样,Addin 开发还对 .NET Framework 的版本有要求,各 MicroStation 版本与 Visual Studio(VS)及 .NET Framework 版本的对应关系如表 4-1 所示。

**表 4-1 MicroStation SDK 版本**

| SDK 版本名称 | SDK 版本号 | SDK 发布日期 | 编译工具 | .NET Framework 版本 | 位数 |
|---|---|---|---|---|---|
| MSCE SDK U16.2 | 10.16.02.22 | 2021/12/21 | VS2019 | 4.6.2 | 64 |
| MSCE SDK U16.1 | 10.16.01.30 | 2021/11/16 | VS2019 | 4.6.2 | 64 |
| MSCE SDK U16 | 10.16.00.84 | 2021/7/20 | VS2017 | 4.6.2 | 64 |
| MSCE SDK U15 | 10.15.00.76 | 2020/12/7 | VS2017 | 4.6.2 | 64 |
| MSCE SDK U14 | 10.14.00.111 | 2020/5/27 | VS2017 | 4.6.2 | 64 |
| MSCE SDK U13 | 10.13.00.48 | 2019/8/16 | VS2017 | 4.6.2 | 64 |
| MSCE SDK U12 | 10.12.00.43 | 2019/3/8 | VS2017 | 4.6.2 | 64 |
| MSCE SDK U11 | 10.11.00.42 | 2018/12/7 | VS2015 | 4.6.2 | 64 |
| MSCE SDK U10 | 10.10.00.32 | 2018/8/21 | VS2015 | 4.6.2 | 64 |
| MSCE SDK U9 | 10.09.01.02 | 2018/5/8 | VS2015 | 4.6.2 | 64 |
| MSCE SDK U9 | 10.09.00.24 | 2018/5/1 | VS2015 | 4.6.2 | 64 |
| MSCE SDK U8 | 10.08.00.37 | 2018/3/8 | VS2015 | 4.6.2 | 64 |
| MSCE SDK U7 | 10.07.00.39 | 2017/11/6 | VS2015 | 4.6.2 | 64 |
| MSCE SDK U6 | 10.06.00.40 | 2017/8/9 | VS2015 | 4.6.2 | 64 |
| MSCE SDK U5 | 10.05.00.40 | 2017/5/22 | VS2015 | 4.6.2 | 64 |
| MSCE SDK U4 | 10.04.00.46 | 2017/1/20 | VS2013 | 4.5.2 | 64 |
| MSCE SDK U3 | 10.03.00.30 | 2016/10/19 | VS2013 | 4.5.2 | 64 |
| MSCE SDK U2 | 10.02.00.39 | 2016/7/28 | VS2013 | 4.5.2 | 64 |
| MSCE SDK U1 | 10.01.00.13 | 2016/5/2 | VS2013 | 4.5.2 | 64 |
| MSCE SDK U0 | 10.00.00.28 | 2015/9/16 | VS2013 | 4.5.2 | 64 |
| MSCE SDK EAP/ Tech Preview | 08.21.05.35 | 2015/7/13 | VS2013 | 4.5.2 | 64 |
| MSCE SDK Beta3 | 08.21.04.36 | 2015/4/27 | VS2013 | 4.5.2 | 64 |
| MSCE SDK Beta2 | 08.21.03.56 | 2014/12/17 | VS2013 | 4.5.2 | 64 |

续表 4 - 1

| SDK 版本名称 | SDK 版本号 | SDK 发布日期 | 编译工具 | .NET Framework 版本 | 位数 |
|---|---|---|---|---|---|
| MSCE SDK Beta1 | 08.21.02.114 | 2014/8/1 | VS2012 | 4.5.2 | 64 |
| MSV8i SS4 SDK | 08.11.09.867 | 2017/2/27 | VS2005 | 不支持 | 32 |
| | 08.11.09.862 | 2016/11/22 | VS2005 | 不支持 | 32 |
| | 08.11.09.838 | 2016/7/15 | VS2005 | 不支持 | 32 |
| | 08.11.09.829 | 2016/3/21 | VS2005 | 不支持 | 32 |
| | 08.11.09.824 | 2016/2/25 | VS2005 | 不支持 | 32 |
| | 08.11.09.752 | 2015/12/7 | VS2005 | 不支持 | 32 |
| | 08.11.09.714 | 2015/6/1 | VS2005 | 不支持 | 32 |
| | 08.11.09.460 | 2013/7/12 | VS2005 | 不支持 | 32 |
| | 08.11.09.357 | 2012/9/18 | VS2005 | 不支持 | 32 |
| MSV8i SS3 SDK | 08.11.09.292 | 2012/3/15 | VS2005 | 不支持 | 32 |
| | 08.11.09.237 | 2011/12/7 | VS2005 | 不支持 | 32 |
| MSV8i SS2 SDK | 08.11.07.443 | 2010/7/16 | VS2005 | 不支持 | 32 |
| MSV8i SS1 SDK | 07.11.07.172 | 2009/11/2 | VS2005 | 不支持 | 32 |
| MSV8i SDK | 08.11.05.17 | 2008/10/29 | VS2005 | 不支持 | 32 |
| MSV8 XM SDK | 08.09.04.88 | 2008/7/10 | VS2003 | 不支持 | 32 |

## 4.3 HelloWorld

本节将从零开始构建一个基于 MicroStation 的 HelloWorld 程序。本章 4.1 节中已经对 MicroStation 的开发方式作了详细的介绍，考虑 Addin 开发方式的巨大优势，本节将介绍如何用 Addin 方式编写出 HelloWorld 程序，本书后面的章节都将以此为基础一步步深入下去。Addin 开发以 C#语言为主，本书假设读者已经对 C#语言的语法非常熟悉，否则，请读者先学习 C#语言，这是 MicroStation Addin 开发的基础。

在编写代码之前，要安装好开发环境，进行 Addin 开发需要安装 MicroStation 软件和 Visual Studio 软件。本书所用的 MicroStation 为 CONNECT Edition Update14，对应的 Visual Studio 为 2017，对应的 .NET Framework 版本为 4.6.2。若要运行本书中的示例代码，请确保安装以上软件和环境，具体安装过程可参考相关书籍或在网上搜索。安装好开发环境后，请按以下步骤操作。

（1）创建解决方案和项目。打开 Visual Studio 2017，通过“文件”→“新建”→“项目”菜单打开新建项目对话框，在左侧的模板树中选择 Visual C#，在最上面选择 .NET 框架为 .NET Framework 4.6.2，项目类型选择为类库（.NET Framework），名称设置为“HelloWorld”，位置设置为电脑中一个有效的存储路径，解决方案名称设置为“MicroStation Samples”，其他设置保持默认，点“确定”按钮，此时会在指定路径下创建 MicroStationSamples 解决方案，并在解决方案中创建 HelloWorld 项目，本书后面的示例项目都将在这个解决方案中创建（图 4 - 1）。

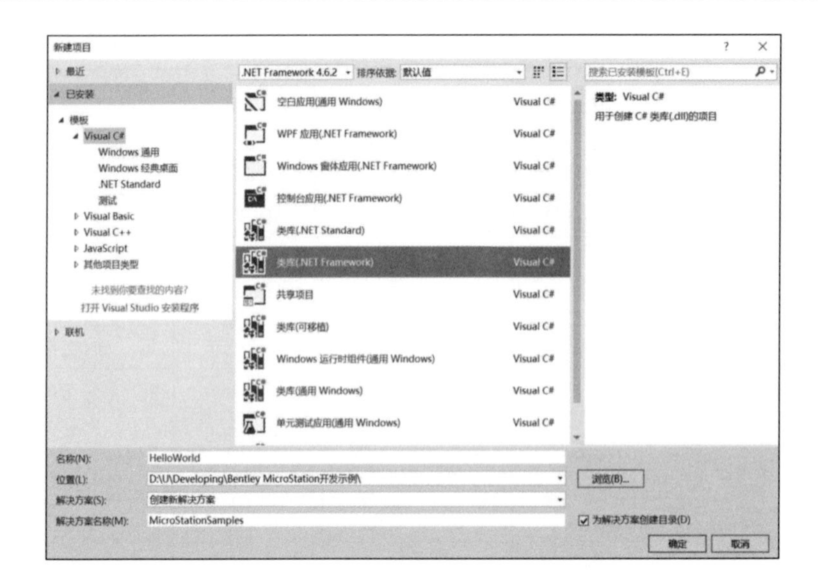


图 4-1 新建 HelloWorld 项目

(2) 添加 MicroStation 引用。在解决方案资源管理器中右键选中 HelloWorld 项目下的“引用”项,在弹出的菜单中选择“添加引用”,在弹出的引用管理器中点击最下面的“浏览”按钮,到 MicroStation 的安装路径下选择 ustation.dll 文件,点击“确定”按钮(图 4-2)。

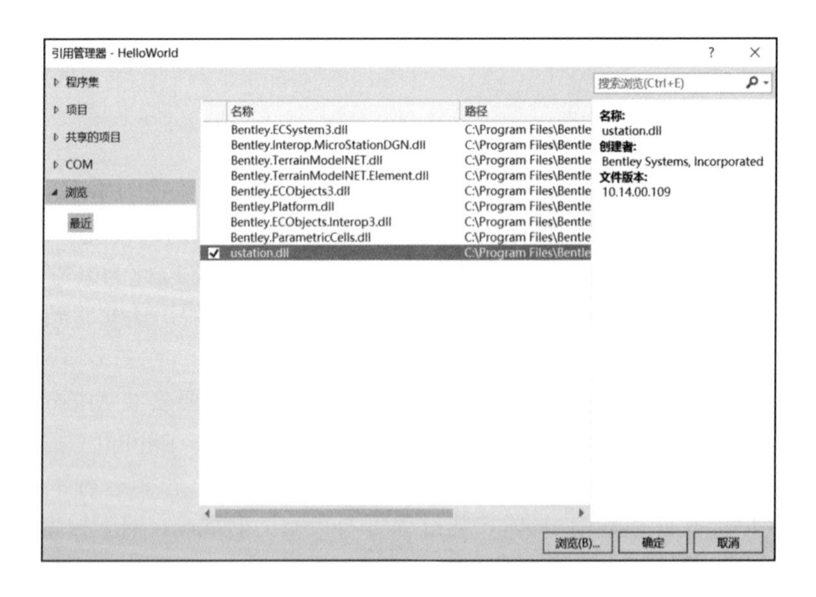


图 4-2 添加 MicroStation 引用

(3) 添加 System.Windows.Forms 引用。在解决方案资源管理器中右键选中 HelloWorld 项目下的“引用”项,在弹出的菜单中选择“添加引用”,在弹出的引用管理器中点击左侧导航栏中的程序集→框架,在右侧程序集列表中找到 System.Windows.Forms 并选中前面的复选框,点击“确定”按钮(图 4-3)。

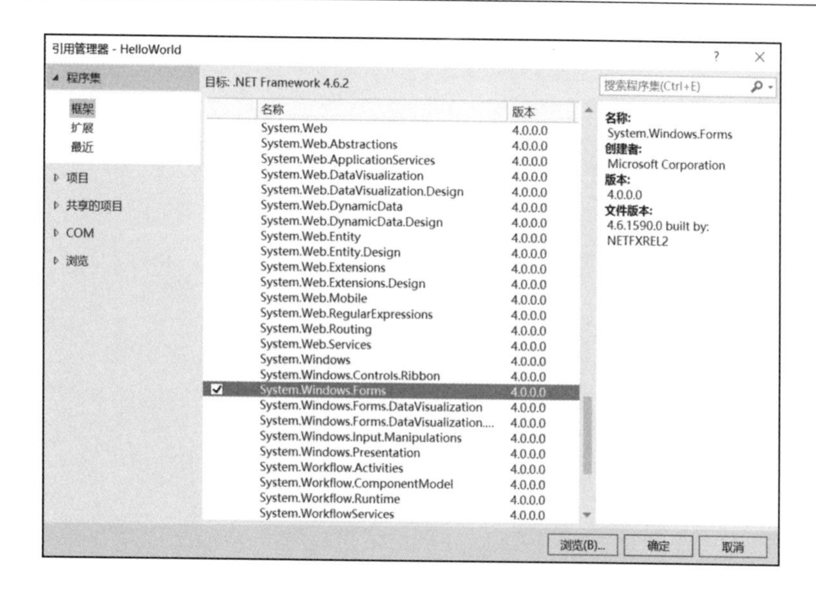


图 4 - 3　添加 System.Windows.Forms 引用

(4) 新建 HelloWorldAddin 类。在解决方案资源管理器中右键选中 HelloWorld 项目,在弹出的菜单中选择“添加”→“新建项”,弹出添加新项对话框,选择类型为“类”,名称设置为“HelloWorldAddin.cs”,点击“添加”按钮,此时会在 HelloWorld 项目中创建 HelloWorldAddin 类。

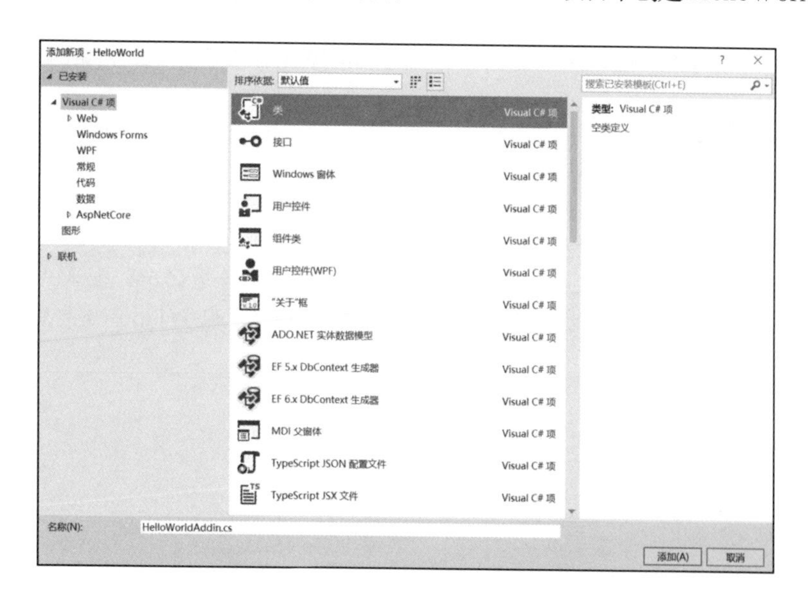


图 4 - 4　新建 HelloWorldAddin 类

(5) 使 HelloWorldAddin 继承自 Bentley.MstnPlatformNET.AddIn,并为其添加构造函数。Bentley.MstnPlatformNET.AddIn 是整个程序的入口类,其构造函数有一个 IntPtr 类型的参数。

(6) 重载 Bentley.MstnPlatformNET.AddIn 中的 Run 函数。Run 函数是在构造函数执

行完之后第一个执行的函数，在这里用 Windows 窗口显示出 HelloWord，完整的 HelloWorldAddin 类代码如下：

```
public class HelloWorldAddin : Bentley.MstnPlatformNET.AddIn
{
    public HelloWorldAddin(IntPtr mdlDesc) : base(mdlDesc)
    {


    }
    protected override int Run(string[] commandLine)
    {
        System.Windows.Forms.MessageBox.Show("Hello World");
        return 0;
    }
}
```

(7) 编译项目。右键点击 HelloWorld 项目，选择“生成”菜单，在 Visual Studio 的输出窗口中显示如下信息，说明编译成功(图 4 - 5)。

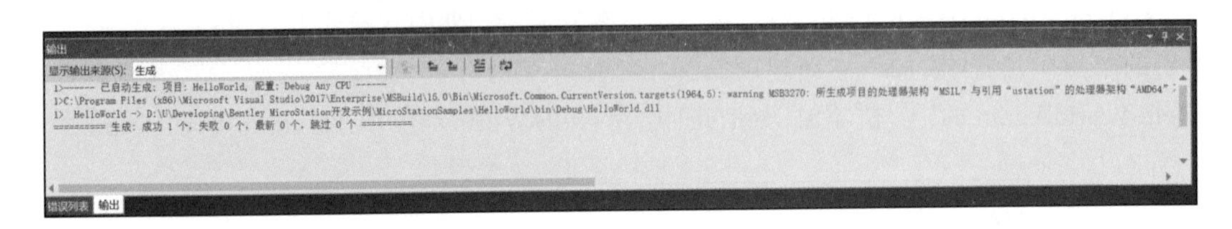


图 4 - 5　编译项目

(8) 运行 Addin。进入项目文件夹的 bin\debug\目录，找到 HelloWorld.dll，将其拷贝到 MicroStation 安装目录的 Mdlapps 文件夹，如图 4 - 6 所示。启动 MicroStation，点击图 4 - 7 中的图标，打开 key-in 窗口(或通过 F9 快捷键打开)，在键入域中键入 MDL LOAD HelloWorld 并回车，此时应该能看到一个写着“Hello World!”的 Windows 消息框弹出来。

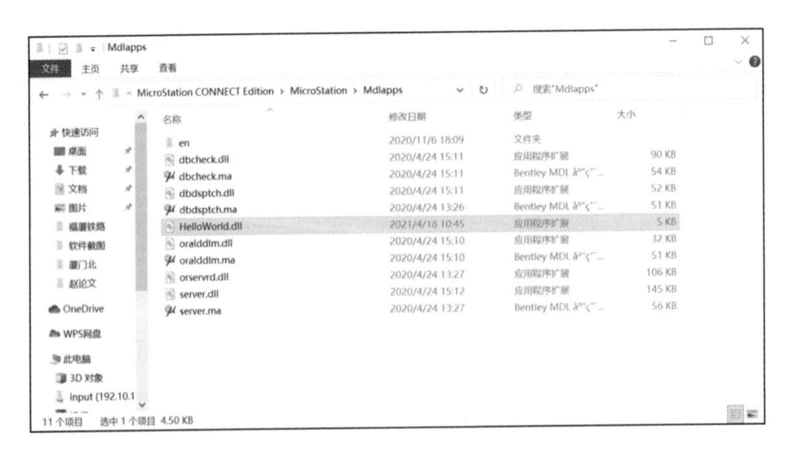


图 4 - 6　拷贝生成的 Addin 到 MicroStation 目录

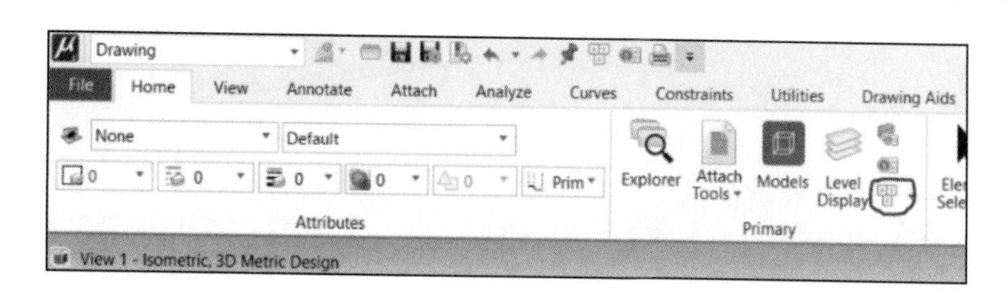


图 4－7　打开 key-in 窗口

至此，用 Addin 开发的 HelloWorld 程序就完成了。要使一个 .NET 程序集能够作为 Addins 在 MicroStation 下运行，需要满足如下三个条件：

(1) 包含一个派生于 Bentley.MstnPlatformNET.Addin 的类。

(2) 该派生类必须提供一个单参数(IntPtr 类型的 MDL 描述符)的构造函数，且该构造函数需要链接到基类构造函数上。

(3) 该派生类必须重载 Addin 基类中的虚方法 Run()。

# 第5章　MicroStation图形元素

无论是做二维设计还是做三维设计，都需要借助图形来表达我们的设计意图，对于设计软件来说，图形系统是最核心的部分。MicroStation 之所以强大，就是因为它拥有一个强大的图形系统，可以支持各种类型的二维、三维图形元素的创建和编辑。本章将讲解 MicroStation 中各种图形元素的创建方法和编程技巧。

## 5.1　MicroStation图形元素的继承关系

MicroStation 中的图形被称为元素(Element)，常用的元素主要有直线(LineElement)、线串(LineStringElement)、形状(ShapeElement)、弧(ArcElement)、椭圆(EllipseElement)、简单曲线(CurveElement)、样条曲线(BsplineCurveElement)、文本(TextElement)、标注(DimensionElement)、圆锥体(ConeElement)、实体(SolidElement)、样条曲面(BSplineSurfaceElement)、网格曲面(MeshHeaderElement)等，这些属于基本元素。除此之外，MicroStation 还有一些复合元素，它们可以将基本元素进行组合形成复杂元素，如单元(CellHeaderElement)、共享单元(SharedCellElement)、命名组(NamedGroup)等。本章将介绍如何在代码中创建并操作 MicroStation 元素。

首先，MicroStation 中的图形元素都有共同的基类 DisplayableElement，该类由 Element 类派生，也就是说 MicroStation 中的所有图形元素都可以使用 Element 和 DisplayableElement 这 2 个类的方法及属性。图 5－1 是 MicroStation 开发帮助文档中 ArcElement 的继承关系。

System.Object
Bentley.DgnPlatformNET.Elements.Element
Bentley.DgnPlatformNET.Elements.DisplayableElement
Bentley.DgnPlatformNET.Elements.EllipticArcBaseElement
**Bentley.DgnPlatformNET.Elements.ArcElement**

图 5－1　ArcElement 的继承关系

Element 提供了许多函数和属性可以实现对元素的许多常用操作，如 AddToModel 可以将元素加入文档模型，DeleteFromModel 可以将元素从文档模型中删除。

## 5.2　元素的创建方法

### 5.2.1　利用 V8i 框架接口的创建元素

为了照顾 V8i 框架开发者的习惯，CE 版保留了 V8i 框架的部分接口，所以用户也可以利用 V8i 框架中的元素创建接口来创建元素。采用这个方法创建元素时，需要用到 Bentley.Interop.MicroStationDGN 命名空间下的类，所以首先需要在程序中引入该命名空间，Bentley 官方的示例为 using BIM = Bentley.Interop.MicroStationDGN。然后需要获取全局的 Application 对象，再利用 Application 对象的 Create×××Element 方法来创建元素，最后将创建的元素加入指定的文档模型中。利用该方法创建直线元素的代码如下：

```
//获取全局 Application 对象
BIM.Application app = Bentley.MstnPlatformNET.InteropServices.Utilities.ComApp;
BIM.Point3d ptStart = app.Point3dZero();//直线起点坐标
BIM.Point3d ptEnd = ptStart;//直线终点坐标
//使用这套编程框架时，函数接受参数的单位都是主单位，这个跟新框架有所不同
ptStart.X = 10;BIM.LineElement lineEle = app.CreateLineElement2(null, ref ptStart, ref ptEnd);
//创建元素
lineEle.Color = 0; //设置线的颜色
lineEle.LineWeight = 2;//设置线的宽度
app.ActiveModelReference.AddElement(lineEle);//加入当前文档模型
```

上面的代码是将创建的元素加入当前文档模型中，用户也可以将其加入其他文档模型，在 app.ActiveDesignFile.Models[]中传入模型的名称即可获取指定的文档模型。该方式与 CE 框架的不同之处在于，这里的坐标的单位都是主单位，也就是不用乘单位分辨率。

### 5.2.2　利用 CE 框架接口创建元素

CE 版框架创建元素有 2 种方法。一种方法是先 new 出元素，然后调用的元素 AddToModel 方法将元素加入文档模型，下面的代码演示了用 CE 框架接口创建直线元素的过程。

```
DgnModel dgnModel = Session.Instance.GetActiveDgnModel();
ModelInfo modelInfo = dgnModel.GetModelInfo();
DSegment3d seg = new DSegment3d(0 * UorPerMas, 5 * UorPerMas, 0 * UorPerMas, 10 *
UorPerMas, 10 * UorPerMas, 0 * UorPerMas);//创建 Segment
LineElement lineEle = new LineElement(dgnModel, null, seg);//创建元素
lineEle.AddToModel();//将创建的元素加入文档模型
```

另一种方法是先创建出元素的几何形状，然后调用 DaftingElementSchema.ToElement() 接口转换为 Element，最后加入文档模型，该方法的代码示例如下：

```
DgnModel dgnModel = Session.Instance.GetActiveDgnModel();
ModelInfo modelInfo = dgnModel.GetModelInfo();
DPoint3d[] ptArr = new DPoint3d[5];
ptArr[0] = new DPoint3d(0 * UorPerMas, 10 * UorPerMas, 0 * UorPerMas);
ptArr[1] = new DPoint3d(1 * UorPerMas, 12 * UorPerMas, 0 * UorPerMas);
//CurvePrimitive 仅仅保存基本曲线的几何数据，不包含 Mstn 元素的其他任何数据（例如元
素的颜色、线型等属性）
CurvePrimitive curPri = CurvePrimitive.CreateLine(ptArr);
//将几何数据转换成 Mstn 中对应类型的元素（ArcElement,LineElement 等）
Element ele = DraftingElementSchema.ToElement(dgnModel, curPri, null);
ele.AddToModel();//将创建的元素加入文档模型
```

### 5.2.3 方法选择

由前述可知，在 MicroStation CE 中共有 3 种创建图形元素的方法，在实际的项目中应该如何选择呢？笔者的建议是尽量采用后面 2 种方法，即 CE 框架接口创建，有以下 3 个原因。一是 V8i 框架接口属于上一代技术，在创建元素的思路上与 CE 框架完全不同，为了程序的一致性，我们最好采用 CE 框架提供的方法，便于后期代码的维护；二是 V8i 框架中创建出来的元素也只能用 V8i 的元素接口进行操作，此接口功能没有 CE 元素接口丰富，虽然 Bentley 也提供有 V8i 框架元素接口向 CE 元素接口转换的方法，但比较烦琐，使用非常不便；三是 V8i 框架接口只是为了考虑部分用户从 V8i 过渡到 CE 的方案，在新版的 CE 中可能随时会取消，因此使用 V8i 框架接口有可能导致用户的程序在新版的 CE 中无法正常运行。

## 5.3 线元素

### 5.3.1 CurvePrimitive 类

CurvePrimitive 是 Bentley.GeometryNET 中的一个重要类，该类提供了许多生成曲线和获取曲线数据的方法，要使用 CurvePrimitive 类，需要在项目中引入 Bentley.GeometryNET.dll。CurvePrimitive 可以生成各种曲线，直线可以看成特殊的曲线，后面的其他线元素都可以通过 CurvePrimitive 来生成。DPoint3d、DSegment3d 和 CurvePrimitive 属于 MicroStation 的几何类，都在 Bentley.GeometryNET 程序集中，要使用这几个类，首先需要引入 Bentley.GeometryNET.dll，并在文件中引用 Bentley.GeometryNET 命名空间。

通常，我们需要利用已知直线的起点、终点或方向来做一些计算，那么该如何获取直线元素的起点、终点和方向呢？这仍然需要依赖于 CurvePrimitive，LineElement 类有 GetCurveVector 方法能够获取曲线集合，该集合中的对象就是 CurvePrimitive 对象，对于直线元素来说，只需要取该集合中的第一个对象即可，然后利用 CurvePrimitive 对象的 GetStartEnd 方法就可以获取该直线元素的起点坐标、终点坐标和方向。示例代码如下：

```
CurveVector vector = lineElement.GetCurveVector();
CurvePrimitive primitive = vector.GetPrimitive(0);
DPoint3d fromPoint, toPoint;
DVector3d fromVector, toVector;
Primitive.GetStartEnd(out fromPoint, out toPoint, out fromVector, out toVector);
```

CurvePrimitive 对象还提供了 TryGetLine 方法用于直接获取 DSegment3d 对象，DSegment3d 对象提供了更多关于直线的操作，如获取指定位置的坐标和方向，获取直线的起点、终点、空间长度、三维长度等。

### 5.3.2 直线

直线元素(LineElement)的创建关键是要确定直线的起点和终点，以下是创建直线元素的示例代码：

```
public static Element CreateLineElement(DgnModel dgnModel)
{
    double uor = dgnModel.GetModelInfo().UorPerMaster;

    DPoint3d pt0 = new DPoint3d(0,0, 0) * uor;
    DPoint3d pt1 = new DPoint3d(100, 100, 100) * uor;
    DSegment3d segment = new DSegment3d(pt0, pt1);
    CurvePrimitive primitive = CurvePrimitive.CreateLine(segment);
    return DraftingElementSchema.ToElement(dgnModel, primitive, null);
}
```

首先需要获取文件的主单位分辨率，其次用 DPoint3d 对象构建出 DSegment3d 对象，然后通过 CurvePrimitive 类的静态方法 CreateLine 来创建一个 CurvePrimitive 对象，最后由 DraftingElementSchema 类的 ToElement 静态方法就可以创建出直线元素了。

### 5.3.3　线串

若干个点按序相连就构成了线串元素（LineStringElement），类似 AutoCAD 中的多义线（Polyline）。线串元素的创建代码如下：

```
public static Element LineAndLineString3(DgnModel dgnModel)
{
    double uor = dgnModel.GetModelInfo().UorPerMaster;
    ModelInfo modelInfo = dgnModel.GetModelInfo();
    DPoint3d[] ptArr = new DPoint3d[5];
    ptArr[0] = new DPoint3d(0 * uor , 10 * uor , 0 * uor );
    ptArr[1] = new DPoint3d(1 * uor , 12 * uor , 0 * uor );
    ptArr[2] = new DPoint3d(3 * uor , 8 * uor , 0 * uor );
    ptArr[3] = new DPoint3d(5 * uor , 12 * uor , 0 * uor );
    ptArr[4] = new DPoint3d(6 * uor , 10 * uor , 0 * uor );
    CurvePrimitive curPri = CurvePrimitive.CreateLineString(ptArr);
    return DraftingElementSchema.ToElement(dgnModel, curPri, null);
}
```

创建 LineStringElement 的过程与创建 LineString 的过程类似，首先需要构造一个 DPoint3d 数组，并将线串的点存放在其中，然后调用 CurvePrimitive 类的 CreateLineString 方法构建出线串的几何对象，最后调用 DraftingElementSchema 类的 ToElement 静态方法创建元素。

同样地，利用 CurvePrimitive 对象可以获取一个线串元素的坐标列表，直接调用 CurvePrimitive 对象的 TryGetLineString 函数就可以实现。CurvePrimitive 类针对 LineString 还提供了几个专用的函数：

```
public bool TryGetLineStringPointCount(out int count);
public bool TryGetPointInLineString(DPoint3d* point, uint index);
public bool TryGetSegmentInLineString(DSegment3d* segment, uint startPointIndex);
```

以上函数中，TryGetLineStringPointCount 用于获取 LineString 中点的数量，TryGetPointInLineString 用于获取指定序号的点的坐标，TryGetSegmentInLineString 用于获取以指定序号点作为起点的直线段。

### 5.3.4 弧线

MicroStation 中的弧线包括圆弧线和椭圆弧线，其几何对象用 DEllipse3d 描述。创建弧线元素的代码如下所示：

```
public static Element CreateArcElement(DgnModel dgnModel)
{
    double uor = dgnModel.GetModelInfo().UorPerMeter;

    DPoint3d startPoint3d = new DPoint3d(0, 0) * uor;
    DPoint3d middlePoint3d = new DPoint3d(50, 0) * uor;
    DPoint3d endPoint3d = new DPoint3d(100, 0) * uor;
    DEllipse3d ellipse;
    DEllipse3d.TryCircularArcFromStartMiddleEnd(startPoint3d, middlePoint3d, endPoint3d, out
ellipse);//三点创建圆弧

    CurvePrimitive primitive = CurvePrimitive.CreateArc(ellipse);
    return DraftingElementSchema.ToElement(dgnModel, primitive, null);
}
```

弧线元素的创建重点是构建 DEllipse3d 对象，DEllipse3d 提供了多个构造函数用于创建 DEllipse3d 对象：

```
    public DEllipse3d(DPoint3d centerIn, DVector3d vector0In, DVector3d vector90In);
    public DEllipse3d(DPoint3d centerIn, DVector3d vector0In, DVector3d vector90In, Angle
startAngle, Angle sweepAngle);
    public DEllipse3d(DPlacementZX placement, double radiusX, double radiusY, Angle
startAngle, Angle sweepAngle);
    public DEllipse3d(double cx, double cy, double ux, double uy, double vx, double vy);
    public DEllipse3d(double cx, double cy, double ux, double uy, double vx, double vy, Angle
startAngle, Angle sweepAngle);
    public DEllipse3d(double cx, double cy, double cz, double ux, double uy, double uz, double vx,
double vy, double vz);
    public DEllipse3d(double cx, double cy, double cz, double ux, double uy, double uz, double vx,
double vy, double vz, Angle startAngle, Angle sweepAngle);
```

上述构造函数中有几个参数比较难理解，下面对其进行解释。椭圆的参数有圆心坐标 $O$、长半轴向量 $\boldsymbol{u}$、短半轴向量 $\boldsymbol{v}$。圆心坐标很好理解，它定义了椭圆的位置，长半轴向量 $\boldsymbol{u}$ 和短半轴向量 $\boldsymbol{v}$ 则定义了椭圆的方向。例如，当需要创建一个长半轴平行于 $x$ 轴，短半轴平行于 $y$ 轴的椭圆时，只需要让 $u$ 平行于 $x$ 轴，$v$ 平行于 $y$ 轴即可，$u$ 和 $\boldsymbol{v}$ 的长度则决定了椭圆长半轴和短半轴的长度，也就是椭圆的扁率。椭圆的参数如图 5－2 所示。

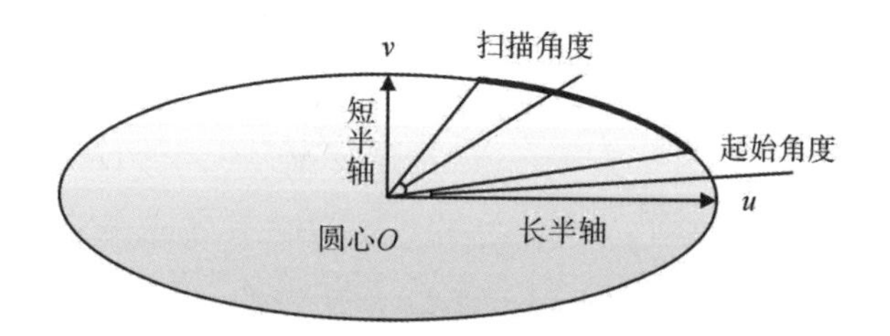


图 5－2　椭圆的参数

构造函数中的 centerIn 和 cx、cy、cz 就是圆心坐标，Vector0In 和 ux、uy、uz 就是长半轴方向向量，Vector90In 和 vx、vy、vz 就是短半轴方向向量。由第 4 章可知，向量不仅有方向，也有长度，因此用向量可以很好地表达长半轴、短半轴的方向和长度。上面虽然是椭圆的参数，但同样也可以用来定义圆，只要使上述参数的长半轴和短半轴的长度相等即可。另外，由于弧线不一定是一个完整的椭圆，也可能是椭圆的一部分，这里通过 startAngle 和 sweepAngle 这 2 个角度参数来定义弧线的起点和终点位置。角度参数是相对于圆心和坐标原点，以 *u* 为横轴，以 *v* 为纵轴的局部坐标系来定义的，startAngle 为弧线起点与横轴的夹角，顺时针方向为负，逆时针方向为正，sweepAngle 为弧线终点与弧线起点间的夹角，方向也是顺时针为正，逆时针为负。

但通常，用户更多的是需要根据圆心、半径等参数去创建圆弧，因此 DEllipse3d 还提供了另外几个静态方法用于椭圆对象的构建：

```
public static DEllipse3d FromCenterRadiusNormal(DPoint3d centerIn, double radius, DVector3d normal);
public static DEllipse3d FromCenterRadiusXY(DPoint3d centerIn, double radius);
public static DEllipse3d FromCenterRadiusYZ(DPoint3d centerIn, double radius);
public static DEllipse3d FromCenterRadiusZX(DPoint3d centerIn, double radius);
public static DEllipse3d FromScaledMatrix(DPoint3d centerIn, DMatrix3d matrix, double a0, double a90, Angle startAngle, Angle sweepAngle);
```

FromCenterRadiusNormal 的参数为圆心、圆半径和圆所在平面的法向量，该函数用于创建圆。FromCenterRadiusXY、FromCenterRadiusYZ、FromCenterRadiusZX 分别用于创建 *XY* 平面、*YZ* 平面和 *ZX* 平面上的圆，参数为圆心和半径。FromScaledMatrix 用于创建椭圆对象，其中，参数 centerIn 为圆心，参数 matrix 为旋转矩阵，参数 a0 为短半轴长度，参数 a90 为长半轴长度，参数 startAngle 和 sweepAngle 分别为起始角度和扫描角度。

### 5.3.5　样条曲线

样条曲线是指给定一组控制点而得到一条曲线，曲线的大致形状由这些点控制。样条曲线起源于一个常见问题，即在已知若干点的条件下，如何得到通过这些点的一条光滑曲线？一个简单且行之有效的方法是，把这些点作为限制点，然后在这些限制点中放置一条具有弹性的金属片，金属片绕过这些点后的最终状态即为所需曲线，而最终得到的形状曲线就是样条曲线。这也是该名字的由来，其中金属片就是样条，形成的曲线就是样条曲线，如图 5－3 所示。

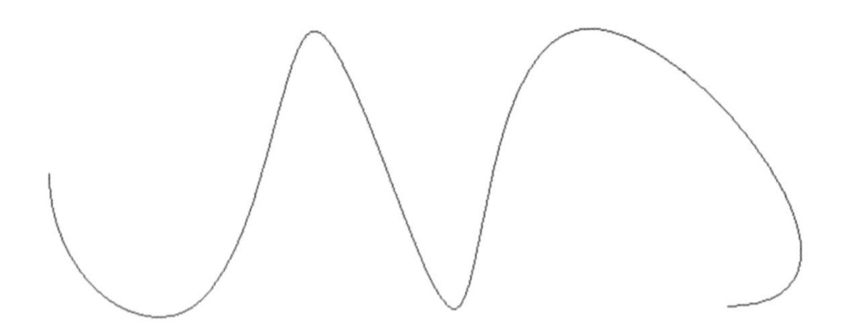

图 5-3　样条曲线

依据不同的拟合方式,样条曲线也分为不同的类型,如三次样条曲线、贝塞尔样条曲线、B 样条曲线等。MicroStation 中提供的样条曲线为 B 样条曲线(BSPLineCurve),其创建代码如下:

```
public static Element CreateBSPLineCurveElement(DgnModel dgnModel)
{
    double uor = dgnModel.GetModelInfo().UorPerMaster;

    DPoint3d[] points = new DPoint3d[6];
    points[0] = new DPoint3d(0, 0, 0) * uor;
    points[1] = new DPoint3d(100, -100, 0) * uor;
    points[2] = new DPoint3d(200, 100, 0) * uor;
    points[3] = new DPoint3d(300, -100, 0) * uor;
    points[4] = new DPoint3d(400, 100, 0) * uor;
    points[5] = new DPoint3d(500, -100, 0) * uor;

    DVector3d[] tangents = { new DVector3d(0, 0), new DVector3d(0, 0) };

    MSInterpolationCurve curve = MSInterpolationCurve. CreateFromPointsAndEndTangents
(points, true, 0.01, tangents, false, false, false, false);
    BSplineCurveElement element = new BSplineCurveElement(dgnModel, null, curve);
    element.AddToModel();

    return element;
}
```

上述代码中主要用到了 MSInterpolationCurve 的 CreateFromPointsAndEndTangents 函数,其定义如下:

```
public static MSInterpolationCurve CreateFromPointsAndEndTangents(
IEnumerable<DPoint3d> points,
bool removeDuplicatePoints,
double duplicatePointTolerance,
IEnumerable<DVector3d> endTangents,
```

```
bool closedCurve,
bool colinearTangents,
bool chordLenTangents,
bool naturalTangents);
```

该函数参数较多，其中 points 参数是样条曲线的控制点，这些点坐标会决定样条曲线的大致线形。removeDuplicatePoints 参数指示是否移除重复的点。duplicatePointTolerance 参数用于设定判断点是否重复的距离，当 2 个点的距离小于这个值时，就认为这 2 个点重复。endTangents 参数用于指定曲线的方向，它是一个向量列表，虽然用户可以向里面加入任意个向量，但只有前两个向量有效，第一个向量指定起点处的曲线方向，第二个向量指定终点处的曲线方向。图 5－4 就是上述示例代码生成的结果，图中的曲线方向由 MicroStation 标注，标注的方向与曲线的实际方向是相反的。

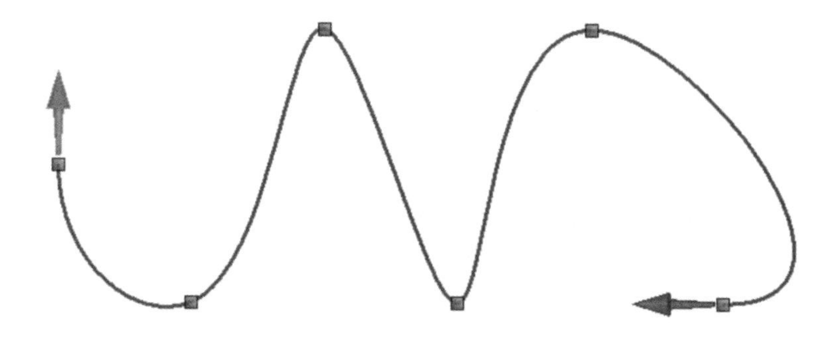

图 5－4　样条曲线的方向

closedCurve 参数指示生成的样条曲线是否封闭，也就是首尾是否自动相连，当把示例代码的 false 改为 true 后，生成的曲线如图 5－5 所示。

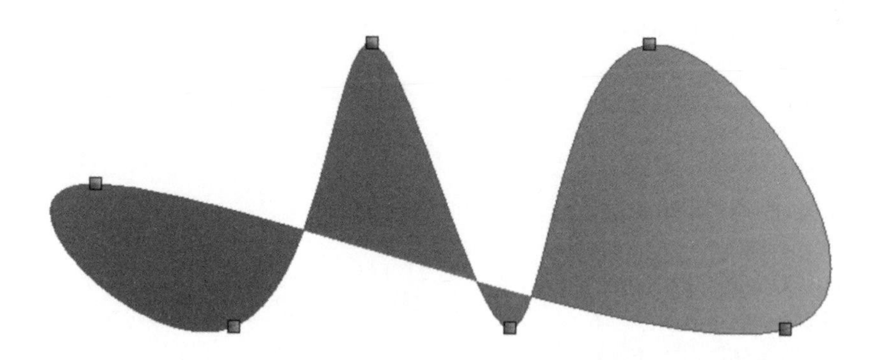

图 5－5　封闭的样条曲线

colinearTangents、chordLenTangents、naturalTangents 这 3 个参数主要是用于对控制点处的曲线方向进行调整，图 5－6 是把示例代码的 false 改为 true 后生成的曲线效果。由图 5－6 可以看出，将这些值设为 true 后，曲线方向将会根据控制点自动调整，endTangents 指定的值会失效。

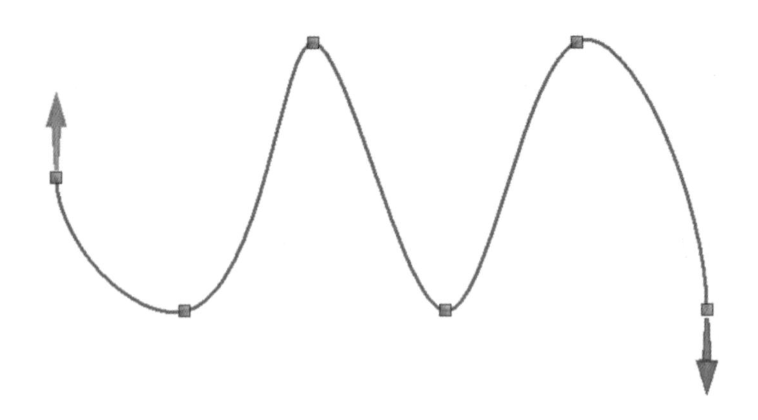

图 5-6　封闭的样条曲线

### 5.3.6　平行多段线

平行多段线元素(MultiLineElement)是一种最多由 16 组平行线组成的集合,平行线可以是直线段,也可以是线串。其创建方法如下:

```
public static Element CreateMultiLineElement(DgnModel dgnModel)
{
    double uor = dgnModel.GetModelInfo().UorPerMaster;

    DPoint3d[] points = new DPoint3d[5];
    points[0] = new DPoint3d(-100, 0) * uor;
    points[1] = new DPoint3d(0, -100) * uor;
    points[2] = new DPoint3d(100, 0) * uor;
    points[3] = new DPoint3d(200, 0) * uor;
    points[4] = new DPoint3d(300, -100) * uor;

    MultilineStyle lineStyle = new MultilineStyle("name", dgnModel.GetDgnFile());

    //第一组平行线
    MultilineProfile profile1 = new MultilineProfile();
    profile1.Distance = 0;//偏移距离
    profile1.UseLinestyle = true;
    profile1.Linestyle = 2;
    lineStyle.InsertProfile(profile1, 0);

    //第二组平行线
    MultilineProfile profile2 = new MultilineProfile();
    profile2.Distance = -15 * uor;//偏移距离
    lineStyle.InsertProfile(profile2, 1);

    //第三组平行线
```

```
    MultilineProfile profile3 = new MultilineProfile();
    profile3.Distance = 15 * uor;//偏移距离
    lineStyle.InsertProfile(profile3, 2);

    MultilineElement element = MultilineElement. CreateMultilineElement(dgnModel, null,
lineStyle, 1, DVector3d.UnitZ, points);
    return element;
}
```

要创建一个平行多段线元素，必须有一条基线，多段线中的每组平行线都是基于这条基线平行偏移得到。基线由一个 DPoint3d 数组定义，平行线由 MultilineProfile 定义。该类是最重要的属性，为 Distance，它用来设置平行线与基线的偏移距离，此外还可以设置线型、线色、线宽等显示样式。定义的每组平行线需要放到 MultilineStyle 对象中，然后将其传到 MultilineElement 的 CreateMultilineElement 方法完成元素的创建。CreateMultilineElement 方法的原型如下：

```
public static MultilineElement CreateMultilineElement(DgnModel dgnModel, Element
templateElement, MultilineStyle mlineStyle, double styleScale, DVector3d normal, DPoint3d[]
points);
```

该函数共有 6 个参数，其中 dgnModel 为要创建的元素所属的文档对象，templateElement 为元素模板，如没有可传入 null，mlineStyle 为元素的样式对象，该对象保存有每组平行线的参数，styleScale 为样式比例，生成元素时平行线的偏移距离会乘该比例，normal 为平行线所在平面的法向量，points 为基线坐标。示例代码创建了 3 组平行线，第一组距基线的偏移距离为 0，并用虚线显示，第二组距基线的偏移距离为−15，第三组距基线的偏移距离为 15，样式比例为 1，平行线所在平面为 $xy$ 平面。图 5 - 7 是示例代码的运行结果。

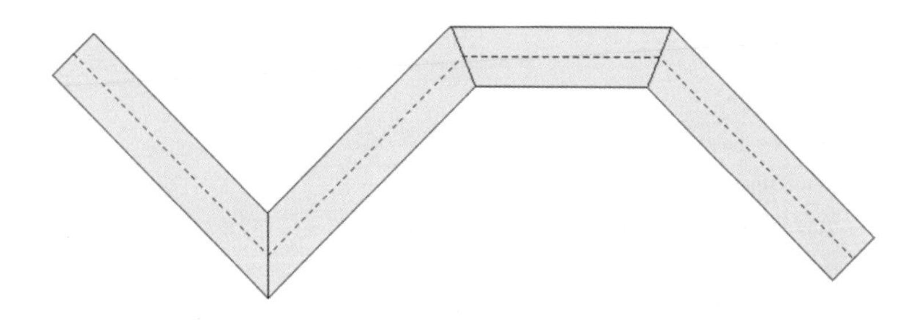

图 5 - 7　平行多段线

## 5.4　面元素

### 5.4.1　形状

形状元素（ShapeElement）是由一系列直线段围成的封闭面状元素，其创建方法如下：

```
public static Element CreateShapeElement(DgnModel dgnModel)
{
    double uor = dgnModel.GetModelInfo().UorPerMaster;

    DPoint3d[] points = new DPoint3d[4];
    points[0] = new DPoint3d(0, 0) * uor;
    points[1] = new DPoint3d(100, 0) * uor;
    points[2] = new DPoint3d(100, 100) * uor;
    points[3] = new DPoint3d(0, 100) * uor;

    ShapeElement element = new ShapeElement(dgnModel, null, points);
    element.AddToModel();
    return element;
}
```

要获取形状元素的顶点，可以调用 ShapeElement 的 GetCurveVector()方法，然后通过遍历 CurveVector 中的 CurvePrimitive 来获取形状的顶点，关于 CurvePrimitive 的用法，可以参考 5.3.1 节的内容。

### 5.4.2 复杂形状

复杂形状元素(ComplexShapeElement)是由一系列直线段、曲线段围成的封闭面状元素。这里要特别说明的是，复杂形状元素不是由多个 ShapeElement 组成的，它与形状元素一样，都是由线段构成的，区别是，ShapeElement 中的线段只能是直线段，而 ComplexShapeElement 中的线段可以是曲线段。下面是创建复杂形状元素的示例代码：

```
public static Element CreateComplexShapeElement(DgnModel dgnModel)
{
    double uor = dgnModel.GetModelInfo().UorPerMaster;

    //创建样条曲线元素
    DPoint3d[] points = new DPoint3d[4];
    points[0] = new DPoint3d(-100, 0) * uor;
    points[1] = new DPoint3d(-100, -100) * uor;
    points[2] = new DPoint3d(100, -100) * uor;
    points[3] = new DPoint3d(100, 0) * uor;
    DVector3d[] tangents = { new DVector3d(0, -1), new DVector3d(0, -1) };
    MSInterpolationCurve curve = MSInterpolationCurve. CreateFromPointsAndEndTangents
(points, true, 0.01, tangents, false, true, true, true);
    BSplineCurveElement bspLineCurve = new BSplineCurveElement(dgnModel, null, curve);

    //创建弧线元素
    DPoint3d startPoint = new DPoint3d(-100, 0) * uor;
    DPoint3d middlePoint = new DPoint3d(0, 100) * uor;
    DPoint3d endPoint = new DPoint3d(100, 0) * uor;
```

```
    DEllipse3d ellipse;
    DEllipse3d.TryCircularArcFromStartMiddleEnd(startPoint, middlePoint, endPoint, out ellipse);
    ArcElement arc = new ArcElement(dgnModel, null, ellipse);

    ComplexShapeElement complexShape = new ComplexShapeElement(dgnModel, null);
    complexShape.AddComponentElement(bspLineCurve);
    complexShape.AddComponentElement(arc);
    return complexShape;
}
```

首先分别创建了一个样条曲线元素和一个弧线元素，然后创建 ComplexShpaeElement 对象，最后调用它的 AddComponentElement 方法将 2 个曲线元素加入该 ComplexShpaeElement 对象。图 5-8 是上述代码的运行结果。

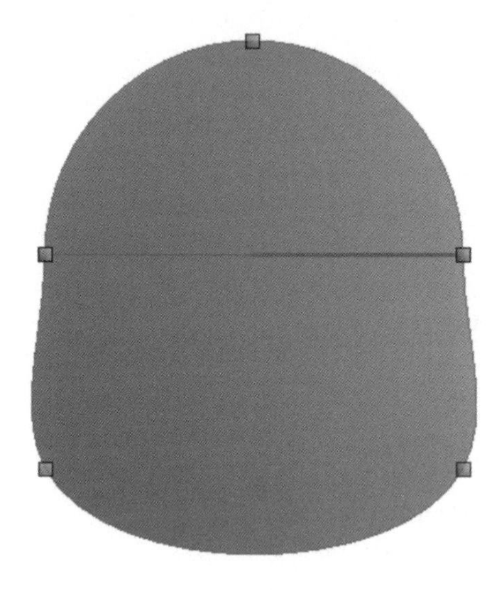

图 5-8　复杂形状

### 5.4.3　椭圆

椭圆元素(EllipseElement)用于表达椭圆状的面状元素，且必须是一个完整的椭圆，由于圆可以看成特殊的椭圆，因此椭圆元素也可以用于表达圆。下面的代码就是创建圆的过程。

```
public static Element CreateEllipseElement(DgnModel dgnModel)
{
    double uor = dgnModel.GetModelInfo().UorPerMaster;

    DPoint3d startPoint = new DPoint3d(-100, 0) * uor;
    DPoint3d middlePoint = new DPoint3d(0, 100) * uor;
    DPoint3d endPoint = new DPoint3d(100, 0) * uor;
    DEllipse3d ellipse;
    DEllipse3d.TryCircularArcFromStartMiddleEnd(startPoint, middlePoint, endPoint, out ellipse);
```

```
    EllipseElement element = new EllipseElement(dgnModel, null, ellipse);
    return element;
}
```

同创建弧线元素一样，创建椭圆最重要的是要构造出椭圆的几何形状，这需要借助 DEllipse3d 类来完成，关于 DEllipse3d 的使用可参考 5.3.4 节的内容。

### 5.4.4 样条表面

样条表面元素（BSplineSurfaceElement）是由多条样条曲线进行复杂的拟合形成的面状元素。样条曲面的创建过程比较烦琐，新版 CE 框架对样条曲面的支持还不太友好，通常的做法是采用 V8i 框架接口来创建样条曲面，如下所示：

```
public static void CreateBSplineSurfaceElement(DgnModel dgnModel)
{
    double uor = dgnModel.GetModelInfo().UorPerMaster;
    Bentley. Interop. MicroStationDGN. Application app = Bentley. MstnPlatformNET.
InteropServices.Utilities.ComApp;
    Bentley. Interop. MicroStationDGN. Point3d[] aFitPoints = new Bentley. Interop.
MicroStationDGN.Point3d[4];
    Bentley. Interop. MicroStationDGN. InterpolationCurve oFitCurve = new Bentley. Interop.
MicroStationDGN.InterpolationCurveClass();
    Bentley. Interop. MicroStationDGN. BsplineCurve[] aCurves = new Bentley. Interop.
MicroStationDGN.BsplineCurve[2];

    //创建断面 1
    aFitPoints[0] = app.Point3dFromXYZ(50, 50, 0);
    aFitPoints[1] = app.Point3dFromXYZ(50, -50, 0);
    aFitPoints[2] = app.Point3dFromXYZ(-50, -50, 0);
    aFitPoints[3] = app.Point3dFromXYZ(-50, 50, 0);
    Bentley. Interop. MicroStationDGN. InterpolationCurve curve1 = new Bentley. Interop.
MicroStationDGN.InterpolationCurveClass();
    curve1.SetFitPoints(ref aFitPoints);
    aCurves[0] = new Bentley.Interop.MicroStationDGN.BsplineCurveClass();
    aCurves[0].FromInterpolationCurve(curve1);

    //创建断面 2
    aFitPoints[0] = app.Point3dFromXYZ(20, 20, 50);
    aFitPoints[1] = app.Point3dFromXYZ(20, -20, 50);
    aFitPoints[2] = app.Point3dFromXYZ(-20, -20, 50);
    aFitPoints[3] = app.Point3dFromXYZ(-20, 20, 50);
    Bentley. Interop. MicroStationDGN. InterpolationCurve curve2 = new Bentley. Interop.
MicroStationDGN.InterpolationCurveClass();
    curve2.SetFitPoints(ref aFitPoints);
    aCurves[1] = new Bentley.Interop.MicroStationDGN.BsplineCurveClass();
```

```
    aCurves[1].FromInterpolationCurve(curve2);

    //创建侧面
    Bentley. Interop. MicroStationDGN. BsplineSurface surface = new Bentley. Interop.
MicroStationDGN.BsplineSurfaceClass();
    surface. FromCrossSections(aCurves, Bentley. Interop. MicroStationDGN.
MsdBsplineSurfaceDirection.U, 4, false, true);
    Bentley. Interop. MicroStationDGN. BsplineSurfaceElement oSurface = app.
CreateBsplineSurfaceElement1(null, surface);
    oSurface.Color = 4;
    app.ActiveModelReference.AddElement(oSurface);
}
```

V8i 框架的元素对象都在 Bentley.Interop.MicroStationDGN 命名空间下，若要使用 V8i 框架的元素对象，则需要引入 Bentley.Interop.MicroStationDGN.dll 库文件。同时由于需要获取 Application 对象，还需要引入 Bentley. MicroStation. dll 库文件，Bentley. MstnPlatformNET.InteropServices 空间下 Utilities 类的 ComApp 就保存了这个对象。上述代码主要是通过调用 Bentley. Interop. MicroStationDGN 空间下 BsplineSurface 类的 FromCrossSections 方法来实现样条曲面创建的，该方法需要多个 BsplineCurve 类型的断面作为输入参数。图 5 - 9 是上述代码的运行结果。

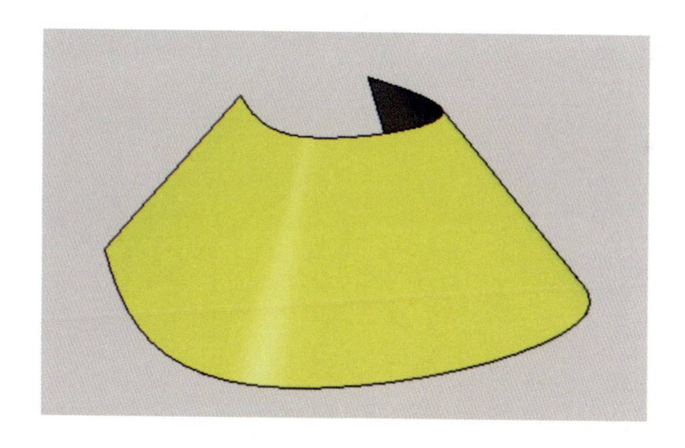

图 5 - 9　样条曲面

样条曲面在异形物体的建模中很常用，比如一些复杂建筑的外墙、屋顶，用常规三角面片去建模，在场景放大后表面会显得不太光滑，非常影响模型的美观。样条曲面由于是通过样条曲线的拟合实现对表面的表达，会使物体表面表现得光滑、自然。

### 5.4.5　网格表面

网格元素（MeshHeaderElement）可将一系列的点连起来构成一个面状元素，MicroStation 中提供了许多办法来构建网格，比较典型的就是由用户提供一个点的列表，然后利用 Bentley.GeometryNET 空间下的 PolyfaceConstruction 类来建立网格几何，最后生成

MeshHeaderElement,下面的代码展示了这个过程,图 5 - 10 是代码的运行结果。

```
public static MeshHeaderElement CreateMeshElement(DgnModel dgnModel)
{
    double uor = dgnModel.GetModelInfo().UorPerMeter;
    List<DPoint3d> dpts = new List<DPoint3d>();

    DPoint3d pt0 = new DPoint3d(0, 0, 0) * uor;
    DPoint3d pt1 = new DPoint3d(100, 0, 10) * uor;
    DPoint3d pt2 = new DPoint3d(100, 100, 0) * uor;
    DPoint3d pt3 = new DPoint3d(0, 100, 20) * uor;
    dpts.Add(pt0);
    dpts.Add(pt1);
    dpts.Add(pt2);
    dpts.Add(pt3);

    PolyfaceConstruction polyfaceConstruction = new PolyfaceConstruction();
    polyfaceConstruction.AddTriangulation(dpts);
    PolyfaceHeader header = polyfaceConstruction.GetClientMesh();

    MeshHeaderElement element = new MeshHeaderElement(dgnModel, null, header);
    return element;
}
```

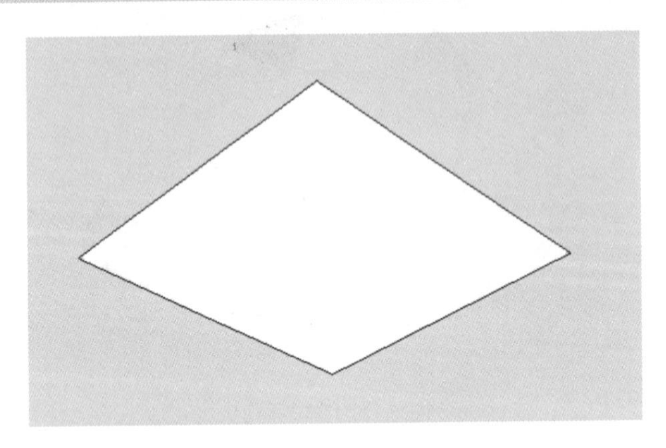

图 5 - 10　网格

## 5.5　实体元素

### 5.5.1　SolidPrimitive 类

与 CurvePrimitive 类相似,SolidPrimitive 是创建实体元素的一个核心类,该类封装了许多创建三维实体的方法。该类属于 Bentley.GeometryNET 命名空间,使用时需要引入

Bentley.GeometryNET. dll 库文件。下面列出了该类的几个创建实体的主要方法：

```
public static SolidPrimitive CreateDgnBox(DgnBoxDetail data);
public static SolidPrimitive CreateDgnCone(DgnConeDetail data);
public static SolidPrimitive CreateDgnExtrusion(DgnExtrusionDetail data);
public static SolidPrimitive CreateDgnRotationalSweep(DgnRotationalSweepDetail data);
public static SolidPrimitive CreateDgnRuledSweep(DgnRuledSweepDetail data);
public static SolidPrimitive CreateDgnSphere(DgnSphereDetail data);
public static SolidPrimitive CreateDgnTorusPipe(DgnTorusPipeDetail data);
```

这些方法都是 CurvePrimitive 静态方法，调用无需实例化的 CurvePrimitive 对象，要创建各种实体，最重要的是要根据实体类型构造相应的参数。

### 5.5.2　立方体

立方体元素(BoxElement)是由上、下、左、右、前、后共 6 个面组成的实体图形，其中上、下 2 个面平行，前、后 2 个面平行，左、右 2 个面平行，最常见的立方体元素就是正方体和长方体。创建一个立方体需要 9 个参数，包含在一个 DgnBoxDetail 对象中，DgnBoxDetail 的构造函数如下：

```
public DgnBoxDetail(DPoint3d baseOrigin, DPoint3d topOrigin, DVector3d vectorX, DVector3d
vectorY, double baseX, double baseY, double topX, double topY, bool capped)
```

其中，baseOrigin——底面原点；topOrigin——顶面原点；vectorX——底面长度方向向量；vectorY——底面宽度方向向量；baseX——底面长度向量在世界坐标系 $X$ 轴的投影长度；baseY——底面宽度向量在世界坐标系 $Y$ 轴的投影长度；topX——顶面长度向量在世界坐标系 $X$ 轴的投影长度；topY——顶面宽度向量在世界坐标系 $Y$ 轴的投影长度；capped——是否封闭。

调用 SolidPrimitive 类的 CreateDgnBox 方法即可完成立方体的创建，创建立方体的示例代码如下：

```
public static Element CreateBoxElement(DgnModel dgnModel)
{
    double uor = dgnModel.GetModelInfo().UorPerMeter;
    DPoint3d baseOrigin = new DPoint3d(0, 0, 0) * uor;
    DPoint3d topOrigin = new DPoint3d(0, 0, 100) * uor;
    DVector3d vectorX = new DVector3d(1, 0, 0);
    DVector3d vectorY = new DVector3d(1, 1, 0);
    DgnBoxDetail data = new DgnBoxDetail(baseOrigin, topOrigin, vectorX, vectorY, 100 * uor,
200 * uor, 100 * uor, 200 * uor, false);
    SolidPrimitive solid = SolidPrimitive.CreateDgnBox(data);
    Element element = DraftingElementSchema.ToElement(dgnModel, solid, null);
    return element;
}
```

上面的代码以 $X$ 轴为长度方向，以 $X$ 轴和 $Y$ 轴的中分线为宽度方向创建了一个立方体，代码的运行结果如图 5－11 所示。

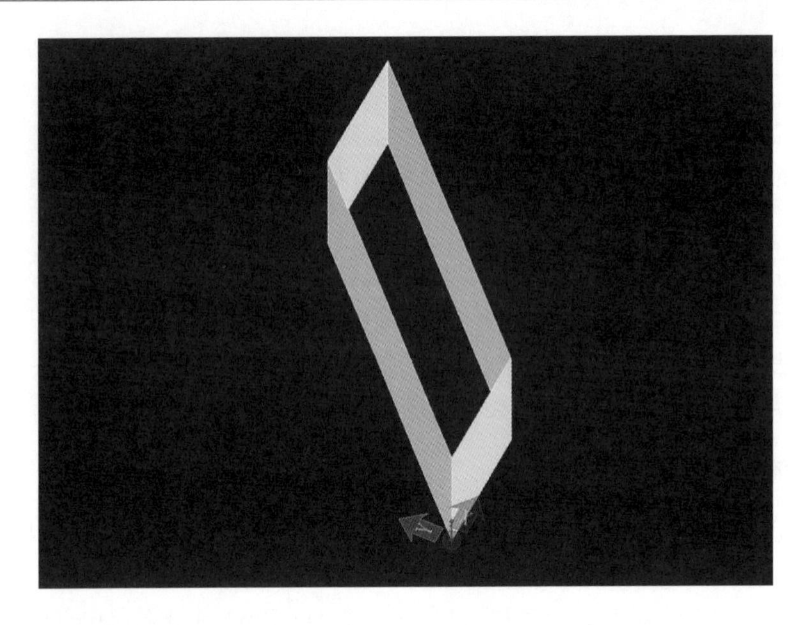

图 5－11　立方体

### 5.5.3　球体

球体(SphereElement)有球体中心坐标、球体半径、球体平面等参数,封装在 DgnSphereDetail 类中,该类有 3 个构造函数,第一个构造函数可以创建一个标准的圆球体:

```
public DgnSphereDetail(DPoint3d center, double radius);
```

其中,center——球体中心坐标;radius——球体半径。

第二个构造函数用于创建标准的圆球体,并且可以通过向量设置球体姿态:

```
public DgnSphereDetail(DPoint3d center, DMatrix3d axes, double radius);
```

其中,center——球体中心坐标;axes——球体坐标轴;radius——球体半径。

第三个构造函数用于创建椭球体:

```
public DgnSphereDetail(DPoint3d center, DVector3d vectorX, DVector3d vectorY, double radiusXZ,
double radiusY, double startLatitude, double latitudeSweep, bool capped);
```

其中,center——椭球体中心坐标;vectorX——椭球体姿态向量 $X$;vectorY——椭球体姿态向量 $Y$;radiusXZ——椭球体长半轴长度;radiusY——椭球体短半轴长度;startLatitude——起始角度;latitudeSweep——扫描角度;capped——是否封闭。

调用 SolidPrimitive 类的 CreateDgnSphere 方法即可完成球体的创建,创建球体的示例代码如下:

```
public static Element CreateSphereElement(DgnModel dgnModel)
{
    double uor = dgnModel.GetModelInfo().UorPerMeter;
    //创建球体中心
```

```
    DPoint3d center = DPoint3d.FromXYZ(0, 0, 0);
    //生成球体
    DgnSphereDetail data = new DgnSphereDetail(center, 1 * uor);
    SolidPrimitive solid = SolidPrimitive.CreateDgnSphere(data);
    Element element = DraftingElementSchema.ToElement(dgnModel, solid, null);
    return element;
}
```

上述代码中指定球体中心坐标为(0,0,0),半径为 1 米,代码运行结果如图 5-12 所示。

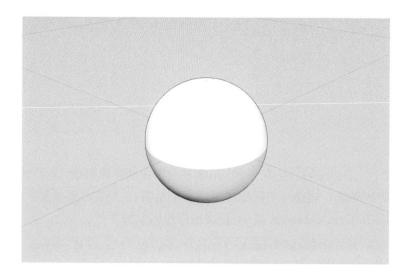

图 5-12　圆球体

以下代码创建一个椭球体:

```
public static Element CreateSphereElement(DgnModel dgnModel)
{
    double uor = dgnModel.GetModelInfo().UorPerMeter;
    //球体参数
    DPoint3d center = DPoint3d.FromXYZ(0, 0, 0);//球体中心
    DVector3d vectorX = new DVector3d(1, 0, 0);
    DVector3d vectorY = new DVector3d(0, 1, 1);
    //生成球体
    DgnSphereDetail data = new DgnSphereDetail(center, vectorX, vectorY, 0.5 * uor, 1.0 * uor, 0,
Math.PI, true);
    SolidPrimitive solid = SolidPrimitive.CreateDgnSphere(data);
    Element element = DraftingElementSchema.ToElement(dgnModel, solid, null);
    return element;
}
```

上面的代码创建了一个中心在(0,0,0)处,长半轴半径为 1 米,短半轴半径为 0.5 米的椭球体,代码运行效果如图 5-13 所示。

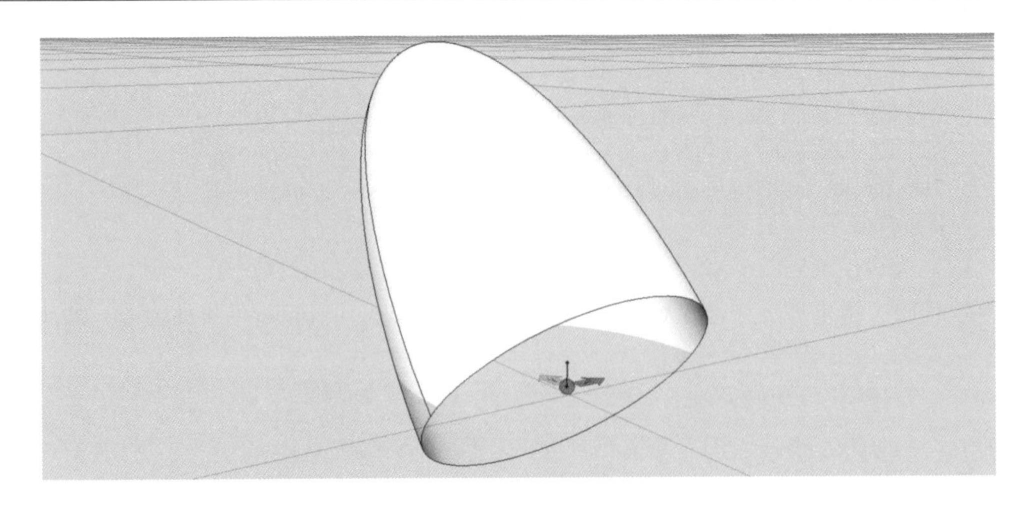

图 5 - 13　椭球体

### 5.5.4　圆锥体

圆锥体元素(ConeElement)是由 2 个圆形截平面组成的实体图形,这 2 个截平面平行且圆心连线垂直于截平面。创建一个圆锥体需要 4 个参数、2 个圆心坐标及 2 个圆截面的半径,这些参数封装在 DgnConeDetail 类中,该类的构造函数如下:

```
public DgnConeDetail(DPoint3d centerA, DPoint3d centerB, DVector3d vector0, DVector3d
vector90, double radiusA, double radiusB, bool capped);
```

其中,centerA——第一截面的中心坐标;centerB——第二截面的中心坐标;vector0——截平面内的向量;vector90——截平面内与 vector0 垂直的向量;radiusA——第一截面的半径;radiusB——第二截面的半径;capped——是否封闭。

调用 SolidPrimitive 类的 CreateDgnCone 方法即可完成圆锥体的创建,创建圆锥体的示例代码如下:

```
public static Element CreateConeElement(DgnModel dgnModel)
{
    double uor = dgnModel.GetModelInfo().UorPerMeter;

    DPoint3d centerA = new DPoint3d(0, 0, 0) * uor;
    DPoint3d centerB = new DPoint3d(0, 0, 1) * uor;
    DVector3d vector0 = new DVector3d(1, 0, 0);
    DVector3d vector90 = new DVector3d(0, 1, 0);
    DgnConeDetail data = new DgnConeDetail(centerA, centerB, vector0, vector90, 2 * uor, 1 *
uor, true);
    SolidPrimitive solid = SolidPrimitive.CreateDgnCone(data);
    Element element = DraftingElementSchema.ToElement(dgnModel, solid, null);
    return element;
}
```

代码中首先创建了上截平面的圆心和下截平面的圆心，然后传入 ConeElement 的构造函数并指定上截平面的半径和下截平面的半径，代码的运行结果如图 5 - 14 所示。

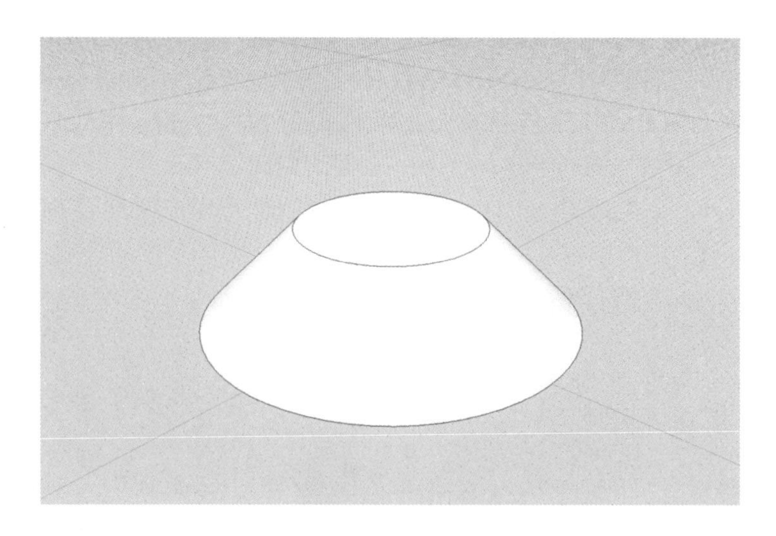

图 5 - 14 圆锥体

当然，也允许将上截平面的半径设置为 0，这样就可以创建出一个特殊的圆锥，它是以直角三角形的直角边所在直线为旋转轴，其余两边旋转 360°而成的曲面所围成的几何体，如图 5 - 15 所示。

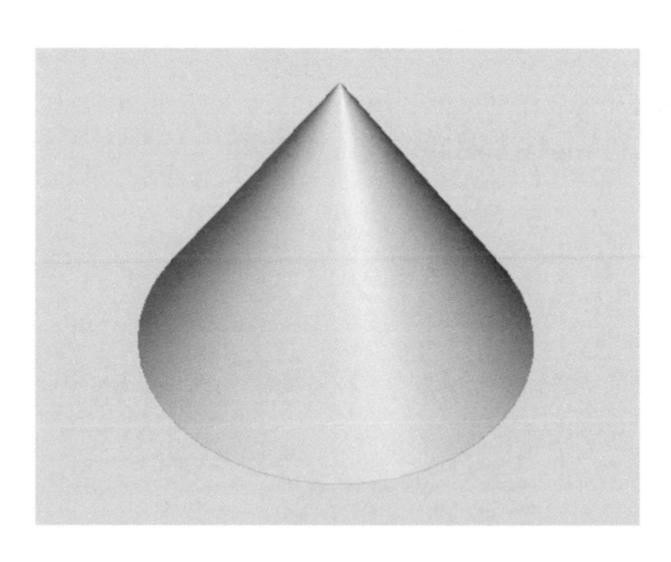

图 5 - 15 上截平面半径为 0 的圆锥体

### 5.5.5 圆环管

圆环管（TorusPipeElement）是由一个放样圆沿一段圆弧路径放样形成的三维体。圆环管主要由圆弧路径中心坐标、放样路径半径、放样圆半径和放样平面等几个参数构成。圆环管的参数由 DgnTorusPipeDetail 封装，该类的构造函数如下：

```
public DgnTorusPipeDetail(DPoint3d center, DVector3d vectorX, DVector3d vectorY, double majorRadius, double minorRadius, double sweepAngle, bool capped);
```

其中，center——圆弧路径中心；vectorX——放样平面上的向量；vectorY——放样平面与 vectorX 不同向的向量，它们的叉乘即为放样平面的法向量；majorRadius——放样路径的半径；minorRadius——放样圆的半径；capped——是否封闭。

调用 SolidPrimitive 类的 CreateDgnTorusPipe 函数即可完成圆环管的创建，创建圆环管的示例代码如下：

```
public static Element CreateTorusPipeElement(DgnModel dgnModel)
{
    double uor = dgnModel.GetModelInfo().UorPerMeter;
    //创建管中心和平面向量
    DPoint3d center = DPoint3d.FromXYZ(0, 0, 0);//圆环管中心坐标
    DVector3d vectorX = new DVector3d(1, 0, 0);//决定圆环管所在平面的第一个向量
    DVector3d vectorY = new DVector3d(0, 1, 0);//决定圆环管所在平面的第二个向量
    //生成圆环管
    DgnTorusPipeDetail data = new DgnTorusPipeDetail(center, vectorX, vectorY, 10 * uor, 0.5 * uor, Math.PI, false);
    SolidPrimitive solid = SolidPrimitive.CreateDgnTorusPipe(data);
    Element element = DraftingElementSchema.ToElement(dgnModel, solid, null);
    return element;
}
```

上述代码中圆环管的放样路径圆心为(0,0,0)，半径为 10 米，放样圆的半径为 0.5 米，放样平面为 $xy$ 平面，代码运行结果如图 5－16 所示。

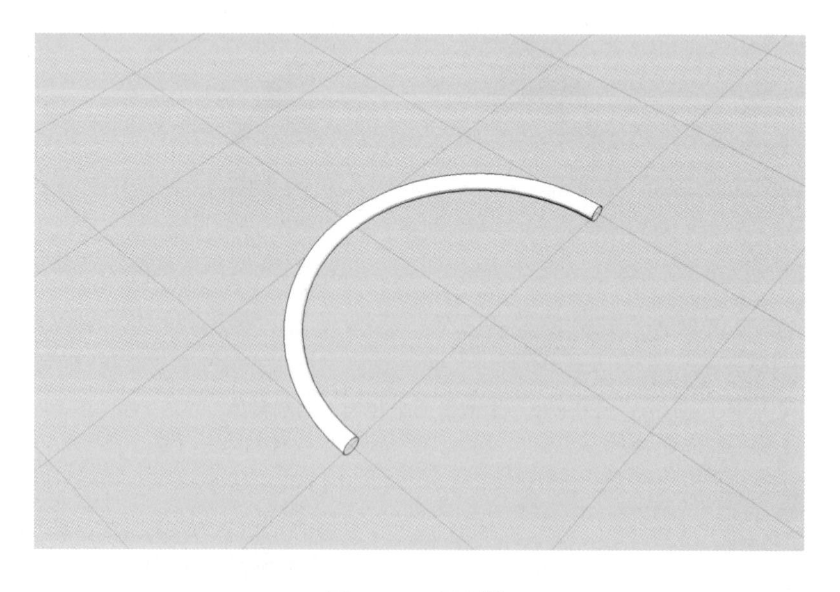

图 5－16　圆环管

### 5.5.6　拉伸体

拉伸体(ExtrusionElement)是将一个截面沿某个方向移动形成的一种实体图形。创建一个拉伸体需要拉伸截面、拉伸向量等参数,这些参数封装在 DgnExtrusionDetail 类中,该类的构造函数如下:

```
public DgnExtrusionDetail(CurveVector baseCurve, DVector3d extrusionVector, bool capped);
```

其中, baseCurve——曲线集合,这些曲线首尾顺次相连构成拉伸截面; extrusionVector——拉伸向量,此向量决定拉伸的方向和长度;capped——是否封闭。

调用 SolidPrimitive 类的 CreateDgnExtrusion 函数即可完成拉伸体的创建,创建拉伸体的示例代码如下:

```
public static Element CreateExtrusionElement(DgnModel dgnModel)
{
        double uor = dgnModel.GetModelInfo().UorPerMeter;
        /创建拉伸断面
        List<DPoint3d> dpoints = new List<DPoint3d>();
        dpoints.Add(new DPoint3d(-1, -1) * uor);
        dpoints.Add(new DPoint3d(1, -1) * uor);
        dpoints.Add(new DPoint3d(1, 1) * uor);
        dpoints.Add(new DPoint3d(-1, 1) * uor);
        dpoints.Add(new DPoint3d(-1, -1) * uor);
        //将拉伸断面放入 curve vector
        CurveVector  curveVector  =  CurveVector. CreateLinear(dpoints,  CurveVector. BoundaryType.
Open, false);
        //创建拉伸向量,向量的长度决定拉伸距离
        DVector3d extrusionVector = new DVector3d(0, 0, 1) * uor;

        DgnExtrusionDetail data = new DgnExtrusionDetail(curveVector, extrusionVector, false);
        SolidPrimitive solid = SolidPrimitive.CreateDgnExtrusion(data);
        Element element = DraftingElementSchema.ToElement(dgnModel, solid, null);
        return element;
}
```

上述代码是以点(−1,−1,0)、(1,−1,0)、(1,1,0)、(−1,1,0)、(−1,−1,0)围成的封闭四边形为断面,沿 $Z$ 轴向上拉伸 1 米形成一个三维拉伸体,代码运行结果如图 5 - 17 所示。

### 5.5.7　旋转扫描体

旋转扫描体(RotationalSweepElement)是将一个截面沿某个轴旋转形成的一种实体图形。旋转扫描体由扫描截面、旋转轴、扫描角度等参数构成,这些参数封装在 DgnExtrusionDetail 类中,该类的构造函数如下:

```
public  DgnRotationalSweepDetail(CurveVector  baseCurve,  DRay3d  axisOfRotation,  Angle
sweepAngle, bool capped);
```

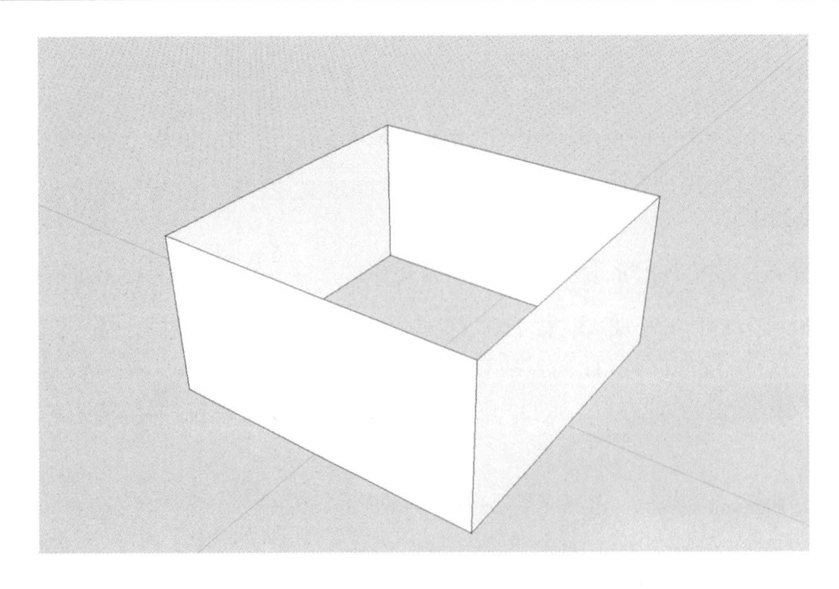

图 5 - 17　拉伸体

其中，baseCurve——曲线集合，这些曲线首尾顺次相连构成拉伸截面；axisOfRotation——旋转轴；sweepAngle——扫描角度；capped——是否封闭。

调用 SolidPrimitive 类的 CreateDgnRotationalSweep 方法即可完成旋转扫描体的创建，创建旋转扫描体的示例代码如下：

```
public static Element CreateRotationalSweepElement(DgnModel dgnModel)
{
    double uor = dgnModel.GetModelInfo().UorPerMeter;
    //创建旋转断面
    List<DPoint3d> dpoints = new List<DPoint3d>();
    dpoints.Add(new DPoint3d(0, 0, 0) * uor);
    dpoints.Add(new DPoint3d(-1, 0, 0) * uor);
    dpoints.Add(new DPoint3d(0, 0, 1) * uor);
    dpoints.Add(new DPoint3d(0, 0, 0) * uor);
    //将旋转断面放入 curve vector
    CurveVector curveVector = CurveVector. CreateLinear(dpoints, CurveVector. BoundaryType.
Open, false);
    //创建旋转轴
    DRay3d axisOfRotaion = new DRay3d(new DPoint3d(0, 0, 0), new DVector3d(0, 0, 1));

    DgnRotationalSweepDetail data = new DgnRotationalSweepDetail(curveVector,
axisOfRotaion, Angle.FromDegrees(30), false);
    SolidPrimitive solid = SolidPrimitive.CreateDgnRotationalSweep(data);
    Element element = DraftingElementSchema.ToElement(dgnModel, solid, null);
    return element;
}
```

上述代码用一个封闭的三角形绕世界坐标系的 $Z$ 轴进行旋转，代码运行效果如图 5－18 所示。

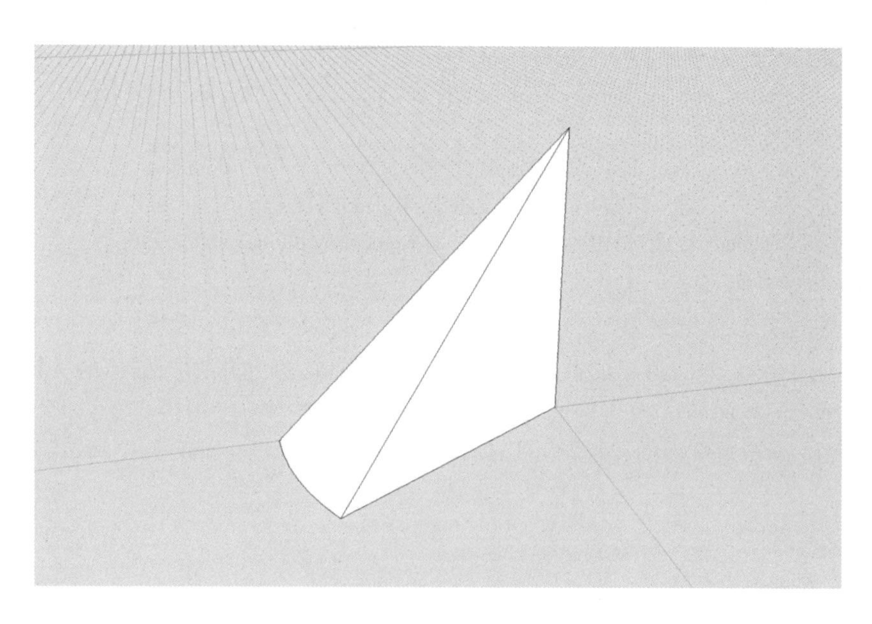

图 5－18　旋转扫描体

### 5.5.8　规则扫描体

规则扫描体（RuledSweepElement）是将空间中若干个截面顺次连接而形成的一种实体图形。规则扫描体的参数主要是一系列的空间截面，该参数封装在规则扫描体类中，该类的构造函数如下：

```
public DgnRuledSweepDetail(IList<CurveVector> curves, bool capped);
```

其中，curves——截面集合，集合中的每一个元素表示一个截面；capped——是否封闭。

调用 SolidPrimitive 类的 CreateDgnRuledSweep 方法即可完成规则扫描体的创建，创建规则扫描体的示例代码如下：

```
public static Element CreateRuledSweepElement(DgnModel dgnModel)
{
    double uor = dgnModel.GetModelInfo().UorPerMeter;
    List<CurveVector> vectorList = new List<CurveVector>();
    //创建扫描截面
    List<DPoint3d> dpoints = new List<DPoint3d>();
    dpoints.Add(new DPoint3d(0, 0, 0) * uor);
    dpoints.Add(new DPoint3d(-1, 0, 0) * uor);
    dpoints.Add(new DPoint3d(0, 0, 1) * uor);
    vectorList.Add(CurveVector.CreateLinear(dpoints, CurveVector.BoundaryType.Open, false));
```

```
    dpoints = new List<DPoint3d>();
    dpoints.Add(new DPoint3d(0, 0, 0) * uor);
    dpoints.Add(new DPoint3d(0, -1, 0) * uor);
    dpoints.Add(new DPoint3d(0, 0, 1) * uor);
    vectorList.Add(CurveVector.CreateLinear(dpoints, CurveVector.BoundaryType.Open, false));
    //生成旋转体
    DgnRuledSweepDetail data = new DgnRuledSweepDetail(vectorList, false);
    SolidPrimitive solid = SolidPrimitive.CreateDgnRuledSweep(data);
    Element element = DraftingElementSchema.ToElement(dgnModel, solid, null);
    return element;
}
```

上述代码中用 2 个三角形的截面创建了一个扫描体，创建规则扫描体的关键是要精确地计算出截面，将截面顺次相连构成三维实体。规则扫描体的应用很广泛，如公路、铁路的路基、桥梁和隧道等构筑物的建模就可以使用该类型。图 5－19 所示为代码运行效果。

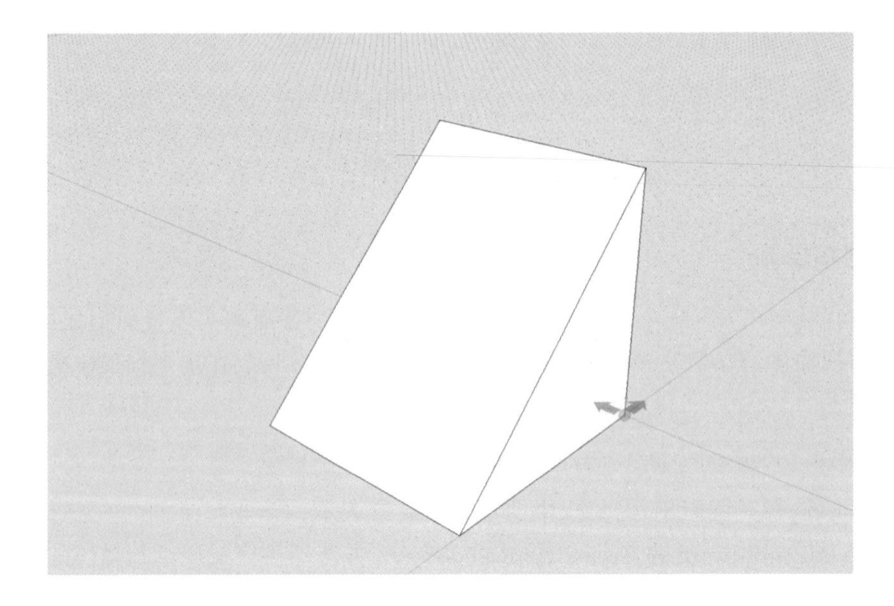

图 5－19　规则扫描体

## 5.6　地形元素

地形是三维设计中必不可少的元素，我们通常采用数字高程模型（DEM，Digital Elevation Model）来表达地形。按照数据组织形式的不同，DEM 又分为规则格网（Grid）模型和不规则三角网（TIN，Triangulated Irregular Network）模型，如图 5－20 所示。规则格网模型将地形信息表示成一系列的按行列排列的同一大小的网格单元来拟合地形表面。不规则三角网模型采用一系列相连接的三角形拟合地形表面。

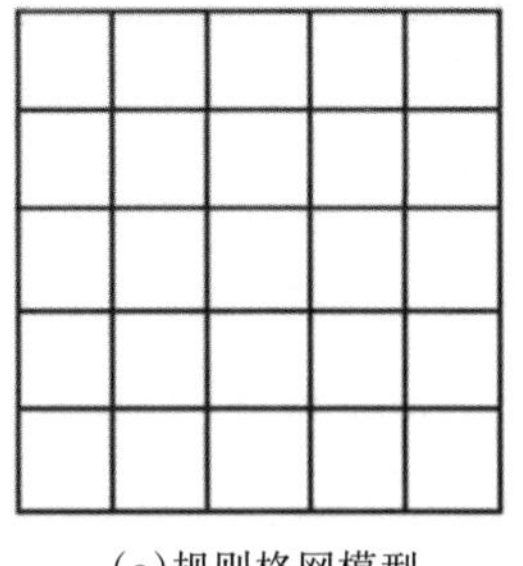
(a)规则格网模型

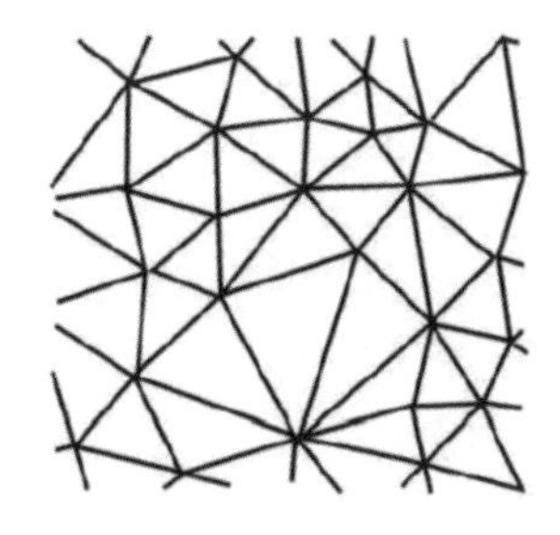
(b)不规则三角网模型

图 5-20　DEM 的两种形式

与格网模型相比，TIN 模型在某一特定分辨率下能用更少的空间和时间更精确地表示更加复杂的表面，特别是当地形包含大量特征(如断裂线、构造线)时，TIN 模型能更好地顾及这些特征，从而能更精确、合理地表达地表形态，由于具有这些优势，TIN 模型的应用也比 Grid 模型更广泛，MicroStation 中的地形也是基于 TIN 模型的。

首先来看如何用 MicroStation 的接口创建一个地形元素，这需要用到 2 个类，一个是 DTM 类，该类用于存储 TIN 模型的数据和对 TIN 模型进行操作，另一个是 DTMElement 类，即地形元素类，该类用于地形的显示表达。DTM 类的定义位于 MicroStation 安装目录下的 Assemblies\Bentley. TerrainModelNET. dll 中，DTMElement 类的定义位于 MicroStation 安装目录下的 MdlSys\Asneeded\Bentley. TerrainModelNET. Element.dll 中，开发之前需要在项目中引用这 2 个文件。如下代码展示了创建地形元素的过程：

```
public static void createDTMElement(DgnModel dgnModel) {
    DTM dtm = new DTM();
    double uor = dgnModel.GetModelInfo().UorPerMaster;
    for (int i = 0; i < 1000; i++) {
        double x = random.NextDouble() * 1000;
        double y = random.NextDouble() * 1000;
        double z = random.NextDouble() * 100;
        dtm.AddPoint(DPoint3d.FromXYZ(x, y, z) * uor);
    }
    dtm.Triangulate();
    DTMElement dtmElement = new DTMElement(dgnModel, null, dtm);
    dtmElement.AddToModel();
}
```

上述代码中，我们首先创建了一个 DTM 对象，是从一个 $xyz$ 文件中读取了一系列的点并加入该 DTM 对象中，最关键的是调用了 DTM 对象的 Triangulate 方法来构建三角网。最后就是将创建的 DTM 对象作为参数，构造一个 DTMElement 对象，并将该对象加入 DGN 模型中。上述代码执行后的效果如图 5-21 所示。

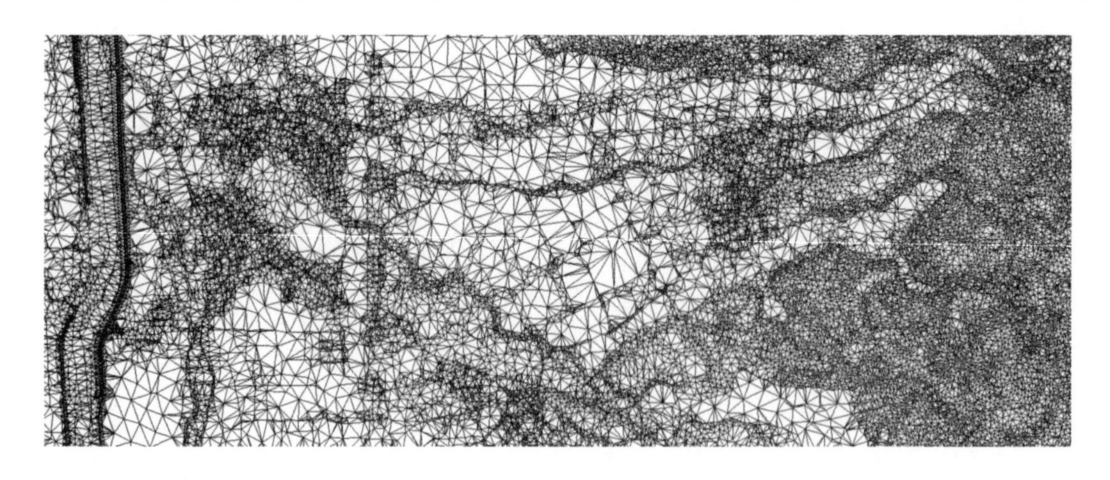

图 5 - 21　程序生成的地形元素

还可以在 DTM 中挖一个洞,这个功能在很多情况下都很实用。比如,我们建了一段路堑路基,当需要将这段路基与地形融合的时候,就需要把路堑范围内的地形挖掉,此时就可以用这个功能了。示例代码如下:

```
public static void AddHoleToDtm(DTMElement dtmElement, GeoPolyline3D hole) {
    DgnModel dgnModel = World.Instance.getModel();
    double uor = dgnModel.GetModelInfo().UorPerMaster;
    DTM dtm = dtmElement.GetDTM();
    dtm.AddLinearFeature(BentleyConvertor.ToDPoint3ds(hole, uor), DTMFeatureType.Hole);
    dtm.Triangulate();
    Element newElement = new DTMElement(dgnModel, dtmElement, dtm);
    newElement.ReplaceInModel(dtmElement);
}
```

有的情况下,需要将一段线串作为特征线,比如山脊线,这可以通过 DTM 对象的 AddLinearFeature 方法完成。示例代码如下:

```
public static void AddBreaklineToDtm(DTMElement dtmElement, GeoPolyline3D breakline) {
    DgnModel dgnModel = World.Instance.getModel();
    double uor = dgnModel.GetModelInfo().UorPerMaster;
    DTM dtm = dtmElement.GetDTM();
    dtm. AddLinearFeature(BentleyConvertor. ToDPoint3ds(breakline, uor), DTMFeatureType.
Breakline);
    dtm.Triangulate();
    Element newElement = new DTMElement(dgnModel, dtmElement, dtm);
    newElement.ReplaceInModel(dtmElement);
}
```

最后,是获取指定坐标处的高程,只需要构造一个 DTMDrapedPoint 对象,然后从它的 Coordinates 中获取 $Z$ 值就可以了。示例代码如下:

```
public static bool GetElevation(DTM dtm, double x, double y, out double elevation) {
    DgnModel dgnModel = World.Instance.getModel();
    double uor = dgnModel.GetModelInfo().UorPerMaster;
    DPoint3d dpoint = new DPoint3d(x, y) * uor;
    DTMDrapedPoint drapedPoint = dtm.DrapePoint(dpoint);
    if (drapedPoint. Code == DTMDrapedPointCode. PointOrSide || drapedPoint. Code ==
DTMDrapedPointCode.Triangle) {
        elevation = drapedPoint.Coordinates.Z / uor;
        return true;
    }
    elevation = 0.0;
    return false;
}
```

## 5.7　文字元素

在图形系统中,文字是必不可少的,缺少标注、说明的模型或图纸对工程将不具任何意义。MicroStation 中的文字元素十分复杂,功能非常丰富,但我们没有必要面面俱到,只要了解它的体系结构,掌握编程思路即可。

### 5.7.1　体系结构

MicroStation 中与文字元素相关的类主要有属性类(TextBlockProperties、ParagraphProperties、RunProperties)、文字块类(TextBlock)、文字操作者类(TextHandlerBase)。其中属性类主要用于设置文字的各种属性,文字块类用于文字内容处理,文字操作者类用于创建文字元素。MicroStation 中的文字体系结构如图 5－22 所示。

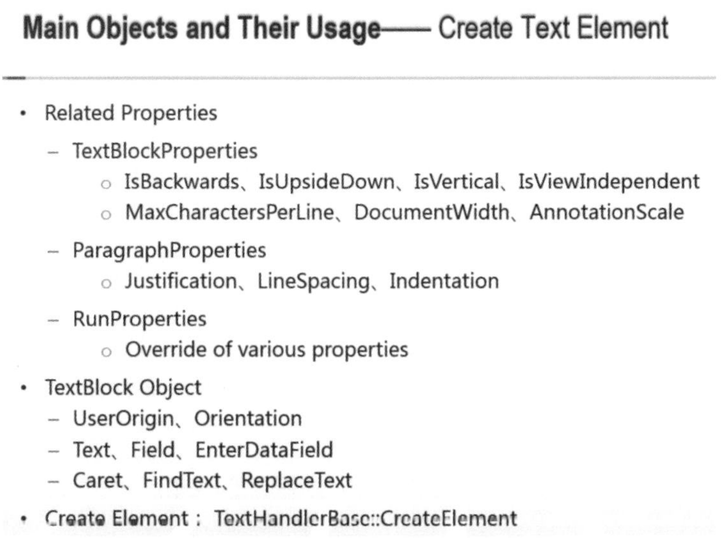

**Main Objects and Their Usage—— Create Text Element**

- Related Properties
  - TextBlockProperties
    - IsBackwards、IsUpsideDown、IsVertical、IsViewIndependent
    - MaxCharactersPerLine、DocumentWidth、AnnotationScale
  - ParagraphProperties
    - Justification、LineSpacing、Indentation
  - RunProperties
    - Override of various properties
- TextBlock Object
  - UserOrigin、Orientation
  - Text、Field、EnterDataField
  - Caret、FindText、ReplaceText
- Create Element：TextHandlerBase::CreateElement

图 5－22　MicroStation 文字体系结构

### 5.7.2 文字属性

文字属性将决定文字的大小、颜色、比例、方向等显示样式，通过文字属性的设置可以获得用户需要的文字效果。MicroStation 中有专门的 DgnTextStyle 类来存储文字样式，在创建文字属性对象时需要传入一个 DgnTextStyle 对象作为基础样式，随后，用户可以在文字属性对象中设置属性值以覆盖基础样式的值。文字属性有 TextBlockProperties、ParagraphProperties、RunProperties 三种类型，下面一一介绍。

1. TextBlockProperties 属性

TextBlockProperties 属性主要用于设置文字的常规样式，它主要包含以下属性。

(1) public bool IsVertical { get; set; }。放置时垂直定向文字，图 5 - 23 左侧为该属性设置为 false 时的效果，右侧为该属性设置为 true 时的效果。

图形软件

图 5 - 23　IsVertical 属性设置效果

(2) public uint MaxCharactersPerLine { get; set; }。每行最多可容纳的字符数，当超过这个数字，文字会自动换行，设置为 0 则不限制每行的字数。图 5 - 24 左侧为该属性设置为 0 时的效果，右侧为该属性设置为 2 时的效果。

图形软件　　图形<br>软件

图 5 - 24　MaxCharactersPerLine 属性设置效果

(3) public double AnnotationScale { get; set; }。文字的标注比例，文字在显示时将会用设置的高和宽乘该比例。但该属性为预留属性，在 CE U14 和 CE 16 中设置该属性均无效。笔者在 Bentley 中国优先社区上发帖寻求 Bentley 官方的帮助，得到的答复是不鼓励单独设置某个文字元素的比例，如有此需求，可以直接设置文字的宽和高，关于文字的宽和高将会在 RunProperties 中介绍。

(4) public bool IsUpsideDown { get; set; }。将文字字符的上下颠倒，即绕水平线翻转 180°。图 5 - 25 左侧为该属性设置为 false 时的效果，右侧为该属性设置为 true 时的效果。

图形软件

图 5 - 25　IsUpsideDown 属性设置效果

(5) public bool IsViewIndependent { get; set; }。是否独立于视图,此属性设置为 true 时,文字将始终面向屏幕,而不是随着视图的旋转而改变方向。图 5 - 26 左侧为该属性设置为 false 时的效果,右侧为该属性设置为 true 时的效果。

图形软件　　图形软件

图 5 - 26　IsViewIndependent 属性设置效果

(6) public bool IsBackwards { get; set; }。向后颠倒,即绕竖直线翻转 180°。图 5 - 27 左侧为该属性设置为 false 时的效果,右侧为该属性设置为 true 时的效果。

图形软件　　图形软件

图 5 - 27　IsBackwards 属性设置效果

2. ParagraphProperties 属性

ParagraphProperties 属性主要用于设置段落相关的样式,它主要包含以下属性:

(1) public TextElementJustification Justification { get; set; }。文字元素对齐方式,此属性为枚举类型,共有 25 个值可选,需要注意的是,程序中要想使该属性生效,在设置该属性的同时还需设置 TextBlock 的 UserOrigin 为(0,0,0)。图 5 - 28 左侧为该属性设置为 LeftTop 时的效果,右侧为该属性设置为 LeftBaseline 时的效果。

图形软件　　图形软件

图 5 - 28　Justification 属性设置效果

(2) public bool IsFullJustified { get; set; }。完全对齐,该属性可调整文字间距,以便不使用连接符就可以显示一行文字。

(3) public DgnLineSpacingType LineSpacingType { get; set; }。多行文字的行间距类型,该属性为枚举类型,有精确、自动、从行顶、至少 4 种值可选,该属性需要和 LineSpacingValue 配合使用。

(4) public double LineSpacingValue { get; set; }。多行文字的行间距,该属性与 LineSpacingType 配合可以决定多行文字行与行之间的距离。当行间距类型为精确、自动、从行顶时,该属性单位与字体高度单位相同,此时设置的值需要乘位置分辨率,当行间距类型为至少时,该属性的单位为行。图 5-29 所示是行间距设置为 1×10 000(间距类型为至少时设置为 1),字体高度为 0.25×10 000,间距类型从左到右分别为精确、自动、从行顶、至少的效果。

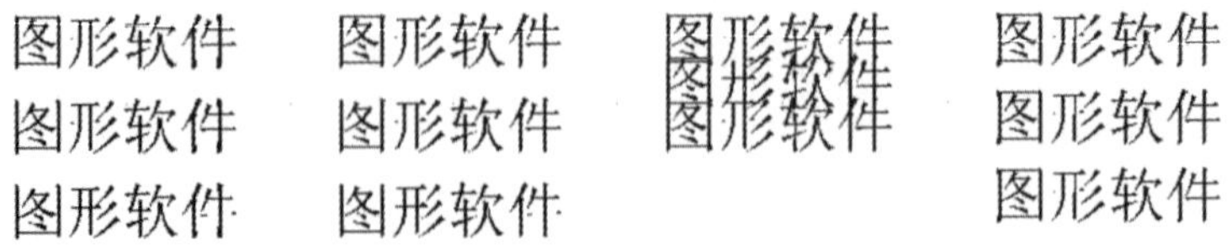

图形软件　图形软件　图形软件　图形软件
图形软件　图形软件　图形软件　图形软件
图形软件　图形软件　图形软件　图形软件

图 5-29　Justification 属性设置效果

(5) public IndentationData Indentation { get; set; }。缩进,该属性可以设置文字的缩进,IndentationData 有 2 个重要的成员,分别为 FirstLineIndent(首行缩进)和 HangingIndent(悬挂缩进)。该属性同样也属于预留属性,目前无法正常使用。

3. RunProperties 属性

RunProperties 属性主要用于设置字体相关的样式,它主要包含以下属性:

(1) public DPoint2d FontSize { get; set; }。字体大小,$X$ 分量表示字体宽度,$Y$ 分量表示字体高度,它们的单位与 DGN 文档的单位一致,因此在设定字体大小时需要乘分辨率。

(2) public DPoint2d RunOffset { get; set; }。运行偏移量,也就是文字相对于正常位置,在水平方向和竖直方向的偏移量,其中,$X$ 分量表示水平偏移量,$Y$ 分量表示竖向偏移量,它们的单位与 DGN 文档的单位一致,因此在设定运行偏移量时需要乘分辨率。图 5-30 中黑色文字(上方)是 RunOffset 设置为(0,0)时文字的效果,蓝色文字(下方)是 RunOffset 设置为(0.25×10 000,0.25×10 000)时的效果。

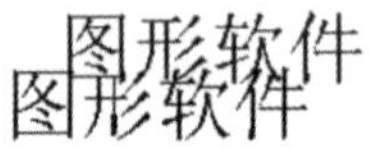

图形软件
图形软件

图 5-30　RunOffset 属性设置效果

(3) public DgnFont Font { get; set; }。文字的字体,可以通过 DgnFontManager 的 FindSystemFont 方法根据字体名称获取字体对象后进行属性设置。MicroStation 里支持 3 种类型的字体:Windows 的 True Type(简称 TT),MicroStation 的 RSC,以及 Autodesk 的 SHX 字体。

Windows 自带许多 TT 字体,从互联网上也可以免费下载或者购买更多的 TT 字体,并且我们鼓励用户使用 TT 字体。MicroStation 会自动搜索到 Windows 字体文件夹(%SYSTEMROOT%\Fonts),MS_FONTPATH 所定义的路径,以及与设计文件位于同一路径下的 TT 字体。

RSC 这种类型的字体是 MicroStation 特有的字体,储存在 MicroStation 的资源文件 .rsc

文件里。一个单独的资源文件里可能包含了多种 RSC 字体，MicroStation 会自动搜索 MS_SYSFONTDIR 和 MS_FONTPATH 所定义的路径，以及 MS_SYMBRSC 所定义的路径下的 RSC 字体。

MicroStation 同样支持 AutoCAD 的文字格式（包括 normal SHX fonts，SHX Unifonts，SHX Bigfonts），如果安装有 AutoCAD，MicroStation 会自动搜索 AutoCAD Font 路径下的 SHX 字体，同样也会自动搜索 MS_FONTPATH、MS_DWGFONTPATH，以及与设计文件位于同一路径下的 SHX 字体。

（4）public CharacterSpacingType CharacterSpacing { get; set; }。字符间距类型，此属性值为枚举类型，有绝对宽度、固定宽度、因子 3 种值可选，该属性需要和 CharacterSpacingValue 配合使用。

（5）public double CharacterSpacingValue{get; set;}。字符间距，该属性与 CharacterSpacing 配合可以决定文字中字符与字符之间的距离。当字符间距类型为绝对和固定宽度时，该属性单位与字体高度单位相同，此时设置的值需要乘位置分辨率；当字符间距类型为因子时，该属性的单位为字宽。图 5－31 所示是字符间距设置为 0.25×10 000（间距类型为因子时设置为 1）时，间距类型从左到右分别为绝对宽度、固定宽度、因子的效果。

图 形 软 件　　图形软件　　图形软件

图 5－31　CharacterSpacingValue 属性设置效果

（6）public bool IsOverlined { get; set; }。该属性为是否设置上画线，为 true 时将为字符设置图 5－32 所示的上画线。

图形软件

图 5－32　IsOverlined 属性设置效果

（7）public double OverlineOffset { get; set; }，即上画线偏移。当文字设置有上画线时，该属性可以设置上画线的位置，该属性的单位与文档单位相同，设置时需要乘分辨率。图 5－33 所示是 OverlineOffset 设置为 0.25×10 000 时的效果。

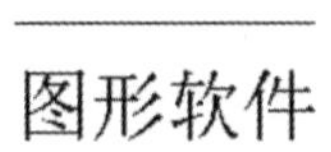

图形软件

图 5－33　OverlineOffset 属性设置效果

（8）public bool IsUnderlined { get; set; }。该属性为是否设置下画线，为 true 时将为字符设置图 5－34 所示的下画线。

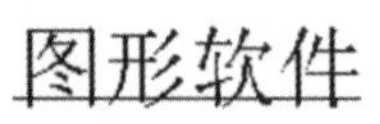

图形软件

图 5 - 34　IsUnderlined 属性设置效果

(9) public double UnderlineOffset { get; set; }。该属性为下画线偏移，当文字设置有下画线时，该属性可以设置下画线的位置，该属性的单位与文档单位相同，设置时需要乘分辨率。图 5 - 35 所示是 UnderlineOffset 设置为 0.25×10 000 时的效果。

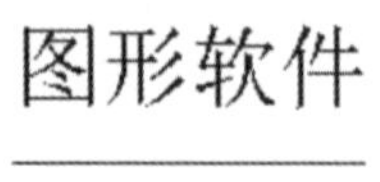

图形软件

图 5 - 35　UnderlineOffset 属性设置效果

(10) public double CustomSlantAngle { get; set; }。该属性为自定义斜角，当文字设置为斜体时，可以通过设置该属性来控制字体的倾斜程度，该值的单位为弧度。

(11) public bool IsItalic { get; set; }。该属性为斜体，设置为 true 时字体将采用斜体。

(12) public bool IsBold { get; set; }。该属性为粗体，设置为 true 时字体将采用粗体。

(13) public DgnFont BigFont { get; set; }。该属性为大字体，同样可以通过 DgnFontManager 的 FindSystemFont 方法根据字体名称获取字体对象后进行属性设置。

(14) public bool ShouldUseOverlineStyle { get; set; }。该属性为采用自定义的上画线样式，设置为 true 时将采用自定义上画线样式。可以通过 RunProperties 的 SetOverlineStyle 方法来创建上画线样式。

(15) public bool ShouldUseUnderlineStyle { get; set; }。该属性为采用自定义的下画线样式，设置为 true 时将采用自定义下画线样式。可以通过 RunProperties 的 SetUnderlineStyle 方法来创建下画线样式。

(16) public uint Color { get; set; }。该属性为文字颜色，可以直接指定颜色表的索引号，也可以通过在文档的颜色表中查找最近颜色的索引进行赋值。

(17) public bool ShouldUseBackground { get; set; }。该属性为采用背景色，设置为 true 时将采用背景色作为文字底色，可以通过 RunProperties 的 SetBackgroundStyle 方法来创建背景色。

### 5.7.3 创建文字元素

创建文字元素前首先要创建 TextBlockProperties、ParagraphProperties、RunProperties 三个属性对象，然后根据文字属性创建 TextBlock 文字块对象，最后将文字块对象作为参数由文字操作者类创建文字元素(TextHandlerBase)。下面的代码展示了创建文字的过程，这里只是示例，并没有设置文字的大小、颜色等属性，而这些都是可以通过相应的属性对象来设置的。

```
Public static void CreateTextElement(DgnModel dgnModel, string text){
    DgnTextStyle textStyle = DgnTextStyle.GetSettings(dgnModel.GetDgnFile());
    TextBlockProperties blockProps = new TextBlockProperties(textStyle, dgnModel);
    TextBlockProperties paraProps = new ParagraphProperties(textStyle, dgnModel);
    TextBlockProperties runProps = new RunProperties(textStyle, dgnModel);
    TextBlock textBlock = new TextBlock(mBlockProps, mParaProps, mRunProps, dgnModel);
    textBlock.SetUserOrigin(DPoint3d.Zero);
    textBlock.AppendText(text);//设置内容
    TextHandlerBase textHandlerBase = TextHandlerBase.CreateElement(null, textBlock);
    textHandlerBase.AddToModel()
}
```

实际的项目中可以根据需要调整文字的放置位置和角度，这需要利用 Element 的 ApplyTransform 方法来完成。ApplyTransform 方法的参数是一个 TransformInfo 对象，TransformInfo 的构造函数需要传入一个 DTransform3d 对象。DTransform3d 提供了丰富的空间操作，如平移、旋转及矩阵的运算等，我们可以通过 DTransform3d 完成一系列的位置调整。对 Element 实施空间变换的操作方法见本章第 5.8.1 节内容。

## 5.8 标注元素

### 5.8.1 标注样式

同文字元素一样，标注元素也有丰富的属性，通过属性的设置可以定制出各种各样的标注元素以满足不同的用户需求。标注元素的标注样式是一个 DimensionStyle 类型的对象 。DimensionStyle 类提供了一系列的 Set×××Prop 方法来设置这些属性，该方法的参数主要有属性值和属性类型，其中属性类型为 DimStyleProp 枚举类型，每个属性类型的最后一个单词表明了该属性的值类型，如 Text_FrameType_INTEGER 表示该属性为整型。表 5 - 1～表 5 - 3 列出了主要的标注属性。

**表 5 - 1 常规属性**

| 分类 | 属性类型 | 说明 |
|---|---|---|
| 常规 | General_DimStyleName_MSWCHAR | 样式名称 |
| | General_DimStyleDescription_MSWCHAR | 样式描述 |
| | General_Alignment_INTEGER | 对齐，有视图、绘图、真实、任意 4 个值可选 |
| | General_CenterMarkSize_DISTANCE | 圆心大小，当为圆心标注时有效 |
| | General_Color_COLOR | 标注颜色 |
| | General_DimensionScale_DOUBLE | 标注比例 |
| | General_Font_FONT | 文字字体 |
| | General_IgnoreLevelSymbology_BOOLINT | 是否忽略所在层的样式 |
| | General_LineStyle_LINESTYLE | 引线的线型样式 |
| | General_RadialMode_INTEGER | 弧度模式，有角度、弧长 2 个值可选 |
| | General_RelativeDimLine_BOOLINT | 尺寸标注线的位置保持不变，但如果移动几何图形，则尺寸标注线的长度会更改 |

**表 5-2　引线标注属性**

| 分类 | 属性类型 | 说明 |
| --- | --- | --- |
| 常规 | MLNote_FrameType_INTEGER | 文字框类型,有 0(无)、1(直线)、2(方框)、3(旋转方框)、4(圆)、5(长圆)、6(六边形)、7(旋转六边形)、8(三角形)、9(五边形)、10(八边形)等值 |
| | MLNote_Justification_INTEGER | 文字水平对齐模式,有 0(靠左对齐)、1(居中对齐)、2(靠右对齐)3 种值 |
| | MLNote_ShowLeader_BOOLINT | 是否显示线内引线 |
| | MLNote_VerticalJustification_INTEGER | 竖向对齐位置,有 0、1、2、3、4、5 等 6 种值,其中 0 表示顶部对齐,5 表示底部对齐 |
| | MLNote_LeaderType_BOOLINT | 引出线类型,有直线和曲线 2 种值 |
| | MLNote_TextRotation_INTEGER | 文字旋转,有水平、垂直、线内 3 种值 |
| | MLNote_HorAttachment_INTEGER | 水平连接类型,有 0(自动)、1(左)、2(右)3 种值 |
| | MLNote_VerLeftAttachment_INTEGER | 左侧连接类型,有 0(顶部)、1(第一条线)、2(中)、3(最后一条线)、4(底)、5(动态线)、6(动态角)、7(下画线)8 种值 |
| | MLNote_VerRightAttachment_INTEGER | 左侧连接类型,有 0(顶部)、1(第一条线)、2(中)、3(最后一条线)、4(底)、5(动态线)、6(动态角)、7(下画线)8 种值 |
| | MLNote_LeftMargin_DOUBLE | 文字框的上、下边距,以文字高度为单位 |
| | MLNote_LowerMargin_DOUBLE | 文字框的上、下边距,以文字高度为单位 |
| | MLNote_ScaleFrame_BOOLINT | 是否按比例缩放线框,设置为 true 时会按文字框比例值绘制文字框,否则按文字大小绘制文字框 |
| | MLNote_FrameScale_DOUBLE | 文字框比例,以文字高度为单位 |

**表 5-3　标注文字属性**

| 分类 | 属性类型 | 说明 |
| --- | --- | --- |
| 常规 | Text_Justification_INTEGER | 文字对齐类型,有 0(靠左)、1(中部靠左)、2(中部靠右)、3(靠右)4 种值 |
| | Text_FrameType_INTEGER | 文字框类型,有 0(无)、1(方框)、2(椭圆框)3 种值 |
| | Text_HorizontalMargin_DOUBLE | 文本框左、右边距,以文字高度为单位 |
| | Text_VerticalMargin_DOUBLE | 文字框上、下边距,以文字高度为单位 |
| | Text_Location_INTEGER | 文字位置,有 0(线内)、1(线上)、2(外部)、3(左上)4 种值 |
| | Text_Underline_BOOLINT | 是否设置下画线 |
| | Text_Width_DISTANCE | 字体宽度,须 Text_OverrideWidth_BOOLINT 为 true 时才有效 |

**续表5－3**

| 分类 | 属性类型 | 说明 |
| --- | --- | --- |
| 常规 | Text_Height_DISTANCE | 字体高度，须 Text_OverrideHeight_BOOLINT 为 true 时才有效 |
| | Text_Weight_WEIGHT | 文字下画线的线宽，需 Text_OverrideWeight_BOOLINT 为 true 时才有效 |
| | Text_Color_COLOR | 文字颜色，须 Text_OverrideColor_BOOLINT 为 true 时才有效 |

### 5.8.2　批注

批注由标注文字和一段从文字引出的折线构成，这段折线一般叫作引线，批注是出图常用的标注形式。MicroStation 中批注元素的类型是 NoteCellHeaderElement，其构造函数如下：

```
public NoteCellHeaderElement(out Element leaderElement, TextBlock textBlock, DimensionStyle dimStyle, DgnModel model, DPoint3d[] noteLeaderPoints);
```

其中，leaderElement——生成的标注元素；textBlock——文字块；dimStyle——标注样式；model——元素所在的 model；noteLeaderPoints——引出线点数组，将决定标注位置。

批注元素特有的属性都是以 MLNote 为前缀的，下面对其主要属性进行解释。

(1) 水平连接端。属性项为 MLNote_HorAttachment_INTEGER，有 0(自动)、1(左)、2(右)3 种值可选，该属性指示引线在文字的左侧还是右侧引出。图 5－36 所示是属性值分别为 0、1、2 时的效果。

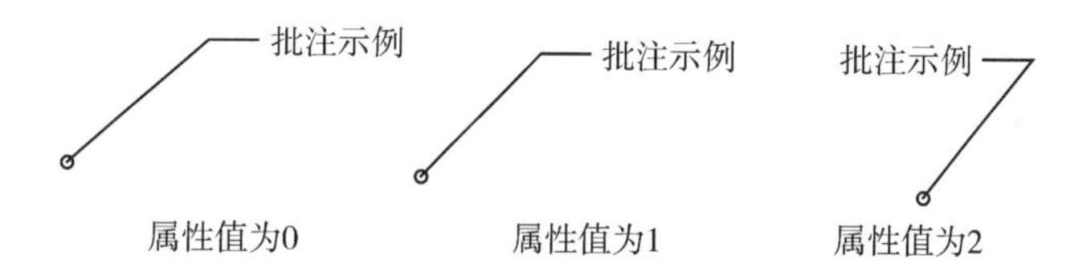


图 5－36　水平连接端属性设置效果

(2) 左连接。属性项为 MLNote_VerLeftAttachment_INTEGER，有 0(顶)、1(第一条线)、2(中)、3(最后一条线)、4(底)、5(动态线)、6(动态角)、7(下画线)8 种值可选，该属性指示左侧连接端处垂直对齐的位置。当 MLNote_HorAttachment_INTEGER 为 1 时，此属性有效。图 5－37 所示是属性值分别为 0、2、4、7 时的效果。

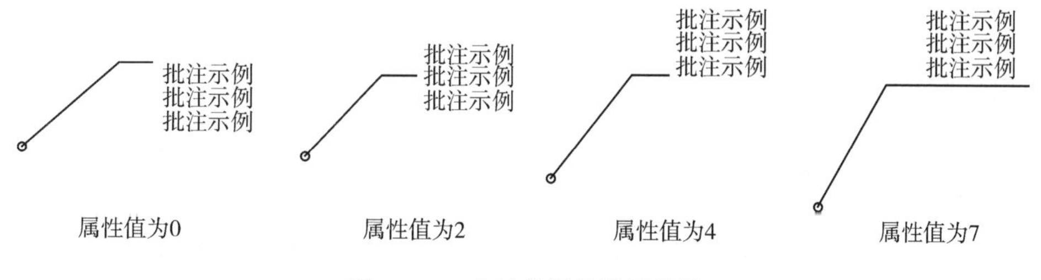


图 5－37　左连接属性设置效果

(3) 右连接。属性项为 MLNote_VerRightAttachment_INTEGER,属性值同左连接,当 MLNote_HorAttachment_INTEGER 为 2 时,此属性有效。

(4) 引线类型。属性项为 MLNote_LeaderType_BOOLINT,为 true 时为直线引线,为 false 时为曲线引线。图 5 - 38 所示是属性值分别为 true 和 false 时的效果。

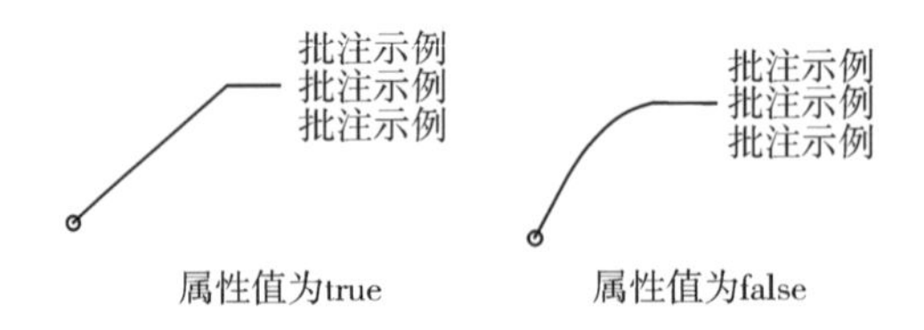


图 5 - 38　引线类型属性设置效果

(5) 文字框类型。属性项为 MLNote_FrameType_INTEGER,该属性指定文本设置外边框的类型,有 0(无)、1(直线)、2(方框)、3(旋转方框)、4(圆)、5(长圆)、6(六边形)、7(旋转六边形)、8(三角形)、9(五边形)、10(八边形)等值可选。图 5 - 39 所示是属性值分别为 0、1、2、4 时的效果。

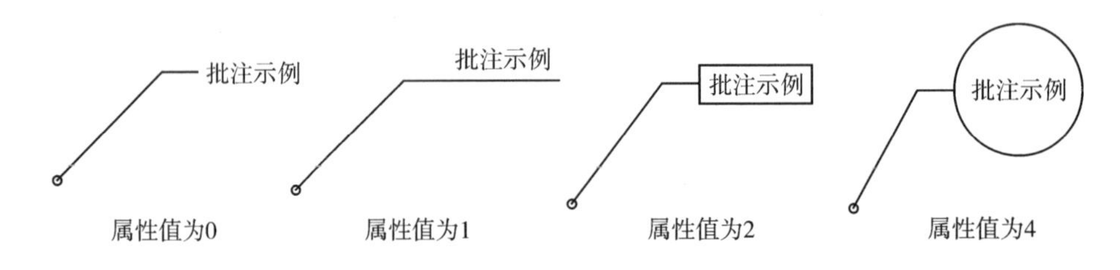


图 5 - 39　文字框类型属性设置效果

如下代码生成一个带旋转方框的批注,代码运行效果如图 5 - 40 所示。

```
public static void CreateNoteElement(DgnModel dgnModel)
{
    double uor = dgnModel.GetModelInfo().UorPerMeter;
    ElementPropertiesSetter setter = new ElementPropertiesSetter();
    setter.SetColor(1);

    DgnTextStyle dgnTextStyle = DgnTextStyle.GetSettings(dgnModel.GetDgnFile());
    TextBlockProperties textBlockProperties = new TextBlockProperties(dgnTextStyle, dgnModel);
    ParagraphProperties paragraphProperties = new ParagraphProperties(dgnTextStyle, dgnModel);
    RunProperties runProperties = new RunProperties(dgnTextStyle, dgnModel);
    TextBlock textBlock = new TextBlock(textBlockProperties, paragraphProperties, runProperties,
dgnModel);
    textBlock.AppendText("批注示例");

    DimensionStyle dimStyle = DimensionStyle.GetSettings(dgnModel.GetDgnFile());
    dimStyle.SetDoubleProp(0 * uor, DimStyleProp.MLNote_LowerMargin_DOUBLE);
```

```
    dimStyle.SetIntegerProp(3, DimStyleProp.MLNote_FrameType_INTEGER);

    DPoint3d[] pts = new DPoint3d[2];
    pts[0] = new DPoint3d(0, 0, 0) * uor;
    pts[1] = new DPoint3d(1, 1, 0) * uor;

    NoteCellHeaderElement noteEle = new NoteCellHeaderElement(out Element leaderEle,
textBlock, dimStyle, dgnModel, pts);
    setter.Apply(noteEle);
    noteEle.AddToModel(out leaderEle, dgnModel);
}
```

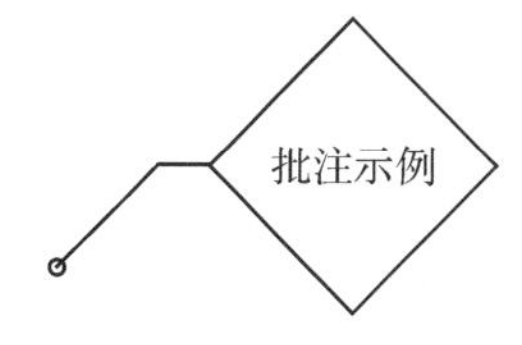


图 5 - 40　代码运行效果

### 5.8.3　尺寸标注

尺寸标注不仅能给图形元素标上长度、角度、半径、纵坐标等数字信息，还可以根据用户需求对标注信息进行个性化调整。MicroStation 中的尺寸标注按照标注类型可分为元素尺寸标注、线性尺寸标注、角度尺寸标注、半径尺寸标注、纵坐标尺寸标注、中心尺寸标注等。尺寸标注的主要属性有以下几个。

(1) 显示尺寸界线。属性项为 ExtensionLine_ShowAny_BOOLINT，设置为 true 时则会显示尺寸界线。图 5 - 41 中上面是该属性设置为 true 时的样式，下面是该属性设置为 false 时的样式。

(2) 尺寸标注文字是否水平。属性项为 Text_Horizontal_BOOLINT，该属性决定尺寸标注文字是否为水平方向，设置为 true 时标注文字为水平方向，设置为 false 时标注文字则与标注线方向平行。图 5 - 42 所示是该属性值设置为 true 时和 false 时的效果。

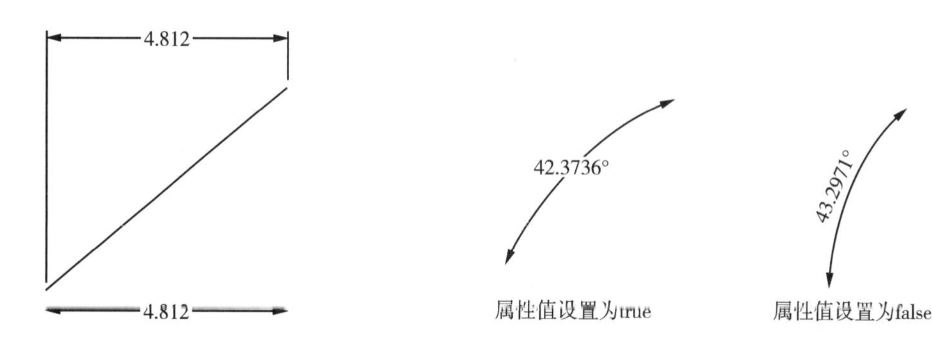


图 5 - 41　尺寸界线打开和关闭的尺寸标注

图 5 - 42　尺寸标注文字是否水平属性设置效果

(3) 尺寸标注文本对齐方式。属性项为 Text_Justification_INTEGER,该属性决定标注文字的对齐方式,有 0(左)、1(居中靠左)、2(居中靠右)、3(右)等值可选。图 5-43 中从下到上分别为该属性值设置为 0、1、2、3 时的效果。

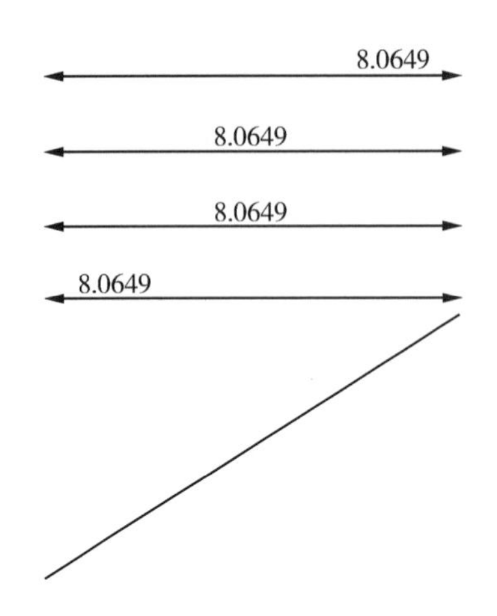


图 5-43 尺寸标注文字对齐方式属性设置效果

(4) 尺寸标注文字位置。属性项为 Text_Location_INTEGER,该属性决定尺寸标注文字相对于尺寸标注线的位置,有 0(线内)、1(线上)、2(外部)、3(左上)等值可选。图 5-44 从上到下依次是属性值为 0、1、2、3 时的效果。

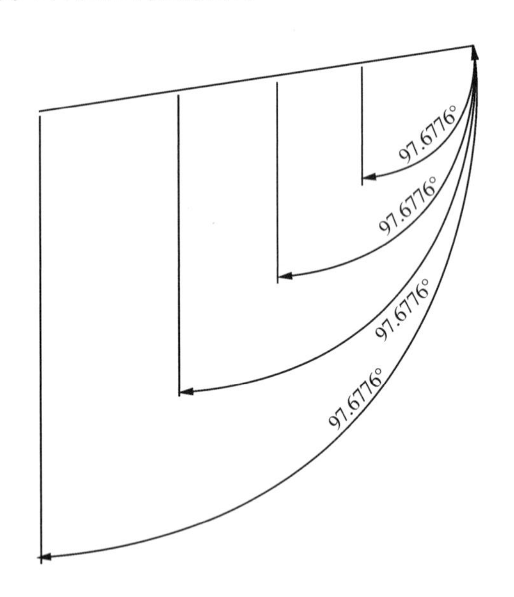


图 5-44 尺寸标注文字对齐方式属性设置效果

(5) 尺寸标注文字框类型。属性项为 Text_FrameType_INTEGER,该属性决定尺寸标注文字外框的样式,有 0(无)、1(方框)、2(长圆)等值可选。图 5-45 是属性值分别为 0、1、2 时的效果。

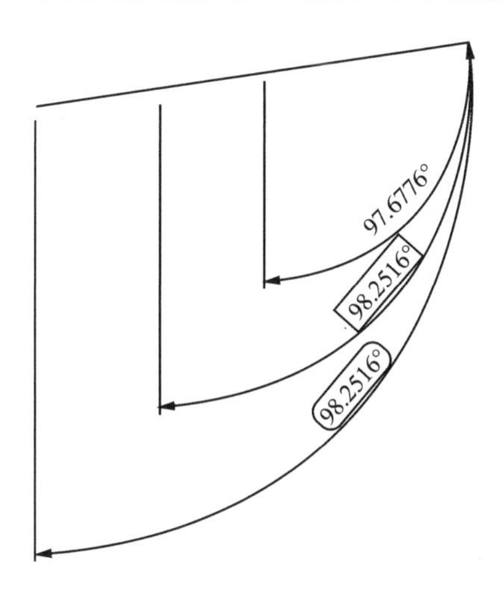


图 5－45　尺寸标注文字框类型属性设置效果

MicroStation 中的尺寸标注类型为 DimensionElement，它的构造函数如下：

```
public unsafe DimensionElement(DgnModel model, DimensionCreateData createData,
DimensionType dimType)
```

其中，model——要创建的元素所在的 model；createData——标注元素的创建数据；dimType——标注元素的类型，有长度、角度、半径、直径等类型。

由尺寸元素类的构造函数可知，要创建尺寸元素，关键是要创建 DimensionCreateData 对象，该对象提供标注元素的尺寸样式、文字样式、旋转矩阵等数据。DimensionCreateData 类是一个抽象类，实际使用时需要自己从该类继承自定义新的数据类并实现其抽象函数。实现 DimensionCreateData 类的示例：

```
class CreateDimensionCallbacks : DimensionCreateData
{
    private DimensionStyle m_dimStyle;
    private DgnTextStyle m_textStyle;
    private Symbology m_symbology;
    private LevelId m_levelId;
    private DirectionFormatter m_directionFormatter;

    public CreateDimensionCallbacks(DimensionStyle dimStyle, DgnTextStyle textStyle,
Symbology symb, LevelId levelId, DirectionFormatter formatter)
    {
        m_dimStyle = dimStyle;
        m_textStyle = textStyle;
        m_symbology = symb;
        m_levelId = levelId;
        m_directionFormatter = formatter;
    }
```

```
    public override DimensionStyle GetDimensionStyle()
    {
        return m_dimStyle;
    }

    public override DgnTextStyle GetTextStyle()
    {
        return m_textStyle;
    }

    public override Symbology GetSymbology()
    {
        return m_symbology;
    }

    public override LevelId GetLevelId()
    {
        return m_levelId;
    }

    public override int GetViewNumber()
    {
        return 0;
    }

    //此函数返回的旋转矩阵与GetViewRotation返回的旋转矩阵共同定义了尺寸标注元素的方向
    public override DMatrix3d GetDimensionRotation()
    {
        return DMatrix3d.Identity;
    }

    public override DMatrix3d GetViewRotation()
    {
        return DMatrix3d.Identity;
    }

    //用于从数字方向值构造字符串
    public override DirectionFormatter GetDirectionFormatter()
    {
        return m_directionFormatter;
    }
}
```

本示例是将标注样式、文本样式、符号、图层编号、方向格式等属性作为 DimensionCreateData 派生类的构造函数参数传入并保存起来，在抽象方法实现中直接调用。有了对象后,直接实例化 DimensionElement 对象就可以创建标注元素了,下面的代码展示了长度尺寸标注的创建过程。

```
public static void CreateDimensionElement(DgnModel dgnModel)
{
    DgnFile dgnFile = dgnModel.GetDgnFile();
    double uorPerMast = dgnModel.GetModelInfo().UorPerMaster;

    //获取当前DGN文件中名字为"DimStyle"的标注样式,尺寸标注元素的外貌由上百个属性
控制,而标注样式是一组预先设置好的属性
    //获取了预先定制好的标注样式之后,还可以调用DimensionStyle下的各种Set×××成员函数
修改设置的属性
    DimensionStyle dimStyle = new DimensionStyle("DimStyle", dgnFile);
    dimStyle.SetBooleanProp(true, DimStyleProp.Placement_UseStyleAnnotationScale_
BOOLINT);
    dimStyle.SetDoubleProp(1, DimStyleProp.Placement_AnnotationScale_DOUBLE);
    dimStyle.SetBooleanProp(true, DimStyleProp.Text_OverrideHeight_BOOLINT);
    dimStyle. SetDistanceProp(0.5 * uorPerMast, DimStyleProp. Text_Height_DISTANCE,
dgnModel);
    dimStyle.SetBooleanProp(true, DimStyleProp.Text_OverrideWidth_BOOLINT);
    dimStyle. SetDistanceProp(0.4 * uorPerMast, DimStyleProp. Text_Width_DISTANCE,
dgnModel);
    dimStyle.SetBooleanProp(true, DimStyleProp.General_UseMinLeader_BOOLINT);
    dimStyle.SetDoubleProp(0.01, DimStyleProp.Terminator_MinLeader_DOUBLE);
    dimStyle.SetBooleanProp(true, DimStyleProp.Value_AngleMeasure_BOOLINT);
    dimStyle. SetAccuracyProp((byte)AnglePrecision. Use1Place, DimStyleProp.
Value_AnglePrecision_INTEGER);
    dimStyle.SetBooleanProp(true, DimStyleProp.ExtensionLine_ShowAny_BOOLINT);

    int alignInt = (int)DimStyleProp_General_Alignment.True;
    StatusInt status = dimStyle. SetIntegerProp(alignInt, DimStyleProp.
General_Alignment_INTEGER);
    int valueOut;
    dimStyle.GetIntegerProp(out valueOut, DimStyleProp.General_Alignment_INTEGER);
    DgnTextStyle textStyle = new DgnTextStyle("TestStyle", dgnFile);
    CreateDimensionCallbacks callbacks = new CreateDimensionCallbacks(dimStyle, textStyle,
new Symbology(), 0, null);
    DimensionElement dimEle = new DimensionElement(dgnModel, callbacks, DimensionType.
SizeArrow);
    if (dimEle.IsValid)
    {
        DPoint3d pt1= DPoint3d.Zero, pt2 = DPoint3d.FromXY(uorPerMast * 10, uorPerMast * 0);
        dimEle.InsertPoint(pt1, null, dimStyle, -1);
        dimEle.InsertPoint(pt2, null, dimStyle, -1);
        //设置尺寸标注元素的高度
```

```
            dimEle.SetHeight(uorPerMast);
            DMatrix3d rMatrix = DMatrix3d.Identity;
            dimEle.SetRotationMatrix(rMatrix);
            dimEle.AddToModel();
        }
}
```

## 5.9 组元素

在我们的设计中，常常需要将多个不同类型的元素组合到一起，形成一个整体，能像操作单个元素一样操作这一组元素。比如，我们希望将车轮、车身、底盘、引擎等模型组合到一起构成一辆完整的车辆模型，这个车辆模型支持移动、旋转、平移等操作。MicroStation 中的单元、共享单元、命名组都具有编组的功能，它们也称为组元素，不同类型的组元素有不同的特性，它们所适用的应用场景也有所不同，下面将分别介绍。

### 5.9.1 单元

单元被定义为一组元素，当放置在设计文件中时，单元由单元标题和几何图元集合组成，单元可以嵌套。单元通常储存在单元库里，单元库是一种后缀名一般为 .cel 的文件，尽管有不同的后缀名，但单元库仍然是一个标准 DGN 文件。单元库中的每个模型都可以作为单独的单元放置，单元模型中的参考模型将转换为单元元素中的嵌套单元。每个 DGN 文件以及单元库都包含其中模型的索引，一旦文件被访问，索引就会保存在内存中，因为索引是在文件中维护的，所以它总是最新的。但是，当文件在 MicroStation 中使用时，程序不应通过外部方式更改库，这样做将导致索引无效。

单元通常用于模型的复用和模型的组合。当某组模型在建模时需要重复利用时，我们就可以把这组模型做成一个组存储到 .cel 文件中供其他的 DGN 文档调用。

当出于某种目的，我们希望将文档中的一些元素组合起来当成一个元素来管理使用时，就可以将这些元素做成单元。那么，在自己的程序中如何将多个元素组合起来构成单元呢？MicroStation 提供了两种办法，一种方法是直接实例化 CellHeaderElement 类，其构造函数如下：

```
public CellHeaderElement(DgnModel dgnModel, string cellName, DPoint3d origin, DMatrix3d
rotation, IList<Element> children);
```

其中，dgnModel——要创建的单元所在的 model；CellName——单元名称；origin——单元定位点，也就是单元的锚点；rotation——旋转矩阵；children——该单元中包含的子元素。

下面的函数展示了用 CellHeaderElement 创建单元的过程：

```
public static CellHeaderElement CreateCellElement(List<Element> elements, string cellName,
DgnModel dgnModel, Point3D origin)
{
    double uor = dgnModel.GetModelInfo().UorPerMaster;
    CellHeaderElement cell = new CellHeaderElement(dgnModel, cellName, DPoint3d. Zero,
DMatrix3d.Identity, elements);
    //将单元模型移动到指定位置
```

```
    DTransform3d t3d = DTransform3d.FromTranslation(new DPoint3d(origin.X, origin.Y, origin.
Z) * uor);
    cell.ApplyTransform(new TransformInfo(t3d));
    cell.AddToModel();//将单元加入 model，只有加入后才会显示出来
    return cell;
}
```

另外一种方法是利用 Bentley. Interop. MicroStationDGN. Application 的 CreateCellElement1 接口，该接口可以直接传入子元素的集合，其定义如下：

```
CellElement CreateCellElement1(string Name, ref Element[] Elements, ref Point3d Origin, bool
IsPointCell);
```

其中，Name——单元名称；Elements——单元中的子元素集合；Origin——单元定位点，也就是单元的锚点；IsPointCell——是否为点单元。

另一种情况是，已经事先做好了单元并存储在 .cel 文件中，需要在文档中引入该 .cel 文件中的某个单元。这又该如何实现呢？最简单的方法是直接调用 Bentley. Interop. MicroStationDGN. Application 接口的相关方法。通过 AttachCellLibrary 将单元库载入应用中，该方法的定义如下：

```
void AttachCellLibrary(string CellLibraryName, MsdConversionMode ConvertFromV7);
```

其中，CellLibraryName——库文件名称，也就是 .cel 文件的完整路径；ConvertFromV7——是否允许从 V7 版本转换。

随后就可以根据单元名称在当前文档中创建单元，这可以通过调用 Bentley.Interop. MicroStationDGN. Application 中的 CreateCellElement2 或 CreateCellElement3 接口完成，它们的定义如下：

```
CellElement CreateCellElement2(string CellName, ref Point3d Origin, ref Point3d Scale, bool
TrueScale, ref Matrix3d Rotation);
```

其中，CellName——单元名称，即 .cel 文件中的 model 名称；Origin——单元定位点，也就是单元的锚点；Scale——单元的缩放比例，有 3 个分量，分别代表 $x$、$y$、$z$ 方向；TrueScale——是否采用原始比例，如果为 true，则 Scale 参数无效；Rotation——旋转矩阵。

```
CellElement CreateCellElement3(string CellName, ref Point3d Origin, bool TrueScale);
```

其中，CellName——单元名称，即 .cel 文件中的 model 名称；Origin——单元定位点，也就是单元的锚点；TrueScale——是否采用原始比例，如为 true，则 Scale 参数无效。

### 5.9.2　共享单元

当我们想要在文档中高频次地重复调用同一个模型时，比如万次以上，使用单元将会遇到问题，因为调用单元是将单元库中的单元复制一个实例并插入当前文档中。由此可知，高频次的单元调用不可避免地会带来资源的巨大损耗，这将导致用户体验感变差，如操作卡顿、反应缓慢，并且 DGN 文件的容量会变得很大。此时的解决方案是采用共享单元技术，它是 Bentley 的一项特有技术，当我们需要重复地显示大量模型时，共享单元绝对是首选方

案。以下关于共享单元的描述来自 MicroStation 的开发文档。

共享单元是存储可重复显示的几何图形的有效方法,与普通单元不同,共享单元实例是一个轻量级的非复杂可显示元素。多个共享单元实例都可以引用包含完整几何图形集的共享单元定义,共享单元实例通过实例的变换显示其定义,该变换可以应用平移、旋转和缩放。每个实例还可以覆盖某些元素属性,如颜色和级别,以便这些属性取自实例,而不是使用定义中元素的属性。共享单元定义是字典模型的一部分,可以由任何模型缓存中的共享单元实例使用。共享单元定义可以是匿名的,也可以是命名的。如果命名,则名称应表示唯一的几何图形。

在程序中使用共享单元的过程有些复杂,首先需要在当前文档中创建一个共享单元的定义,可以直接通过现有元素来创建共享单元定义,也可以通过 .cel 文件中的单元来创建共享单元定义。从现有元素来创建共享单元定义可以通过调用 Bentley. Interop. MicroStationDGN.Application 的 CreateSharedCell Element1 方法完成,其定义如下:

```
SharedCellElement CreateSharedCellElement1(string Name, ref Element[] Elements, ref Point3d
Origin, bool IsPointCell);
```

其中,Name——共享单元名称;Elements——单元中的子元素集合;Origin——单元定位点,也就是单元的锚点;IsPointCell——是否为点单元。

从 .cel 文件中的单元来创建共享单元定义的过程略为复杂。首先需要利用 Bentley. Interop.MicroStationDGN.Application 的 AttachCellLibrary 方法将 .cel 文件加载到应用中,AttachCellLibrary 的使用请参考本章第 5.9.1 节。然后利用 Bentley. Interop. MicroStationDGN. Application 的 CreateSharedCellElement2 或 CreateSharedCellElement3 方法来创建定义,它们的原型如下:

```
SharedCellElement CreateSharedCellElement2(string CellName, ref Point3d Origin, ref Point3d
Scale, bool TrueScale, ref Matrix3d Rotation);
```

其中,CellName——单元名称,即 .cel 文件中的 model 名称;Origin——单元定位点,也就是单元的锚点;Scale——单元的缩放比例,有 3 个分量,分别代表 $x$、$y$、$z$ 方向;TrueScale——是否采用原始比例,如果为 true,则 Scale 参数无效;Rotation——旋转矩阵。

```
SharedCellElement CreateSharedCellElement3(string CellName, ref Point3d Origin, bool TrueScale);
```

其中,CellName——单元名称,即 .cel 文件中的 model 名称;Origin——单元定位点,也就是单元的锚点;TrueScale——是否采用原始比例,如果为 true,则 Scale 参数无效。

下面的代码展示了创建共享单元定义的整个过程,其中 FindSharedCellDefinition 用于寻找本文档中是否存在同名的定义,如果存在,则这里有两种处理方式,一种是不做任何操作直接返回,另一种是先删除原定义,再重新创建。这两种处理方式适合不同的需求,如果单元定义中的几何模型和属性没有任何变化,则可以采用第一种处理方式,否则采用第二种方式来替换旧的定义。

```
public static bool CreateSharedCellDefinition(DgnModel dgnModel, string libFileName, string
cellName, bool forceUpdate = false)
{
```

```
    //找共享单元定义
    SharedCellDefinitionElement definition = FindSharedCellDefinition(dgnModel, cellName);
    if (definition != null && !forceUpdate)
    {
        return true;
    }

    try
    {
        if (definition != null)
        {
            definition.DeleteFromModel();
        }
        Bentley. Interop. MicroStationDGN. Application app = Bentley. MstnPlatformNET.
InteropServices.Utilities.ComApp;
        app. AttachCellLibrary(libFileName, Bentley. Interop. MicroStationDGN.
MsdConversionMode.Always);
        app.CreateSharedCellElement3(cellName, new Bentley.Interop.MicroStationDGN.Point3d
(), true);
        return true;
    }
    catch/*(Exception ex)*/
    {

    }
    return false;
}
public static SharedCellDefinitionElement FindSharedCellDefinition(DgnModel dgnModel, string
cellName)
{
    ModelElementsCollection collection = dgnModel. GetDgnFile(). GetDictionaryModel().
GetElements();
    foreach (Element element in collection)
    {
        if (element is SharedCellDefinitionElement)
        {
            SharedCellDefinitionElement definitionElement = (SharedCellDefinitionElement)
element;
            if (definitionElement.CellName == cellName)
            {
            return definitionElement;
            }
        }
    }
    return null;
}
```

有了共享单元定义，就可以用该定义来创建共享单元实例了，此步很简单，只需创建出 SharedCellElement 实例即可，SharedCellElement 的构造函数定义如下：

```
public SharedCellElement(DgnModel dgnModel, Element templateElement, string cellName,
DPoint3d origin, DMatrix3d rotation, DPoint3d scale);
```

其中，dgnModel——要创建的元素所在的 model；templateElement——模板元素，一般为 null；cellName——单元定义名称；origin——单元定位点，也就是单元的锚点；rotation——旋转矩阵；scale——缩放比例。

下面的代码展示了创建共享单元的过程：

```
public static SharedCellElement CreateSharedCellElement(string libFileName, string cellName,
DgnModel dgnModel, Point3D origin, double yawAngle, double pitchAngle, double rollAngle,
double scale = 1.0)
{
    double uor = dgnModel.GetModelInfo().UorPerMeter;
    DTransform3d transform = DTransform3d.Scale(scale);//比例缩放
    transform *= GetRotateTransform(yawAngle, pitchAngle, rollAngle);//旋转
    transform.Translation = DPoint3d.FromXYZ(origin.X, origin.Y, origin.Z) * uor;//移动
    if (!DgnHelper.CreateSharedCellDefinition(dgnModel, libFileName, cellName))
    {
        return null;
    }
    SharedCellElement sharedInstance = new SharedCellElement(dgnModel, null, cellName,
DPoint3d.Zero, DMatrix3d.Identity, DPoint3d.FromXYZ(1, 1, 1));
    sharedInstance.ApplyTransform(new TransformInfo(transform));
    return sharedInstance;
}
```

### 5.9.3 图形组

图形组是通过在元素头中将“图形组编号”这一字段设置为同一数字来实现将元素组合为一个组，图形组仅靠不同的一个数字来控制，因而没有名字，且一个元素只能属于某一个图形组。图形组中的元素都是平级的，因此图形组不能表达元素之间的层次关系。

在 C#中创建图形组，目前只能采用 V8i 框架的接口，Bentley.Interop.MicroStationDGN.Element 类有 GraphicGroup 属性，只要将元素的 GraphicGroup 值设置为一样的数字，这些元素就会自动构成一个图形组。图形组编程相对简单，但组内元素的管理不太方便，应用场景非常有限。

### 5.9.4 命名组

命名组是采用对图形元素进行分组的机制，通过创建新的命名组头元素，将同组中元素的 ElementID 加入这个命名组元素中来实现编组的效果。将元素添加到命名组时，对该元素的引用存储在命名组元素中，并且不会修改成员元素。与图形组不同，一个元素可以属于任意数量的命名组。只要成员层次结构中没有循环，命名组就可以包含其他命名组的成员，

因此,命名组可以有层次结构。在 MicroStation 中,命名组与图形组有一些共同的特点,但命名组更灵活、更强大:

(1) 元素可以属于多个命名组,但只能属于一个图形组。

(2) 向命名组添加元素不会修改元素,因此锁定的元素可以属于命名组。

(3) 命名组可以将其他命名组作为成员,因此可以建立层次结构。

(4) 当对命名组的成员进行更改时,可以灵活地控制将更改传播到其他命名组成员的方式。

在 C#中,命名组是一个 NamedGrpup 实例,创建命名组的第一步便是创建一个 NamedGroup 对象,该类的构造函如下:

```
public NamedGroup(string name, string description, NamedGroupFlags flags, DgnModelRef rootModelRef);
```

其中,name——命名组的名称;description——命名组说明;flags——命名组标示;rootModelRef——命名组所在的 model。

命名组标示 NamedGroupFlags 提供了几个属性,通过设置这些属性的值可以控制命名组的一些特性,说明如下。Anonymous——是否匿名,匿名命名组将不会出现在 MicroStation 的界面中,比如命名组管理列表,因此可以防止用户通过 MicroStation 对该命名组进行修改。SelectMembers——使用 MicroStation 的选择工具选择组中的任何成员的时候会选择所有成员。Closed——不允许从该命名组中添加或移除成员。AllowFarReferences——允许从参考的附件中引用成员。ExclusiveMembers——成员只能在这个 NamedGroup 中,不能在其他组中,由于该功能暂未实现,这个属性将不起作用。AllowDuplicates——是否允许重复的成员。

创建了命名组对象后,下一步就是向命名组添加成员元素,若未将成员元素加入文档模型中,则该元素不会显示出来。向命名组加入成员是通过 NamedGroup 的 AddMember 方法,该方法定义如下:

```
public NamedGroupStatus AddMember(ElementId elementID, DgnModelRef modelRef, NamedGroupMemberFlags memberFlags);
```

其中,elementID——成员元素的 ID;modelRef——成员元素所在的 model;memberFlags——成员更改传播标志。

命名组的每个成员都有一组更改传播标志,当使用支持选择集和图形组的命令修改作为命名组成员的元素时,命名组的其他成员也可能会根据这些更改传播标志的状态进行修改,该标志包含 3 个属性,具体见表 5-4。

**表 5-4　标志的属性**

| 属性 | 描述 |
| --- | --- |
| ForwardPropagate | 控制何时将此成员的更改传播到其他组成员 |
| BackwardPropagatc | 控制对组中其他成员的更改何时传播到此成员 |
| GroupPropagate | 当成员属于多个组时,控制对该成员的更改如何传播到其所属的其他组 |

这 3 个属性的取值都来自 NamedGroupPropagationFlags 枚举，该枚举有 3 个选项，见表 5－5。

**表 5－5　枚举项**

| 枚举项 | 描述 |
| --- | --- |
| GroupLock | 仅当"组锁定"处于启用状态时，才会发生相应的传播 |
| Never | 相应的传播永远不会发生 |
| Always | 无论组锁定的状态如何，支持组的每个操作都会发生相应的传播 |

下面的 CreateNamedGroup 函数就是创建一个命名组并将一组元素加入该命名组中，在创建之前通过名称来判断是否存在同名命名组，如果存在，则删除。

```
public static NamedGroup CreateNamedGroup(DgnModel dgnModel, string name, List<Element>
elementList, bool anonymous = false, bool selectMembers = true)
{
    DeleteNamedGroup(dgnModel, name);

    NamedGroupFlags groupFlags = new NamedGroupFlags();
    groupFlags.SelectMembers = selectMembers;
    groupFlags.Anonymous = anonymous;
    NamedGroupMemberFlags memberFlags = new NamedGroupMemberFlags();
    NamedGroup group = new NamedGroup(name, "group", groupFlags, dgnModel);
    foreach (Element element in elementList)
    {
        if (element.ElementId == 0)
        {
            element.AddToModel();
        }
        group.AddMember(element.ElementId, dgnModel, memberFlags);
    }
    group.WriteToFile(true);
    return group;
}
public static void DeleteNamedGroup(DgnModel dgnModel, string groupName)
{
    NamedGroupCollection groupCollection = new NamedGroupCollection(dgnModel);
    NamedGroup group = groupCollection.FindByName(groupName);
    if (group != null)
    {
    DeleteNamedGroupMemberVisitor visitor = new DeleteNamedGroupMemberVisitor();
    group.TraverseMembers(visitor.visit, MemberTraverseType.Manipulate, true, true);//删除成员
    group.DeleteFromFile();//删除组
    }
}
```

在删除命名组成员时，用到了 NamedGroup 的 TraverseMembers 方法，读者可能会问为什么不通过 GetMember 获取元素后进行操作呢？因为命名组中的元素数量达到一定规模后，采用 TraverseMembers 的速度会比 GetMember 快数倍，从性能的角度出发，应尽量采用 TraverseMembers 来遍历命名组的元素。TraverseMembers 的第一个参数是一个委托，这个委托必须符合如下定义：

```
public delegate MemberTraverseStatus NamedGroupVisitor(NamedGroupVisitorArgs args);
```

上例中的 DeleteNamedGroupMemberVisitor 实现如下：

```
public class DeleteNamedGroupMemberVisitor
{
    public MemberTraverseStatus visit(NamedGroupVisitorArgs args)
    {
        Element element = args.Member.GetElement();
        if (NamedGroup.CountGroupsContaining(element) == 1)
        {
        element.DeleteFromModel();
        }
        return MemberTraverseStatus.Continue;
    }
}
```

## 5.10　元素操作

### 5.10.1　旋转与平移

Element 类中提供有 ApplyTransform()方法，允许用户自由调整元素的位置和方向，这在许多场景下非常有用，比如在对图形进行标注时，通常需要将文字按特定的方向绘制出来，这里就需要用户自己去计算文字的方向，然后进行调整。

ApplyTransform 方法的参数为 TransformInfo 类型的对象，构建 TransformInfo 对象时，需要传入 DTransform3d 对象，该对象实际上就是一个 $4 \times 4$ 矩阵，包含平移和旋转信息。关于矩阵，读者可以查阅本书第 3 章相关内容，DTransform3d 实际上实现了第 3 章所讲的许多内容，用户可以通过构造不同的 DTransform3d 对象，按照顺序对其进行相乘操作，就可以实现元素的旋转和平移。下述代码展示了将元素先平移后旋转的过程：

```
DgnModel dgnModel = Session.Instance.GetActiveDgnModel();
double uor = dgnModel.GetModelInfo().UorPerMeter;
DTransform3d transform = DTransform3d.Scale(scale);//比例缩放
transform *= GetRotateTransform(yawAngle, pitchAngle, rollAngle);//旋转
transform.Translation = DPoint3d.FromXYZ(origin.X, origin.Y, origin.Z) * uor;//移动
element.ApplyTransform(new TransformInfo(transform));//应用转换
```

### 5.10.2 元素的拷贝

元素的拷贝需要用到 ElementCopyContext 类，该类专门用于 MicroStation 元素的拷贝，下面的代码是将一个 DGN 文件中的所有元素拷贝到当前 DGN 文档中。

```
DgnModel inputModel = inputDgnFile.LoadRootModelById(out errorDetails, modelId);
DgnModel dgnModel = Session.Instance.GetActiveDgnModel();
using (ElementCopyContext copyContext = new ElementCopyContext(dgnModel))
{
    ModelElementsCollection col = inputModel.GetElements();
    foreach (Element element in col)
    {
        copyContext.DoCopy(element).AddToModel();
    }
}
```

ElementCopyContext 类的构造函数需要传入一个 DgnModel 对象，该对象是指要复制的目标文档模型，也就是要复制元素到哪个文档模型，这里就传入该文档模型。本示例是首先打开一个文档模型，然后遍历该文档模型中的元素，最后通过调用 ElementCopyContext 类的 DoCopy 完成拷贝。

这里需要特别说明的是，ElementCopyContext 对象是需要手动释放的，否则程序会出现异常。同所有的 .NET 对象一样，用户可以手动调用 Dispose 方法完成此操作，但笔者推荐使用 using 语句，该语句会在 using 代码段的结束处自动调用对象的 Dispose 方法。

### 5.10.3 设置元素图层

创建元素后，出于显示的需要，通常还需要为元素设置诸如图层、线宽、线型、颜色等属性。ElementPropertiesSetter 类用来设置上述元素属性，该类的构造函数没有参数，直接实例化创建该类的对象即可使用。

ElementPropertiesSetter 类的 SetLevel 函数用于设置元素所在图层，该方法的定义如下：

```
public void SetLevel(LevelId level);
```

SetLevel 函数的参数为 LevelId 类型，表示图层的编号，通常我们只知道图层的名称，由图层名称获取图层编号的方法是用 FileLevelCache 的 GetLevelByName 方法，而 FileLevelCache 则可通过 DgnFile 获取，代码如下所示：

```
public LevelId getLevel(string levelName)
{
    LevelHandle handle = mDgnFile.GetLevelCache().GetLevelByName(levelName, false);
    if(!handle.IsValid)
    {
        handle = this.createLevel(levelName);
    }
    return handle.LevelId;
}
```

上述代码是先根据图层名称获取图层编号，如果图层不存在，则要创建该名称的图层，创建图层的方法如下：

```
public static LevelId CreateLevel(DgnModel dgnModel, string levelName)
{
    FileLevelCache cache = dgnModel.GetDgnFile().GetLevelCache();
    EditLevelHandle level = cache.CreateLevel(levelName);
    cache.Write();
    return level.LevelId;
}
```

上面的函数以文档模型和图层名称为参数，首先获取文档模型所在的 DgnFile，并调用其 GetLevelCache 方法获取 FileLevelCache，然后利用 FileLevelCache 的 CreateLevel 方法创建图层。创建的图层通过 EditLevelHandle 返回，EditLevelHandle 提供了丰富的关于图层的接口，比如修改图层中线的颜色、线型、模型材质等。

图层的用法非常广泛。例如，当视图中的元素有很多时，某些特定用户可能只关注其中的一部分元素，可以将这些元素放在某一个或某一些图层上，然后将其他图层隐藏，这样视图中就只会显示用户关注的元素。再例如，有些元素需要用相同的颜色、线型或材质表达时，也可以将这些元素放置在同一图层中，并提前设置好图层的颜色、线型或材质，这样这些元素就会用相同的样式显示出来，而不用针对每个元素去设置其显示样式。

### 5.10.4　生成元素的包络线

获取元素的包络线也是开发中常见的需求，包络线是指能包含多个几何或点的最小包围多边线。图 5－46 所示就是用以下将要介绍的程序对一些选择集中的点生成的包络线。

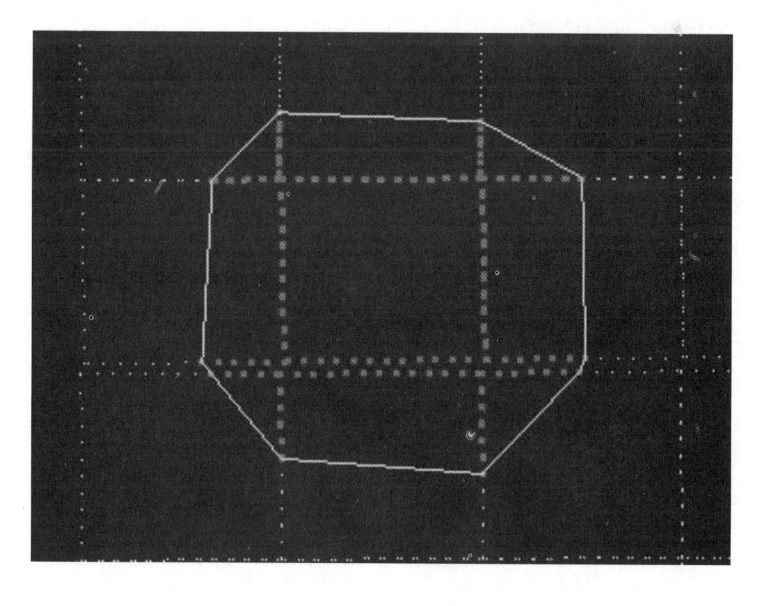

图 5－46　包络线

目前 GeometryNET 中所提供的 ConvexHull 类仅支持生成二维包络线，不支持生成三维包络体的功能。要调用这个几何库，需要在 C#项目中引用如下 DLL 文件：Bentley.GeometryNET.DLL、Bentley.GeometryNET.Common.DLL、Bentley.GeometryNET.Strcuts.DLL，这 3 个 DLL 都位于默认的 C:\Program Files\Bentley\MicroStation CONNECT Edition\MicroStation 文件夹下。下面是生成包络线的示例代码：

```
public static void CreateConvexHull(string unparsed)
{
    if (!Session.Instance.IsSelectionSetActive)
    {
        MessageCenter. Instance. ShowMessage(MessageType. Info, "No SelectionSet", "No
SelectionSet", MessageAlert.Balloon);
        return;
    }
    DgnModelRef dgnModelRef = Session.Instance.GetActiveDgnModelRef();
    DgnModel dgnModel = Session.Instance.GetActiveDgnModel();
    LineElement line = new LineElement(dgnModel, null, new DSegment3d(0, 0, 0, 0));
    Element elem = line;

    List<DPoint2d> inPnts = new List<DPoint2d>();
    for (uint i = 0; i < SelectionSetManager.NumSelected(); i++)
    {
        SelectionSetManager.GetElement(i, ref elem, ref dgnModelRef);
        line = elem as LineElement;
        DPoint3d org;
        line.GetSnapOrigin(out org);
        inPnts.Add(new DPoint2d(org));
    }
    IReadOnlyList<DPoint2d> outPnts = ConvexHull.Calculate(inPnts);

    DPoint3d[] pts = new DPoint3d[outPnts.Count];
    for (int i = 0; i < outPnts.Count; i++)
    {
        pts[i].X = outPnts[i].X;
        pts[i].Y = outPnts[i].Y;
        pts[i].Z = 0;
    }
    ShapeElement shape = new ShapeElement(dgnModel, null, pts);
    shape.AddToModel();
}
```

要实现生成包络线，关键方法是 Bentley.GeometryNET.ConvexHull. Calculate 方法，给该方法传递一组二维点 DPoint2d 结构，它就能返回一组包含这些点的最小包围多边线的各顶点。以上代码的主要流程为：

(1) 调用 Bentley.MstnPlatformNET.Session.Instance.IsSelectionSet Active，判断当前是否存在选择集，如果不存在，则提示出错后退出。

(2) 初始化 dgnModelRef、dgnModel、elem，为调用 SelectionSet Manager.Get Element 做准备。GetElement 的后两个参数都是 ref 参数传递，要求事先必须初始化这两个对象。又由于 Bentley.DgnPlatformNET.Elements.Element 没有默认的构造函数，在这里先创建了一个 line(LineElement 类)，然后赋值给了 elem(Element 类)。

(3) 对选择集中的每个元素做循环，取得每个元素后强行转换为线元素(这种做法仅适用于我们随后附带的 DGN，其他更复杂的几何情况需要自己修改以上代码)，调用 GetSnapOrigin 获得线元素的起点坐标，将这个坐标添加到一个二维点列表 inPnts 中。

(4) 调用 ConvexHull.Calculate()获得结果二维点列表 outPnts。

(5) 调用 ShapeElement，将这些点构造成一个多边线并添加到模型中。

# 第6章　MicroStation人机交互

终于来到了最精彩的人机交互部分了，人机交互是软件开发中最困难的地方，令许多初学者望而生畏。如果要从零开始，用户自己写诸如事件响应、拾取元素、鼠标捕捉等功能，工作量极大。在 MicroStation 中进行二次开发时，用户不必再去做这些烦琐的工作，它已将人机交互中常用的功能作了高集成度的封装，用户只需掌握人机交互机制并按需要调用相关的变量或函数即可。本章将介绍 MicroStation 人机交互的运行机理，并讲解常用人机交互功能的实现方法。

## 6.1　MicroStation人机交互机制

同大多数设计软件一样，MicroStation 的人机交互主要靠鼠标和键盘完成，其人机交互机制也主要围绕这两种外部设备来设计，主要有命令交互、对话框交互、鼠标交互等方式，一个复杂的应用软件通常需要同时采用这三种交互方式。

### 6.1.1　命令交互

Addins 和 NativeCode 类似，能支持键入命令。随着 XML 的流行，Addins 中定义命令表不再使用 MDL 中的资源文件 Table 的格式，而是采用 XML 格式来定义。下面将详细介绍 XML 命令表的格式，并介绍如何将命令表嵌入 Addin 程序以及在 Addin 程序中写处理命令的方法。

MicroStation 命令通过 XML 文档来组织，这个 XML 文档也称为 MicroStation 命令表。实际的项目中，可以将所有命令放到一个 XML 文档中，也可以将不同的命令放到不同的 XML 文档中。每个命令表中有且只能有一个 KeyinTree 节点，其下由三个部分组成，分别为 RootKeyinTable、SubKeyinTables 和 KeyinHandlers，它们分别表示命令的根键入表、子键入表以及命令键入对应的处理函数名称。

RootKeyinTable 节点有一个 ID 属性来表示命令表的 ID，不同的命令表的 ID 不得重复。RootKeyinTable 节点可以有若干个 Keyword 子节点，Keyword 有 SubtableRef 和 CommandWord 两个属性。SubtableRef 指定了该节点的下级命令 ID，这个 ID 来自 SubKeyinTables 节点中某个 KeyinTable 的 ID，通过这个 ID 可以将几个命令串起来构成一个具有层级的命令串。CommandWord 是命令的名称，也是用户调用命令时在 MicroStation 键入域中输入的字符。Keyword 包含 Options 项，该项是对<Keyword>的进一步说明，其属性有 Required、Default、TryParse、Hidden 等。Required="true"表示该命令字不是最后一个单词，必须有下级子节点；Default="true"表示该命令字为默认，当省略这一级命令字时取该命令字，在同一级别中只能有一个命令字为 Default。TryParse="true"表示该命令字后可跟用户输入的任意字符，这些不在命令表中的字符串将被传递到命令处理函数的 unparsed 参数中。比如 Active Color 命令后可跟 Red、Green、Blue 等，也可以跟一个数字，如 Active Color 245。我们不可能在命令表中列出每个这样的键入，此时可用 TryParse 属性；Hidden="true"表示该命令隐藏，用户在 Mstn 的命令浏览器中看不到该命令，但该命令仍然有效。这些隐藏的命令往往为程序所用或暂时不想对用户公开。

SubKeyinTables 节点有若干个 KeyinTable 子节点，KeyinTable 节点由一个 ID 属性和若干个 Keyword 子节点构成，其结构与上面的 RootKeyinTable 十分相似。KeyinTable 的 ID 不能重复，它可以被某个 Keyword 的 SubtableRef 属性引用。KeyinTable 节点下有若干个 Keyword 子节点，Keyword 同样有 SubtableRef 和 CommandWord 两个属性，还可以包含 Options 项。

KeyinHandlers 节点只有 KeyinHandler 一种元素，以及 Keyin 和 Function 两个属性。其中，Keyin 属性表示完整地键入命令字符串，它是由上面的 Keyword 节点的 CommandWord 串联组成。Function 属性为该键入命令对应的处理函数名，该函数名由命名空间名、类名和函数名三个部分组成。换句话说，当用户在 Mstn 中输入 Keyin 中的字符串时，就会调用 Function 指定的函数。

前文介绍了 MicroStation 命令表的结构，要生成命令，第一步就是按照上面的结构编写命令表。下面是 MicroStation 中国优先社区上提供的 XML 格式的命令表示例。

```
<?xml version="1.0" encoding="utf-8" ?>
<KeyinTree xmlns="http://www.bentley.com/schemas/1.0/MicroStation/Addin/KeyinTree.xsd">
  <RootKeyinTable ID="root">
    <Keyword SubtableRef="CreateElement"
        CommandClass="MacroCommand" CommandWord="csAddins" >
      <Options Required="true"/>
    </Keyword>
  </RootKeyinTable>

  <SubKeyinTables>
    <KeyinTable ID="CreateElement">
<Keyword SubtableRef="Commands" CommandWord="CreateElement">
        <Options Required="true"/>
      </Keyword>
    </KeyinTable>
    <KeyinTable ID="Commands">
      <Keyword CommandWord="LineAndLineString1"> </Keyword>
      <Keyword CommandWord="LineAndLineString2"> </Keyword>
      <Keyword CommandWord="LineAndLineString3"> </Keyword>
      <Keyword CommandWord="ShapeAndComplexShape"> </Keyword>
      <Keyword CommandWord="TextString"> </Keyword>
      <Keyword CommandWord="Cell"> </Keyword>
```

```
      <Keyword CommandWord="Dimension"> </Keyword>
      <Keyword CommandWord="BsplineCurve"> </Keyword>
      <Keyword CommandWord="Cone"> </Keyword>
    </KeyinTable>
  </SubKeyinTables>

  <KeyinHandlers>
    <KeyinHandler Keyin="csAddins CreateElement LineAndLineString1"
      Function="csAddins.CreateElement.LineAndLineString1"/>
    <KeyinHandler Keyin="csAddins CreateElement LineAndLineString2"
      Function="csAddins.CreateElement.LineAndLineString2"/>
    <KeyinHandler Keyin="csAddins CreateElement LineAndLineString3"
      Function="csAddins.CreateElement.LineAndLineString3"/>
    <KeyinHandler Keyin="csAddins CreateElement ShapeAndComplexShape"
      Function="csAddins.CreateElement.ShapeAndComplexShape"/>
    <KeyinHandler Keyin="csAddins CreateElement TextString"
      Function="csAddins.CreateElement.TextString"/>
    <KeyinHandler Keyin="csAddins CreateElement Cell"
      Function="csAddins.CreateElement.Cell"/>
    <KeyinHandler Keyin="csAddins CreateElement Dimension"
      Function="csAddins.CreateElement.Dimension"/>
    <KeyinHandler Keyin="csAddins CreateElement BsplineCurve"
      Function="csAddins.CreateElement.BsplineCurve"/>
    <KeyinHandler Keyin="csAddins CreateElement Cone"
      Function="csAddins.CreateElement.Cone"/>
  </KeyinHandlers>
</KeyinTree>
```

前面提到，在 KeyinHandlers 节点中需要写上命令对应的处理函数名，这个函数需要单独定义，它必须是类的静态方法，并且有一个 string 类型的参数。该函数示例如下：

```
public static void TctConnect(string param)
{
MyTool tool = new MyTool();
    tool.InstallTool();
}
```

最后需要说明的是，MicroStation 命令表的 XML 文档必须作为项目的可嵌入资源才能被 MicroStation 识别并使用，这需要对该文档作一些设置。首先需要在解决方案浏览器中右击该 XML 文档并选择属性（Properties）菜单打开属性窗体，设置生成操作（Build Action）为嵌入的资源（Embeded Resource）。然后需要用文本编辑器，如记事本、EditPlus 等软件，打开 Visual Studio 项目中的 csproj 配置文件，找到“<EmbeddedResource Include="commands.xml" />”这一行，并将其改为图 6 - 1 所示的内容，也就是为该文档加上 SubType 和 LogicalName 两个属性。

```
119    </ItemGroup>
120    <ItemGroup>
121      <Compile Include="CreateElement.cs" />
122      <Compile Include="MyAddin.cs" />
123      <Compile Include="Properties\AssemblyInfo.cs" />
124    </ItemGroup>
125    <ItemGroup>
126      <EmbeddedResource Include="Commands.xml">
127            <SubType>Designer</SubType>
128            <LogicalName>CommandTable.xml</LogicalName>
129        </EmbeddedResource>
130    </ItemGroup>
131    <Import Project="$(MSBuildToolsPath)\Microsoft.CSharp.targets" />
132    <!-- To modify your build process, add your task inside one of the targets b
```

图 6－1　为 MicroStation 命令文档加上 SubType 和 LogicalName 属性

### 6.1.2　对话框交互

本小节介绍如何在 Mstn 中使用模态(Modal)对话框、非模态(Modeless)对话框、工具设置(ToolSettings)对话框和可停靠(Dockable)对话框。模态对话框、非模态对话框和可停靠对话框在各种应用软件中都会用到，能从互联网上找到许多与之相关的内容。工具设置对话框是 Mstn 特有的，它本身是非模态的，但其内容会随着用户选择工具的不同而自动改变。CE 版本 Addins 中对话框可以利用 WinForm 和 WPF 这两种方式实现，两者都可以用 VS 中的可视化工具直接设计对话框界面，这会比使用传统的 MDL 的 .r 资源编程效率高得多。写过大量乏味的 .r 资源的用户会感觉到用 Addin 编写界面简直是一种享受。

(1) 模态对话框。模态对话框是指在弹出对话框后将不允许用户执行其他操作，直到该对话框关闭。用 C#创建的窗体类可以在 Addin 项目中直接以模态形式调用，也就是直接调用其 ShowDialog()方法即可，而不需要做任何的适应性修改。

(2) 非模态对话框。非模态对话框是指在弹出对话框后用户可以正常执行其他操作，比如点击菜单、鼠标绘图、弹出其他对话框等。同模态对话框一样，非模态对话框也不需要做适应性修改，用 C#创建好窗体类后直接调用其 Show()方法即可。

(3) 工具设置对话框。当启动 MicroStation 的某个命令后，如选择、绘制直线，屏幕上总会出现一个小窗口，上面列出了该命令的一些参数输入控件，供用户操作时填入参数。这个小窗口中实际包含了一个名为工具设置的对话框(图 6－2)。首先需创建一个 C#的窗体，然后将该窗体的基类修改为 Bentley.MstnPlatformNET.WinForms.Adapter 类，修改后该窗体将不能进行可视化设计，如需修改窗体布局，需将基类改回 Form。最后在需要弹出对话框的地方调用该对话框的 AttachToToolSettings() 方法，该方法需要传入一个 IMatchLifetime 类型的参数，这个参数就是项目的 Addin 实例，因此，一般需要 Addin 对象创建以后将它保存到一个全局变量中。

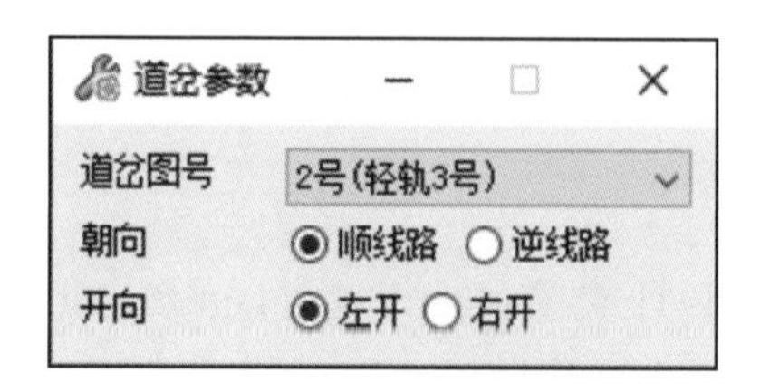


图 6－2　工具设置对话框

(4) 可停靠对话框。可停靠对话框可以将窗体停靠在 MicroStation 的主框架内，如左侧、右侧、上部、底部等部位。可停靠对话框的创建过程比前述几种对话框都要复杂，因为它需要同时继承 Bentley.MstnPlatformNET.WinForms.Adapter 类和 Bentley.MstnPlatformNET.GUI.IGuiDockable 接口，需要实现 IGuiDockable 接口的 GetDockedExtent 和 WindowMoving 两个方法。GetDockedExtent 方法是在用户拖动窗体致使窗体停靠至边界时被调用，可在此函数中控制是否允许停靠。WindowMoving 是在窗体被拖动时被调用，可用于控制拖动时窗口的大小。下面是实现两个函数的示例：

```
public bool GetDockedExtent(GuiDockPosition dockPosition, ref GuiDockExtent extentFlag, ref
System.Drawing.Size dockSize)
{
    return false;
}
public bool WindowMoving(WindowMovingCorner corner, ref System.Drawing.Size newSize)
{
    newSize = new System.Drawing.Size(118, 34);
    return true;
}
```

### 6.1.3 鼠标交互

MicroStation 的大多数功能都是以交互工具的形式存在的，而这些交互工具都是从 MicroStation 的 DgnTool 及相关类继承而来的，DgnTool 及相关类对交互行为作了高度的封装。以前的 SDK 中，使用 mdlState_×××系列函数通过设置对应的事件处理回调函数来实现交互式工具。当鼠标或键盘在视图中发生交互操作时，不同的动作会调用不同的回调函数，这种方式是“面向过程”编程思想的产物。在“面向对象”的编程思想下，新封装了 DgnTool、DgnPrimitiveTool、DgnElementSetTool 等类来供编程人员使用。用户只要从相应的类派生一个自己的类，根据交互式工具的不同功能，重写一些基类的成员函数很容易实现自己的交互式工具。这种方式下事件处理函数就变成类的成员函数了。有关“面向过程”和“面向对象”的优缺点，此处不再赘述，读者可自行在互联网上搜索。

## 6.2 MicroStation 交互工具类

MicroStation 中大多数命令是通过交互工具的形式实现的，学习交互工具的使用对于 MicroStation 二次开发来说非常重要，本节将详细介绍 MicroStation 中几个主要的交互工具类。

### 6.2.1 层次结构

MicroStation 中主要的工具类有 DgnTool、DgnPrimitiveTool、DgnElementSetTool。DgnTool 是所有工具类的基类，DgnPrimitiveTool 继承自 DgnTool，DgnElementSetTool 又

继承自 DgnPrimitiveTool。DgnPrimitiveTool 是一个初级工具类，提供了一些基本的交互功能，如果用户想用鼠标绘制一条折线或一个多边形，就可以从这个类派生自己的工具类。DgnElementSetTool 提供有选择元素的功能，用户如果想拾取一个元素并修改它，就可以从这个类派生出一个工具类完成此功能。图 6－3 所示为 MicroStation API 文档中关于交互工具类的层次结构示意图，Addin 中也是类似的。

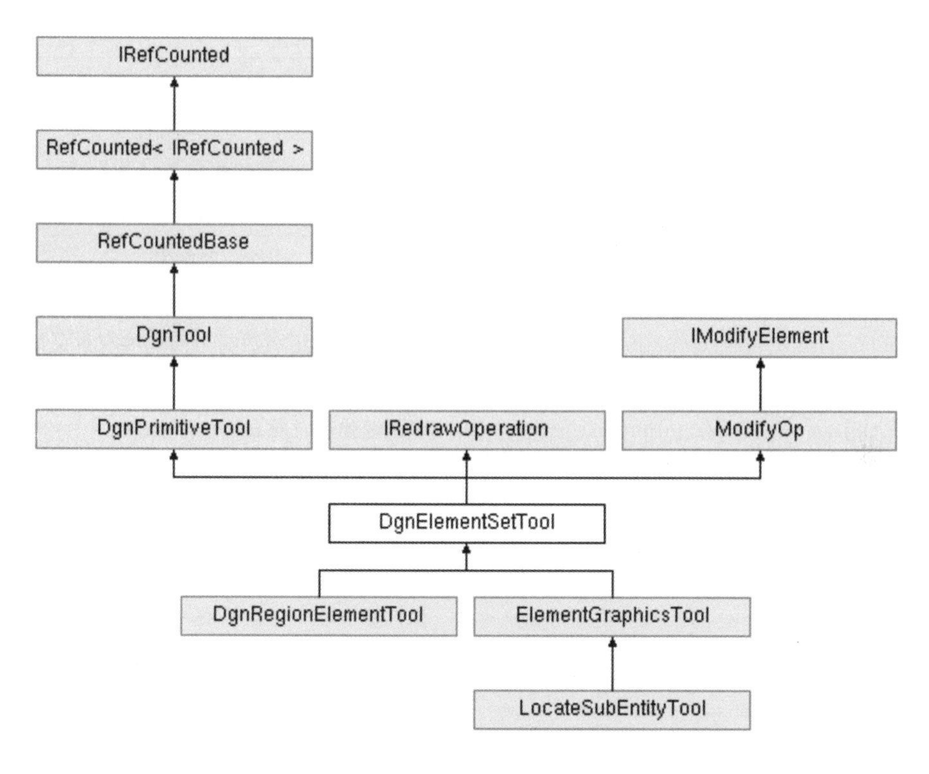


图 6－3　MicroStation 交互工具类的层次结构

### 6.2.2　DgnTool

DgnTool 是所有工具类的基类，它定义了交互式工具使用过程中大部分的鼠标和键盘相关的事件处理函数。从 DgnTool 直接或间接派生了用户子类，重写了某一事件对应的虚函数时，如果对应事件被触发，面向对象的多态机制会自动调用重写的虚函数。例如，重写了 OnDataButton 函数，当在视图中单击鼠标左键时，重写的 OnDataButton 函数就会被调用。除了单击鼠标左键事件以外，还有单击鼠标右键、按下 Ctrl/Shift/Alt 键等事件，甚至当鼠标在视图中移动以及停止移动时都会触发一个事件，这些事件都对应有相关的事件处理函数。交互式工具就是在这些事件处理函数中根据用户输入的信息，而完成各种复杂的交互功能。DgnTool 中的主要属性及方法说明如表 6－1 所示。

**表 6－1　DgnTool 中主要属性及方法说明**

| 属性/方法 | 说明 |
|---|---|
| int ToolPromptResourceId { get; set; } | 工具资源编号 |
| int ToolId { get; set; } | 工具编号 |
| void DecorateScreen(Viewport vp) | 在覆盖模式下显示非元素图案 |
| bool DisableEditAction() | 禁止弹出右键菜单 |
| void ExitTool() | 终止当前命令的执行 |
| string GetToolName() | 获取当前工具名称,工具名称用于设置工具框标题、命令提示前缀和撤销字符串 |
| bool On3DInputEvent(Dgn3DInputEvent ev) | 3D 输入事件,当对视图进行平移、旋转操作时触发 |
| void OnCleanup() | 当前工具正在被终止时触发 |
| bool OnDataButton(DgnButtonEvent ev) | 点击了确认键时触发,一般是鼠标左键,返回值用于在返回调用函数时带回一些有意义的信息,默认返回 false |
| bool OnDataButtonUp(DgnButtonEvent ev) | 确认键弹起时触发 |
| bool OnInstall() | 在工具成为当前命令之前由 InstallTool 调用 |
| bool OnModelEndDrag(DgnButtonEvent ev) | 一个拖曳事件结束时触发 |
| bool OnModelMotion(DgnButtonEvent ev) | 鼠标在视图中移动时触发 |
| bool OnModelMotionStopped(DgnButtonEvent ev) | 鼠标在视图中停止移动时触发 |
| bool OnModelNoMotion(DgnButtonEvent ev) | 鼠标在视图中静止不动时触发 |
| bool OnModelStartDrag(DgnButtonEvent ev) | 当拖曳事件启动时触发 |
| bool OnModifierKeyTransition(bool wentDown, int key) | 按下或松开 Ctrl、Shift 或 Alt 键时触发 |
| bool OnMouseWheel(DgnMouseWheelEvent ev) | 当检测到鼠标滚轮事件时触发 |
| void OnPostInstall() | 工具成为当前命令后由 InstallTool 调用 |
| void OnReinitialize() | 将工具重置为初始状态,这里提供这个方法是为了方便,它唯一的外部调用者是 DgnElementSetTool |
| bool OnResetButton(DgnButtonEvent ev) | 点击了重置键时触发 |
| bool OnResetButtonUp(DgnButtonEvent ev) | 重置键弹起时触发 |
| StatusInt PerformEditAction(int index) | 弹出自定义右键菜单 |
| bool PopulateToolSettings() | 弹出工具设置框 |
| DgnPrimitiveTool GetActivePrimitiveTool() | 返回当前工具 |
| DgnButtonEvent GetCurrentDgnButtonEvent() | 获取包含当前光标位置的鼠标事件 |
| StatusInt InstallTool() | 将工具设置为当前活动命令 |
| void SetAdjustedDataPoint(DgnButtonEvent ev) | 将调整后的点设置为最后一个数据点位置,这样能让用户精确地输入数据点的位置 |

DgnTool 类是 MicroStation 交互工具类的一个基础类，实际项目中我们并不会直接从该类派生出用户类，但会间接从此类派生，因此会频繁使用其成员函数或变量，弄清该类的运行机理对于后面的开发将会大有好处。

### 6.2.3　DgnPrimitiveTool

DgnPrimitiveTool 是直接从 DgnTool 派生出的一个类，提供了最基本的放置元素的逻辑。如果要实现的交互式工具在使用过程中不需要用户选择某些元素来完成操作，则最好是从这个类派生的类来实现交互式工具。DgnPrimitiveTool 类的主要属性及方法说明见表 6－2。

**表 6－2　DgnPrimitiveTool 类的主要属性及方法说明**

| 方法/属性 | 说明 |
| --- | --- |
| bool DynamicsStarted { get; } | 动态是否已启动 |
| void BeginDynamics() | 初始化动态 |
| bool CheckSingleShot() | 查看工具是否在单例启动模式下启动，是否应该退出而不是重新启动，如果调用了 ExitTool 并且释放了工具对象，则返回 true |
| void EndDynamics() | 结束动态 |
| void ExitTool() | 结束当前命令并启动默认命令 |
| IDrawElementAgenda GetDrawDynamicsTxnChanges() | 查询工具是否希望控制如何在动态帧期间绘制嵌套事务中所做的更改 |
| bool IsSingleShot() | 查询工具是否以单例模式启动 |
| void OnDynamicFrame(DgnButtonEvent ev) | 每一个动态帧触发 |
| void OnReinitialize() | 将工具重置为初始状态或在单例模式下退出命令，提供这个方法是为了便利，它唯一的外部调用者是 DgnElementSetTool |
| void OnRestartTool() | 重新启动工具，在一个外部事件可能使当前工具无效时调用 |
| void OnUndoPreviousStep() | 当撤销到上一步时触发 |

通过 DgnPrimitiveTool 可以实现交互式放置图形元素的工具，不管操作流程多么复杂，只要按照操作流程，去重写 DgnPrimitiveTool 中相关的虚函数，就能一步一步完成想要的功能。大多数情况下，DgnPrimitiveTool 提供的接口已经足够使用了，但是如果在放置图形元素时，需要用户选择一些已有的元素，从而获取一些特定信息才能放置图形元素，例如交互式放置路灯或者路牌，则需要用户选取一条道路中心线，DgnPrimitiveTool 提供的接口显然已经不能满足要求。因为 DgnPrimitiveTool 中没有提供定位元素的接口，如果用户有 Mstn 二次开发相关经验，那么就可以在重写 DgnPrimitiveTool 的虚函数时，调用 mdlLocate_×××

系列函数实现定位元素的功能。但更好的方案是使用 DgnElementSetTool,关于该类的知识将在下节介绍。

### 6.2.4 DgnElementSetTool

DgnElementSetTool 的基类除了 DgnPrimitiveTool 以外,还有 IRedrawOperation 和 ModifyOp 这两个基类。从 DgnPrimitiveTool 继承了视图及鼠标键盘等交互事件的响应功能,从 IRedrawOperation 继承实现了元素动态重绘的功能,从 ModifyOp 继承实现了元素修改逻辑的功能。DgnElementSetTool 自身又添加了元素选取,包括点选、划选、框选、选择集以及围栅的功能。DgnElementSetTool 类有上百个成员属性和方法,要完全了解其运行机制需要花费一定的时间,下面我们将一层一层剖析 DgnElementSetTool 的细节。

当用户从 DgnElementSetTool 类派生了一个自己的工具类时,需要创建一个该类的实例化对象并调用 DgnTool 的 InstallTool 方法来启动本工具。InstallTool 方法通过一系列虚函数的调用,首先做的一项重要工作就是调用 SetElementSource 方法来设置一个 ElemSource 枚举类型的变量值来设置要操作元素的来源,即要修改的元素从哪里获取。元素来源可以是围栅(ElementSource.Fence)、选择集(ElementSource.SelectionSet)、点选(ElementSource.Pick)三种,InstallTool 会根据 AllowFence 和 AllowSelection 的值来决定元素来源的值,规则如下:如果 AllowFence 是 UsesFence.Required,或者 AllowFence 是 UsesFence.Check,并且当前有围栅被激活,则元素来源为 ElementSource.Fence(围栅);如果 AllowSelection 是 UsesSelection.Required,或者 AllowSelection 是 UsesSelection.Check,并且当前有选择集被激活,则元素来源为 ElementSource.SelectionSet(选择集),否则,元素来源为 ElementSource.Pick(点选)。以下是 Bentley 中国优先社区中给出的确定元素来源的源代码:

```
DgnElementSetTool::ElemSource  DgnElementSetTool::_GetPreferredElemSource () {
    switch (_AllowFence ()) {
    case USES_FENCE_Required:
      return SOURCE_Fence;

    case USES_FENCE_Check:
      if (_UseActiveFence () && FenceManager::GetManager().IsFenceActive ())
        return SOURCE_Fence;
      break;
    }

    switch (_AllowSelection ()) {
    case USES_SS_Required:
      return SOURCE_SelectionSet;

    case USES_SS_Check:
      if (SelectionSetManager::GetManager().IsActive ())
        return SOURCE_SelectionSet;
      break;
```

```
    default:
        SelectionSetManager::GetManager().EmptyAll ();
        break;
    }
    return SOURCE_Pick;
}
```

在完成元素来源设置后，InstallTool 会继续调用 DgnElementSetTool 中的 OnInstall 和 OnPostInstall 方法。在 OnInstall 函数中，会先调用 GetElementSource 获取元素来源，若元素来源为围栅且当前又没有激活围栅，或者元素来源为选择集而当前又没有激活选择集，则返回 false，工具启动失败，否则，将工具设置为当前工具并执行 OnPostInstall。根据 MicroStationAPI 中的描述，InstallTool 函数的执行过程大致如图 6-4 所示。

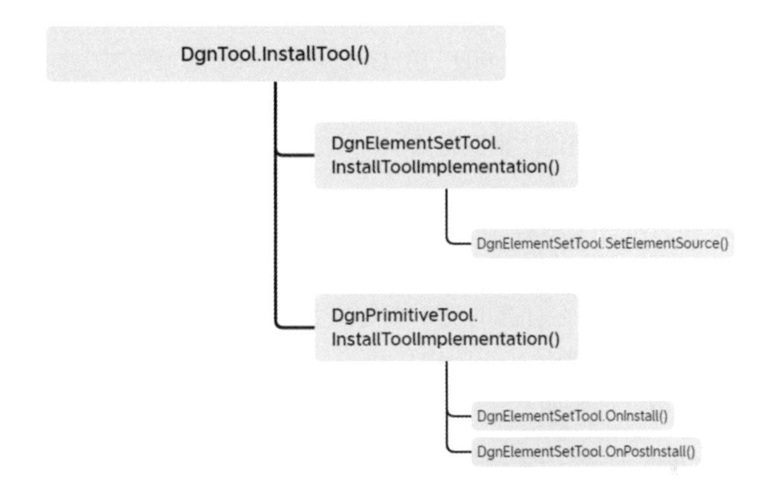


图 6-4　InstallTool 函数执行过程

OnPostInstall 方法的执行过程如下：

（1）根据元素来源处理做一些准备工作，具体细节如下。如果元素来源为点选，则调用 BeginPickElements 来拾取元素，BeginPickElements 会在设置点选元素时搜寻 Model，以及设置光标为点选元素状态。如果元素来源为选择集，则根据 NeedPointForSelection 的值来确定是否需要用户点击左键确认才开始处理选择集元素。如果 NeedPointForSelection 返回 false，则对元素进行处理；如果返回 true，则执行一些确认前的辅助工作。

（2）根据 NeedPointForDynamics 决定是否开启动态绘制。如果 NeedPointForDynamics 为 false，则调用 BeginDynamics 启动动态绘制，之前会根据当前元素来源决定是否调用 BuildAgenda 来获取选择集中的元素。

OnPostInstall 中会调用两个重要的函数，即 BuildAgenda 和 ProcessAgenda，这两个函数分别用来获取要操作的元素和处理要操作的元素，以下介绍这两个函数。

DgnElementSetTool 定义了一个保护成员属性 ElementAgenda，无论是围栅、选择集，还是使用 DgnElementSetTool 提供的拾取元素接口获取到的元素都会放到这个变量里。

BuildAgenda 可以根据 GetElementSource 返回的结果判断是通过围栅还是选择集来填充 ElementAgenda，填充后会继续调用 ModifyAgendaEntries 对 ElementAgenda 中的元素进行修改筛选。ModifyAgendaEntries 会调用 FilterAgendaEntries，如果重写了 FilterAgendaEntries 并且返回 true（基类 DgnElementSetTool 中的 FilterAgendaEntries 返回 false），则会将 ElementAgenda 中无效的元素（指调用了 EditElementHandle.Invalidate 的元素）剔除，所以这就给了用户一个机会去筛选 DgnElementSetTool 拾取的元素。最后调用 HiliteAgendaEntries 高亮显示最终的 ElementAgenda，如果是通过围栅获取的元素，则 HiliteAgendaEntries 会调用 HiliteFenceElems 判断是否高亮显示围栅选中的元素。

ProcessAgenda 方法会依次调用 SetupForModify、PreModifyAgenda、ModifyAgendaGroup、PostModifyAgenda 等方法。在 PreModifyAgenda 中，会调用 IsFenceClip 判断是否用围栅对元素进行剪切，如果 IsFenceClip 为 true，则会调用 DoFenceClip 来完成。在 ModifyAgendaGroup 函数中，经过层层调用最终会调用 DoOperationForModify、OnPreElementModify、OnElementModify。在 OnElementModify 函数中，如果用户对通过参数传递进来的元素进行修改，并且返回 StatusInt.Success，则在 DoOperationForModify 中会用修改后的元素替换原来的元素，前提是 IsModifyOriginal 返回 true，否则会直接把修改后的元素重新添加到 DGN 文件中。

当 InstallTool 函数执行完毕后，工具便进入激活状态，等待用户的输入。这个时候鼠标或者键盘在视图中发生的一些事件就会触发 DgnElementSetTool 对应的成员函数，这些成员函数都是虚函数，用户可以在自己的类中重写这些虚函数从而响应这些事件。首先介绍一下 OnPostLocate 方法。当光标在视图中移动并且定位到某个元素时，这个方法就会被调用。OnPostLocate 的函数定义如下：

```
protected internal virtual bool OnPostLocate(HitPath path, out string cantAcceptReason);
```

通过 path 参数可以获取当前光标定位到的元素，可以在重写的 OnPostLocate 方法中获取元素的属性，然后判断工具是否支持处理定位到的元素。如果不支持，就返回 false，这样用户就不能选中这个元素。还可以设置 cantAcceptReason 参数的值，从而提醒用户不能选中这个元素的原因。

接下来分析 OnDataButton 方法，该方法在单击鼠标左键时会被调用，这个方法与 DecorateScreen、OnModifierKeyTransition、OnModelStartDrag、OnModelEndDrag、OnModelMotion 等方法配合可以完成点选、划选以及框选的拾取功能。OnDataButton 首先会根据 ElementAgenda 中元素个数是否为 0 或者 WantAdditionalLocate 是否为 true，判断当前是否需要拾取元素。如果需要拾取元素，则会通过 GetElementSource 的返回结果判断是要点选元素还是要通过选择集或者围栅来获取元素。如果是点选元素，则会调用 LocateOneElement 来定位获取元素，否则会调用前面提到过的 BuildAgenda 来获取元素。如果没有获取到新的元素，则会根据 AllowDragSelect 的返回结果判断是否要启用框选或者划选。如果启用框选或者划选，那么当光标停止拖曳时，在 OnModelEndDrag 方法中，BuildDragSelectAgenda 会被调用。BuildDragSelectAgenda 会把框选或者划选的元素加入 ElementAgenda 中，如果当前处于多选状态下，框选或者划选的元素已经在 ElementAgenda

中，这些元素会被反选掉。如果不是在多选状态下，那么 ElementAgenda 首先会被清空，然后将框选或者划选的元素插入 ElementAgenda 中，调用 BuildDragSelectAgenda 之后会调用 ModifyAgendaEntries，前文提到的 ModifyAgendaEntries 方法，它给了用户一个过滤元素的机会。在 OnDataButton 函数中，如果获取到新的元素，会调用 WantDynamics 判断是否要启动动态绘制。然后会调用 NeedAcceptPoint 判断是否需要用户再点击左键才开始处理元素，如果返回 true，则 OnDataButton 会直接返回。如果 NeedAcceptPoint 是 false，则会直接调用 ProcessAgenda 开始执行元素修改的流程。ProcessAgenda 调用以后，最后调用 OnModifyComplete。

OnDataButton 方法中调用了 LocateOneElement、ProcessAgenda、OnModifyComplete 等几个方法，我们需要再深入探讨一下。LocateOneElement 用于根据鼠标点击位置来定位元素，它的定义如下：

```
protected internal virtual void LocateOneElement(DgnButtonEvent ev, bool newSearch);
```

LocateOneElement 有两个参数，其中"ev"是鼠标事件的参数，newSearch 用来控制定位元素时是否继续从上次定位到元素的位置往后查找，该方法的执行过程如下。

首先调用 WantAdditionalLocate 判断是否支持多选，如果该属性为 false，则会清空 ElementAgenda，如果该属性为 true，则会判断第二个参数 newSearch 的值。newSearch 用来控制是进行新的定位搜索，还是从上一次结果中进行定位搜索。如果 newSearch 的值为 false，则真正的元素定位是调用 DoLocate 来实现的，DoLocate 返回定位到的元素，LocateOneElement 中通过调用 BuildLocateAgenda 把定位到的元素插入 ElementAgenda 中。BuildLocateAgenda 也是先调用 WantAdditionalLocate 判断是否支持多选，如果支持多选且当前 Ctrl 键处于按下的状态（通过参数 ev.IsControlKey 判断），则会先查看 ElementAgenda 中是否已经存在要插入的元素。如果存在，则会调用 RemoveAgendaElement 将其移除，然后马上返回，这样就实现了反选的功能；如果不存在，则最后将定位到的元素插入 ElementAgenda 中，这个时候会调用 IsModifyOriginal 判断是插入元素本身还是元素的拷贝。前文介绍的 BuildAgenda 以及框选、划选的时候都会调用 IsModifyOriginal 判断是插入元素本身还是元素的拷贝。另外，在点选元素时还会调用 DoGroups，用来判断与要插入元素同一组的元素是否也要插入 ElementAgenda 中，在调用 RemoveAgendaElement 时，也是会通过 DoGroups 判断是否要移除同一组中的其他元素。LocateOneElement 调用 BuildLocateAgenda 之后也会调用 ModifyAgendaEntries，如前面所述，在这里同样也可以去筛选 ElementAgenda 中的元素。

OnDataButton 调用 ProcessAgenda 之后会调用 OnModifyComplete。OnModifyComplete 又会先调用 CheckSingleShot，如果 CheckSingleShot 返回 true，则 OnModifyComplete 直接返回。否则，会根据元素来源的返回结果做不同的操作，元素来源为点选，则会调用 NeedAcceptPoint 和 AcceptIdentifiesNext，两者都返回 ture 就会清空 ElementAgenda，并返回到 OnDataButton。如果元素来源为选择集或围栅，则直接调用 ExitTool 退出当前工具。由上面的过程可见，OnModifyComplete 实际上是在做最后的清理工作。

接下来介绍 DgnElementSetTool 封装的动态绘制功能是如何实现的。前文介绍

DgnPrimitiveTool 时已经提到在调用 BeginDynamics 之后，当光标在视图中移动时，OnDynamicFrame 会被不停地调用，OnPostInstall 和 OnDataButton 方法中在适当的时机都会调用到 BeginDynamics。OnDynamicFrame 中首先会判断 ElementAgenda 中是否有元素，如果没有就直接返回，否则继续调用 SetupForModify。这一点与 ProcessAgenda 类似，区别是调用时第二个参数为 true。接下来后台会调用一系列函数，OnRedrawInit、OnRedrawOperation、OnResymbolize、OnRedrawFinish 和 OnRedrawComplete 会先后被调用到，其中 OnRedrawOperation 又会调用到 OnElementModify。所以我们在 OnElementModify 对元素所做的修改，在动态绘制同样也会起作用。在这个过程中，ElementAgenda 中的元素会被复制一份出来传递给 OnElementModify，所以动态过程中并不会修改 ElementAgenda 中原有的元素。

到目前为止，我们使用了大部分的鼠标相关的事件，其实与键盘按键相关的事件处理方法主要有两个，即 OnModifierKeyTransition 和 OnKeyTransition。OnModifierKeyTransition 在 Ctrl 键、Alt 键或者 Shift 键按下时触发，OnKeyTransition 在 VK_TAB、VK_RETURN、VK_END、VK_HOME、VK_LEFT、VK_UP、VK_RIGHT、VK_DOWN 这些按键中的一个按下时触发。并不是每个交互式工具都需要按键功能，根据情况而定。前面提到的框选和划选就是在 OnModifierKeyTransition 方法中通过 Alt 键来切换的。

至此，终于将 DgnElementSetTool 剖析完毕了，可以看到，DgnElementSetTool 内部非常复杂。我们不必精确掌握每个属性和方法，只需要一定的概念，用到时再去细究即可。表 6 - 3 是对其主要属性和方法的说明。

**表 6 - 3　DgnElementSetTool 主要属性和方法说明**

| 属性/方法 | 说明 |
| --- | --- |
| bool AcceptIdentifiesNext() | 当元素来源为点选时，由 OnModifyComplete 调用，对于 NeedAcceptPoint 返回 true 的工具可能希望使用上一个选择的 AcceptPoint 来标识要修改的下一个元素 |
| UsesDragSelect AllowDragSelect() | 当元素来源为点选时，是否允许使用框选或划选元素，可返回 0(box)、1(line)、2(none)等值 |
| UsesFence AllowFence | 是否将活动围栅作为可能的元素来源，可返回 0(check)、1(required)和 3(none)等值 |
| UsesSelection AllowSelection | 是否将活动选择集作为可能的元素来源，可返回 0(check)、1(required)和 3(none)等值 |
| void BeginPickElements() | 初始化定位逻辑，为元素定位做准备，下一次单击鼠标左键将执行定位 |
| void BuildAgenda(DgnButtonEvent ev) | 从活动选择集中填充工具的 ElementAgenda，如果当前选择集中没有元素满足工具的接受条件，将显示错误 |
| bool BuildDragSelectAgenda(FenceParameters fp, DgnButtonEvent ev) | 从工具的 ElementAgenda 中添加或删除拖动操作选择的元素 |

**续表6 - 3**

| 属性/方法 | 说明 |
| --- | --- |
| Element BuildLocateAgenda(HitPath path, DgnButtonEvent ev) | 将点击选中的元素插入工具的 ElementAgenda,或者在按住控制键且工具支持多选(WantaDiditionAllocate 返回 true)时删除以前选定的元素 |
| void DecorateScreen(Viewport vp) | 为拖动选择动态显示十字交叉线或形状 |
| StatusInt DoFenceClip() | 在调用 ModifyAgenda 之前预剪辑元素 |
| bool DoGroups() | 点选元素是图形组或命名组时,是否将所选组元素的成员元素加入 ElementAgenda 中 |
| HitPath DoLocate(DgnButtonEvent ev, bool newSearch, int complexComponent) | 点击鼠标左键时进行元素定位 |
| bool FilterAgendaEntries() | 被 ModifyAgendaEntries 调用以从 ElementAgenda 中添加或删除元素 |
| int GetAdditionalLocateNumRequired() | 由多选工具实现,可能需要多个元素才能完成当前工作,被基类调用以确定是否应启用/禁用自动定位 |
| AgendaModify GetAgendaModify() | 发送包含修改类型信息的 Agenda 事件 |
| AgendaOperation GetAgendaOperation() | 判断工具是否想要发送 Agenda 事件 |
| bool GetAnchorPoint(out DPoint3d anchorPt) | 获取填充 ElementAgenda 的接收或定位点击点 |
| DPoint3d[] GetBoxPoints(DgnCoordSystem sys, DPoint3d activeOrigin, DPoint3d activeCorner, Viewport vp); | 拖曳选择元素时获取拖曳点坐标 |
| DgnModelRef GetDestinationModelRef() | 获取复制元素的目标 Model,通常是当前激活 Model |
| bool GetDragAnchorPoint(out DPoint3d anchorPt) | 返回启动拖动事件的点击点位置 |
| bool GetDragSelectOverlapMode (DgnButtonEvent ev) | 检查当前的拖动框选择模式,默认为“左-右”用于内部选择,“右-左”用于重叠选择。Shift 键可用于反转 |
| void GetDragSelectSymbology(out uint color, out uint fillColor, out uint style, out uint weight, DgnButtonEvent ev) | 调用以获取用于拖动选择装饰器的符号,默认为灰色透明填充和最佳黑白对比轮廓。基于内部/重叠,样式为实线或虚线 |
| ElementSource GetElementSource() | 返回当前选择元素的来源 |
| ClipResult GetFenceClipResult() | 是否支持围栅裁剪结果 |
| ElementSource GetPreferredElementSource() | 设置元素来源 |
| RefLocateOption GetReferenceLocateOptions() | 从 SetLocateCriteria 调用,并控制搜索模型参考列表的填充方式,例如,允许选择具有“视为元素”属性的引用 |
| void HiliteAgendaEntries(bool changed) | 当 HilitFenceElems 返回 true 且元素来源为点选或围栅时,调用该方法可高亮显示选定元素 |

**续表6-3**

| 属性/方法 | 说明 |
|---|---|
| bool HiliteFenceElems() | 当前围栅中选定的元素是否需要高亮显示 |
| UsesDragSelect IsDragSelectActive() | 检查当前拖曳选择的模式，有 0(box)、1(line)、2(none)等值 |
| bool IsFenceClip() | 当前围栅是否为裁剪模式 |
| bool IsFenceOverlap() | 当前围栅是否为重叠模式，即与围栅重叠的元素会被选中 |
| bool IsFenceVoid() | 当前围栅是否为空模式，即在围栅内或围栅外的元素会被选中 |
| bool IsModifyOriginal() | 判断如何修改元素，true 表示直接重写或删除元素，false 表示将首先复制或添加一个元素，然后在上面修改 |
| void LocateOneElement(DgnButtonEvent ev, bool newSearch) | 定位一个元素并将其加入 ElementAgenda 中或从 ElementAgenda 中移除 |
| void ModifyAgendaEntries() | 在调用 ProcessAgenda 之前修改元素列表 |
| bool NeedAcceptPoint() | 在填充工具的 ElementAgenda 后调用，以查看在接受和调用 ProcessAgenda 之前是否需要明确的确认操作。默认情况下，WantDynamics 为 true 或元素来源为点选且禁用自动定位时需要确认操作 |
| bool NeedPointForDynamics() | 在 OnPostInstall 中调用，以判断是否需要一个确认操作来启动动态，在元素来源为当前围栅或选择集时，可能不需要数据点来开始显示动态 |
| bool NeedPointForSelection() | 在 OnPostInstall 中调用，当元素来源为选择集时，判断是否需要确认操作来选择元素。对于没有设置行为的工具，例如 Delete Element，可以选择立即调用 ProcessAgenda，而无须等待确认操作 |
| bool OnDataButton(DgnButtonEvent ev) | 左键按下时被调用。第一次点击将填充工具的 ElementAgenda。如果 NeedAcceptPoint 返回 false，则立即调用 ProcessAgenda 和 OnModifyComplete，否则将发生在下一次点击时。如果 WantDynamics 的工具返回 true，那么在识别元素后将调用启动动态 |
| void OnDynamicFrame(DgnButtonEvent ev) | 在启动动态后调用。由工具的 ElementAgenda 通过调用 IViewManager:: DoElementAgendaDynamics 来实现，工具实例作为 IRedrawOperation 提供 |
| StatusInt OnElementModify(Element element) | 为每一个被选中的元素调用这个方法来执行修改操作 |
| StatusInt OnElementModifyClip(Element el, FenceParameters fp, FenceClipFlags options) | 在 ProcessAgenda 中调用以对元素使用围栅裁剪 |

**续表6 - 3**

| 属性/方法 | 说明 |
| --- | --- |
| bool OnInstall() | 该方法的调用将确保元素来源的有效性,例如,如果没有活动围栅且围栅被设置为必须时,该方法将返回 false 且工具不会被激活 |
| bool OnModelEndDrag(DgnButtonEvent ev) | 拖曳事件结束时触发,当拖曳选择模式不是 UsesDragSelect.none 时,该方法将拖曳选择到的元素加入 ElementAgenda 中 |
| bool OnModelMotion(DgnButtonEvent ev) | 鼠标移动时调用,在拖曳选择时返回 true,否则返回 false |
| bool OnModelStartDrag(DgnButtonEvent ev) | 拖曳事件开始时触发,当拖曳选择模式不是 UsesDragSelect.none 时调用为拖动选择做准备 |
| bool OnModifierKeyTransition(bool wentDown, int key) | 在拖动选择期间调用,Alt 键可用于在划选和框选之间切换,Shift 键用于框选时在内部选择和重叠选择之间切换 |
| bool OnModifyComplete(DgnButtonEvent ev) | 在 ProcessAgenda 后调用以决定工具是退出还是重启 |
| void OnPostInstall() | 基于元素的来源为修改命令设置初始状态逻辑 |
| bool OnPostLocate(HitPath path, out string cantAcceptReason) | 执行了一个定位后调用,用于决定哪些元素可以被选择 |
| StatusInt OnRedrawComplete(ViewContext context); | 在所有元素都执行了重绘操作后触发 |
| void OnRedrawInit(ViewContext context) | 在任意一个元素重绘操作开始时触发 |
| StatusInt OnRedrawOperation(Element el, ViewContext context, out bool canUseCached) | 在动态期间触发,该方法默认的实现会调用 OnElementModify,并认为使用现有缓存来显示修改后的元素无效 |
| void OnReinitialize() | 将工具重置为初始状态,由 OnModifyComplete 从外部调用,工具可以选择恢复到初始状态,而不是安装新的工具实例 |
| bool OnResetButton(DgnButtonEvent ev) | 重置键(一般是鼠标右键)按下时触发,如果元素来源为点选且未识别任何元素,则调用自动定位重置以查找下一个元素。如果识别出一个元素,重置将循环到下一个元素,如果没有下一个元素,则调用重新初始化。若元素来源为围栅和选择集,则调用 ExitTool |
| void OnResymbolize(ViewContext context) | 在动态过程中触发,工具可以选择有建立覆盖符号代替内置符号来显示元素 |
| StatusInt ProcessAgenda(DgnButtonEvent ev) | 用于修改选中的元素,该方法会调用 ModifyAgenda 方法,并且会发出 ElementAgendaEvent 的事前和事后事件 |
| void RemoveAgendaElement(Element el) | 从 ElementAgenda 中移除元素 |

**续表6－3**

| 属性/方法 | 说明 |
| --- | --- |
| void SetAnchorPoint(DPoint3d anchorPt) | 设置或清除确认或定位点 |
| void SetElementSource(ElementSource source) | 设置工具的元素来源 |
| void SetLocateCriteria() | 由 BeginPickElements 和 BuildAgenda 调用以设置 modelRef 搜索列表 |
| void SetLocateCursor(bool enableLocate) | 设置当前光标样式 |
| void SetupAndPromptForNextAction() | 调用输出提示，启用自动定位、精确捕捉等，在工具状态发生任何更改后，例如在标识元素后，自动调用。默认情况下，点选自动定位处于启用状态。精确捕捉是基于 WantAccuSnap 的返回启用的。方法中使用“接受/拒绝”和“标识元素”等通用默认提示 |
| bool SetupForModify(DgnButtonEvent ev, bool isDynamics) | 该方法在每个动态帧执行前每次都会被调用，在用户确认交互操作后会被调用一次。用户在每次调用该方法前都需要设置一些必要的信息 |
| void UnHiliteAgendaEntries(bool empty) | 不高亮显示目标元素 |
| bool UseActiveFence() | 允许工具使用激活围栅 |
| bool WantAccuSnap() | 在 SetupAndPromptForNextAction 中调用以确定是否为点选开启精确捕捉 |
| bool WantAdditionalLocate(DgnButtonEvent ev) | 点选时是否希望通过按住 Control 键来识别多个元素，而不是立即处理单个定位选择的元素 |
| bool WantAutoLocate() | 在 SetupAndPromptForNextAction 中调用以确定是否为点选开启自动定位 |
| bool WantDynamics() | 在填充了 ElementAgenda 后是否开启动态 |

## 6.3 交互中的元素拾取

元素拾取是人机交互无法绕开的一个话题，MicroStation 提供了丰富的元素拾取方式，包括点选、划选、框选、选择集和围栅，这些方式在人机交互工具中被广泛用到，其中点选、选择集和围栅属于基本拾取方式，基本拾取方式是互斥的，也就是三种中只能选择一种，框选和划选可与基本方式同时有效。例如，一个工具同时支持点选和划选，但不能同时支持点选和选择集。

（1）点选。点选就是用户直接用鼠标在视图上点击要选择的对象，点选模式必须是在工具启动后才能进入，且每次只能选择一个元素，MicroStation 中 ElementSource.Pick 就代表点选。在 DgnElementSetTool 中，如果用户没有指定拾取方式为选择集或围栅，则工具将采用点选模式。程序中我们不重载 AllowSelection 和 AllowFence 方法即是点选模式。

(2) 选择集。MicroStation 选择集工具是专门用来拾取元素的工具，而用这个工具创建的元素集合称为选择集。当工具的 ElementSource 被设置为 ElementSource.SelectionSet 时，工具将直接从当前选择集中获取元素，但是如果当前没有活动的选择集，则工具将直接退出。程序中只需重载 AllowSelection 方法，并指定方法的返回值为 UsesSelection.Required 或 UsesSelection.Check 就可以将拾取模式指定为选择集模式。

(3) 围栅。围栅是 MicroStation 中的一种特殊元素，围栅的形状可以是矩形、多边形或圆形，通过判断元素与围栅的关系来确定元素是否被选择。除了直接用鼠标来绘制创建围栅外，围栅还支持从元素、从视图、从文件来创建。要求非常精确的情况下，可以先通过绘图工具精确绘制一个边框，然后使用 Element 的方式选择该边框来限定 Fence 范围。从视图创建可以根据当前 view 的边框来绘制 Fence，可以配合 fit view 来使用。从文件创建的方式也很方便，如图 6－5 所示，它可以严格按照整个元素的边界放置 Fence。下面的 Active 是指主文件中显示的所有元素，也可以选择 ALL 来包含参考文件中的元素。

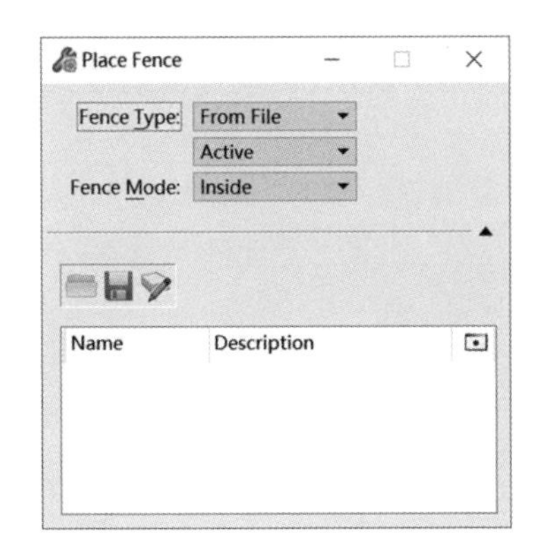


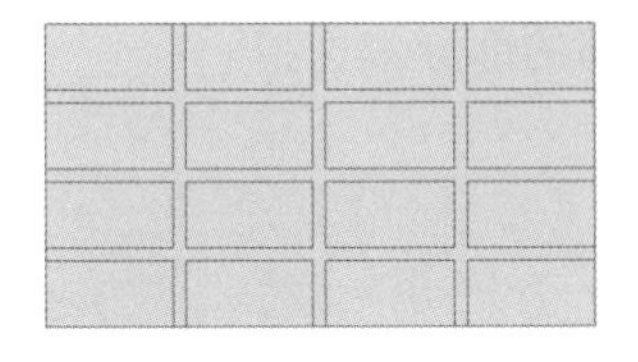

图 6－5　从当前文件所有元素的边界创建围栅

围栅的模式决定了如何选取元素，Fence Mode 支持多种类型，方便各种操作。表 6－4 列出了围栅支持的模式。

**表 6－4　围栅模式**

| 围栅模式 | 说明 |
|---|---|
| 内部 | 接受在围栅内部的元素 |
| 重叠 | 接受与围栅重叠的元素 |
| 剪切 | 接受与围栅重叠的元素，并用围栅边界对接受元素进行裁剪 |
| 排空 | 接受不在围栅内部的元素 |
| 排空-重叠 | 接受不与围栅重叠的元素 |
| 排空-剪切 | 接受不与围栅重叠的元素，并用围栅边界对接受元素进行裁剪 |

内部方式下，围栅会对围栅内完整的元素进行选择和处理。例如，使用的工具是“删除围栅中元素”，如图 6－6 所示绘制的围栅，是内部模式删除后的效果。同样的围栅，如果选

择了重叠模式,则所有的方块都会被删除,也就是说这里的重叠是指与围栅有交集。

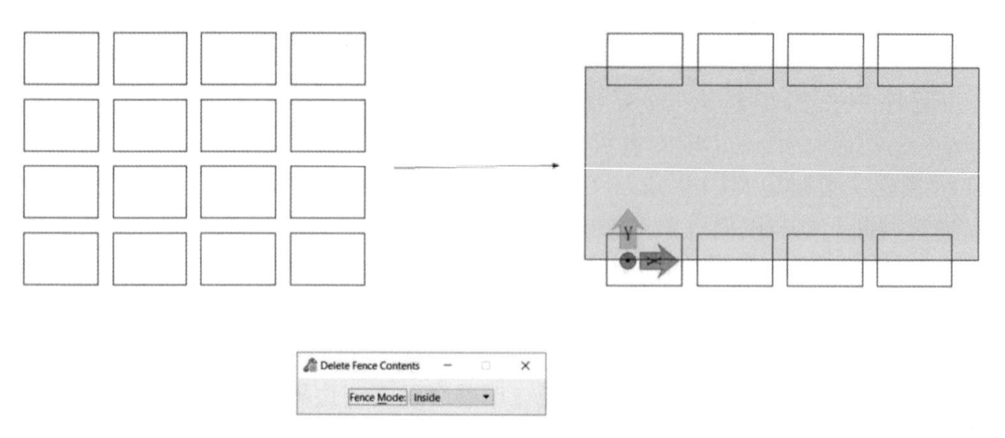


图 6-6　内部模式

继续以图 6-6 为例,剪切模式的效果如图 6-7 所示,也就是剪切模式是在重叠模式的基础上将围栅内部的部分裁剪掉。

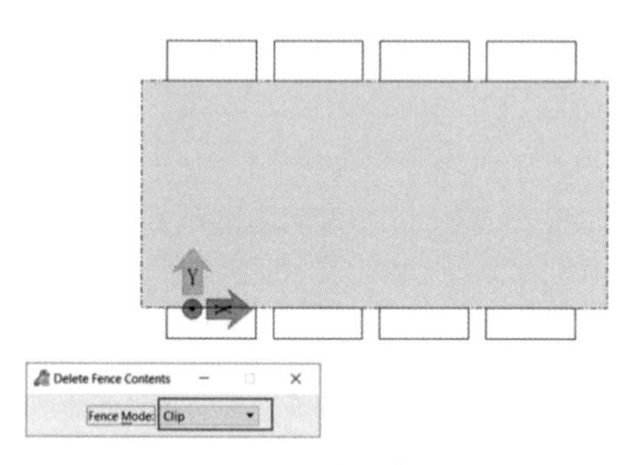


图 6-7　剪切模式

排空模式则是反选,它会删除围栅之外所有完整的元素,因为上方和下方的 8 个方块都有一部分被围栅选中,所以这个模式下运行的效果是没有删除任何元素(假设文件中只有这 16 个方块元素),如图 6-8 所示。

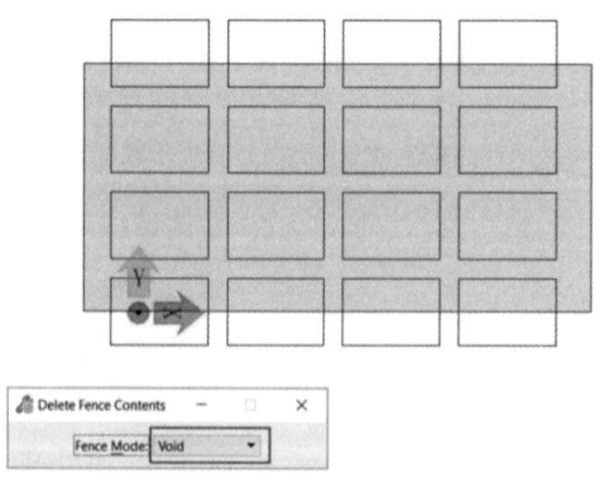


图 6-8　排空模式

而排空-重叠模式则会将围栅之外完整的元素以及部分在 Fence 外的元素都删掉，效果就是上方和下方的 8 个方块都被删除，而只留下中间的 8 个方块。排空-剪切模式则是严格按照围栅的边界剪切，将围栅外部的部分方块删除。它和剪切模式的效果正好相反。

程序中只需重载 AllowFence 方法，并指定方法的返回值为 UsesFence.Required 或 UsesFence.Check，就可以将拾取模式指定为选择集模式。

（4）划选。划选允许用户在视图中用鼠标绘制出一条直线，只要和直线相交，就会有元素被选中。当工具中的 AllowDragSelect 方法返回 UsesDragSelect.Line 时，表示工具支持划选，并且用户可用 Alt 键在划选和框选模式之间切换。

（5）框选。框选允许用户在视图中用鼠标绘制出一个矩形框来拾取元素，从左上角往右下角框选时，元素要全位于矩形区域内才会被选中，而从右下角往左上角时，只要元素与矩形区域有交集就会被选中，另外在框选的过程中如果按下 Shift 键也会切换这种模式。当工具中的 AllowDragSelect 方法返回 UsesDragSelect.Box 时，表示工具支持框选，并且用户可用 Alt 键在划选和框选模式之间切换。

## 6.4　人机交互开发实例

前面已经介绍了 MicroStation 中主要交互工具类的体系结构和运行机理，至此我们已经对 MicroStation 中的交互工具类有了一定程度的了解，以下来讲解这些类的用法。

### 6.4.1　放置圆

本例我们将完成这样一个功能，用鼠标在视图中点击一下，以点击处为圆心，创建一个半径为 1 米的圆。下面我们一步一步完成这个功能。

（1）打开 Visual Studio 并创建一个 Visual C# 类库(.NET Framework)项目，项目名称为 PrimitiveToolSamples，.NET 框架选择 4.6.2 版本（图 6－9）。

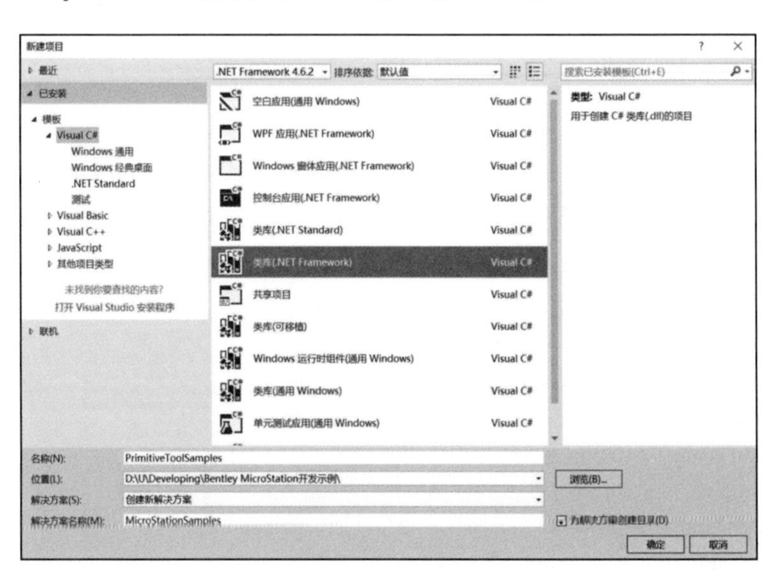


图 6－9　创建 .NET 类库项目

(2) 在项目中引用如下 MicroStation 的 .NET 库：

```
Bentley.DgnDisplayNet.dll
Bentley.DgnPlatformNET.dll
Bentley.GeometryNET.dll
Bentley.GeometryNET.Structs.dll
Bentley.Interop.MicroStationDGN.dll
Bentley.MicroStation.dll, ustation.dll
```

(3) 在项目中创建名为 MyAddIn 的类，并让该类从 Bentley.MstnPlatformNET.AddIn 继承。

(4) 在项目中创建名为 PlaceCircleTool 的类，并让该类从 Bentley.DgnPlatformNET.DgnPrimitiveTool 继承，并在文件头部添加以下命名空间的引用：

```
using Bentley.MstnPlatformNET;
using Bentley.DgnPlatformNET;
using Bentley.DgnPlatformNET.Elements;
using Bentley.GeometryNET;
```

(5) 为 PlaceCircleTool 加入构造函数，因为基类 DgnPrimitiveTool 的构造函数需要传入 toolName 和 toolPrompt 两个字符串的编号，在构造 PlaceCircleTool 类的函数中也要对这两个参数进行赋值。

```
public PlaceCircleTool() : base(0, 0)
{
}
```

(6) 重写 OnRestartTool 方法，该方法会在当前工具被外部事件中断后重新启动时触发，比如用户使用当前工具的过程中按下鼠标中键在视图上进行了移动操作。本例中创建了一个空的 OnRestartTool 方法。

```
protected override void OnRestartTool()
{
}
```

(7) 重写 OnDataButton 方法，该方法在确认键被点击时触发，一般情况下，确认键就是鼠标左键。本方法中就是调用 CurvePrimitive 类的 CreateArc 方法创建一个圆并加入文档模型中。

```
protected override bool OnDataButton(DgnButtonEvent ev)
{
    DgnModel dgnModel = Session.Instance.GetActiveDgnModel();
    double uor = dgnModel.GetModelInfo().UorPerMaster;
    DPoint3d center = ev.Point * uor;
    double radius = 1 * uor;
    DEllipse3d elli = DEllipse3d.FromCenterRadiusXY(center, radius);
    CurvePrimitive curve = CurvePrimitive.CreateArc(elli);
    Element element = DraftingElementSchema.ToElement(dgnModel, curve, null);
```

```
    element.AddToModel();
    return true;
}
```

（8）重写 MyAddIn 的 Run 方法，在该方法中创建一个 PlaceCircleTool 对象，并调用 InstallTool 将它设置为当前工具。

```
protected override int Run(string[] commandLine) {
    MyAddIn.PlaceCircleTool tool = new MyAddIn.PlaceCircleTool();
    tool.InstallTool();
    return 0;
}
```

（9）至此，这个放置圆的功能就基本实现了，编译后在 MicroStation keyin 中通过 mdl load PrimitiveTool 来运行 Addin。运行前需要将 dll 文件拷贝到 MicroStation 的 Mdlapps 目录下。

如果想在鼠标所在的位置把要创建的圆显示出来，让用户可以事先预览出效果，该怎么做呢？这就需要用到动态，动态是 MicroStation 中特有的一个概念，在官方文档中叫 Dynamics，此处将其翻译成动态。动态能够捕捉到鼠标的每一次变化。首先，在 OnPostInstall 方法中开启动态，开启动态后，视图每渲染一帧都会触发 OnDynamicFrame 方法，只需要用 OnDynamicFrame 获取鼠标位置，然后在这个位置绘制圆就可以了。

```
protected override void OnPostInstall() {
    base.OnPostInstall();
    this.BeginDynamics();//开启动态
}
```

之后，重写 OnDynamicFrame 方法，在这个方法里获取鼠标坐标，然后和 OnDataButton 中一样创建一个圆形元素，最后调用 RedrawElems 的 DoRedraw 方法将其绘制出来。

```
protected override void OnDynamicFrame(DgnButtonEvent ev) {
    //base.OnDynamicFrame(ev);
    DgnModel dgnModel = Session.Instance.GetActiveDgnModel();
    double uor = dgnModel.GetModelInfo().UorPerMaster;
    DPoint3d center = ev.Point;
    double radius = 1 * uor;
    DEllipse3d ellipse = DEllipse3d.FromCenterRadiusXY(center, radius);
    CurvePrimitive curve = CurvePrimitive.CreateArc(ellipse);
    Element element = DraftingElementSchema.ToElement(dgnModel, curve, null);

    RedrawElems redrawElems = new RedrawElems();
    redrawElems.SetDynamicsViewsFromActiveViewSet(ev.Viewport);
    redrawElems.DrawMode = DgnDrawMode.TempDraw;
    redrawElems.DrawPurpose = DrawPurpose.Dynamics;
    redrawElems.DoRedraw(element);
}
```

由于在 PlaceCircleTool 中，两个方法出现了一样的创建圆形元素的代码，基于代码复用的原则，我们可以将这部分代码封装为一个方法，方法名称就叫 createCircleElement，将圆心和半径作为参数。这样，OnDataButton 和 OnDynamicFrame 就可以直接调用这个方法，减少代码数量，也便于代码维护，类似此种开发过程中的小技巧，本书在后面的章节也将会穿插介绍。

```
protected Element createCircleElement(DPoint3d center, double radius) {
    DgnModel dgnModel = Session.Instance.GetActiveDgnModel();
    DEllipse3d ellipse = DEllipse3d.FromCenterRadiusXY(center, radius);
    CurvePrimitive curve = CurvePrimitive.CreateArc(ellipse);
    Element element = DraftingElementSchema.ToElement(dgnModel, curve, null);
    return element;
}
```

如果想在鼠标移动过程中捕捉到某个位置，然后把圆心定在这个位置，有没有办法实现呢？当然是可以的，MicroStation 早就想到了这一点，只要在 OnPostInstall 中将 AccuSnap. SnapEnabled 设置为 true 就可以了。MicroStation 支持很多捕捉类型，如关键点、中心点、最近点、交点、切线点等，这个也可以通过代码来设置。

```
protected override void OnPostInstall() {
    base.OnPostInstall();
    this.BeginDynamics();
    AccuSnap.SnapEnabled = true;//开启捕捉
    Settings.SnapMode = SnapMode.MidPoint;//设置捕捉模式为中点模式
}
```

如果希望用鼠标滚轮来设置圆的半径，该如何做呢？你一定还记得 DgnTool 类提供了 OnMouseWheel 方法，没错，该方法会在鼠标滚轮发生滚动时触发。假设向前滚动(握鼠标的手掌伸开时手指指向的方向)时半径在之前的基础上加 1 米，向后滚动时半径在之前的基础上减 1 米。由于需要知道当前绘制的圆的半径，这里需要定义一个全局变量将圆的半径存起来，所以在 PlaceCircleTool 中增加一个 double 类型的成员变量 mRadius，并在构造函数中初始化为 1.0。

```
protected double mRadius;
public PlaceCircleTool() : base(0, 0) {
    DgnModel dgnModel = Session.Instance.GetActiveDgnModel();
    double uor = dgnModel.GetModelInfo().UorPerMaster;
    mRadius = 1.0 * uor;
}
```

然后在 PlaceCircleTool 类中重写 OnMouseWheel 方法，该方法中判断滚轮滚动的方向，并根据滚动方向对全局半径进行增减。需要注意的是，Windows 系统下滚轮每滚一下其传回的滚动值为 120，向前为正 120，向后为负 120，因此我们在取到鼠标滚动值后需要除 120，以此结果作为半径增减的因子。

```
protected override bool OnMouseWheel(DgnMouseWheelEvent ev) {
    DgnModel dgnModel = Session.Instance.GetActiveDgnModel();
    double uor = dgnModel.GetModelInfo().UorPerMaster;
    int cn = ev.WheelDelta / 120;
    mRadius += cn * 1.0 * uor;
    if (mRadius < 1 * uor) mRadius = 1 * uor;
    return false;
}
```

在 Bentley 官方给出的例子中,还完成了另一个高难度的功能,就是在三维空间放置圆时,使放置的圆自始至终都和屏幕方向平行,也就是要使这个圆永远正对着屏幕。要完成这个功能,就需要用到前面介绍的数学知识了,本例中创建的圆是放在 *XY* 平面的,当视图也处于顶视图模式时,这个圆恰好就是正对屏幕的,但当我们按住 Shift 键对视图进行旋转后,发现这个圆会变形,这也意味着它此时已经不是正对屏幕了。

借这个例子再来重温一下三维空间中物体渲染到二维屏幕的全过程。三维空间中物体渲染到二维屏幕上的过程,实际上和生活中用相机照相的过程类似。照相前我们首先会把被照的物品摆放在一个位置上,我们要在空间中架设一个照相机,相机的取景器就相当于一个屏幕。为了达到较好的效果,我们会不断调整相机的姿态和位置。这引出了相机坐标系的概念,相机坐标系用来描述相机的姿态和位置,可以决定照片的内容。初始状态下,相机坐标系与世界坐标系完全重合,当对视图进行平移和旋转操作以后,相机坐标系就和世界坐标系不一样了。物体渲染的过程,就是要将物体坐标由世界坐标变换到相机坐标的过程,这需要获取相机坐标系在世界坐标系下的变换矩阵,然后将物体往相反的方向变换即可。由前面的数学知识可知,变换矩阵由旋转和平移两部分组成,平移可以实现相机的移动,旋转则可以使相机改变朝向。

本例中,要求绘制的圆始终正对屏幕,也就是知道了圆在相机坐标系下的坐标,而要求解出其在世界坐标系下的坐标,即有如下公式:

$$P' = P \times \boldsymbol{M}_{\text{rotate}}$$

式中:$P$ 为圆在世界坐标系下的坐标;$P'$ 为圆在相机坐标系下的坐标;$\boldsymbol{M}_{\text{rotate}}$ 为当前相机坐标系在世界坐标系下的旋转矩阵。现在是已知 $P'$ 求 $P$,只需在上面的等式两边同乘以 $\boldsymbol{M}_{\text{rotate}}$ 的逆矩阵即可。

$$P' \times \boldsymbol{M}_{\text{rotate}}^{-1} = P$$

MicroStation 中可用 Session.GetActiveViewport().GetRotation()获取当前视图的旋转矩阵,DMatrix3d 内置有求逆矩阵的方法。至此,所有问题都解决了,只需要创建圆元素后将矩阵应用到元素即可,下面给出代码:

```
protected Element createCircleElement(DPoint3d center, double radius) {
    DgnModel dgnModel = Session.Instance.GetActiveDgnModel();
    DEllipse3d ellipse = DEllipse3d.FromCenterRadiusXY(center, radius);
    CurvePrimitive curve = CurvePrimitive.CreateArc(ellipse);
    Element element = DraftingElementSchema.ToElement(dgnModel, curve, null);
```

```
    DMatrix3d matrix = Session.GetActiveViewport().GetRotation();
    DMatrix3d invertMatrix;
    matrix.TryInvert(out invertMatrix);
    DTransform3d transform = DTransform3d.FromMatrixAndFixedPoint(invertMatrix, center);
    TransformInfo transformInfo = new TransformInfo(transform);
    element.ApplyTransform(transformInfo);
    return element;
}
```

由此也可以看出，数学对三维开发十分重要，如果不了解数学原理，这个功能很难完成。并不是说我们要一行代码一行代码地去实现诸如矩阵相乘、矩阵求逆运算等算法，而是根据数学原理，我们知道如何去调用现成的方法完成必需的计算过程，从而达到我们的目的。本例循序渐进地介绍了 DgnPrimitiveTool 的用法，对初学者来说是一个很好的参考。

### 6.4.2 放置线串

接下来，我们看另外一个实例。本例中需要实现这样的功能，在视图中通过单击鼠标左键输入若干点，然后将输入的点连成一条线串，线串的终点还会随着光标的位置动态改变，单击右键完成输入。下面我们一步一步完成这个功能。

(1) 打开 Visual Studio 并创建一个 Visual C# 类库(.NET Framework)项目，项目名称为 PrimitiveToolSamples，.NET 框架选择 4.6.2 版本(图 6－9)。

(2) 在项目中引用如下 MicroStation 的 .NET 库：

```
Bentley.DgnDisplayNet.dll
Bentley.DgnPlatformNET.dll
Bentley.GeometryNET.dll
Bentley.GeometryNET.Structs.dll
Bentley.Interop.MicroStationDGN.dll
Bentley.MicroStation.dll, ustation.dll
```

(3) 在项目中创建名为 MyAddIn 的类，并让该类从 Bentley.MstnPlatformNET.AddIn 继承，并在文件头部添加以下命名空间的引用：

```
using Bentley.MstnPlatformNET;
using Bentley.DgnPlatformNET;
using Bentley.DgnPlatformNET.Elements;
using Bentley.GeometryNET;
```

(4) 在项目中创建名为 PlaceLineStringTool 的类，并让该类从 Bentley.DgnPlatformNET.DgnPrimitiveTool 继承。

(5) 为 PlaceLineStringTool 加入构造函数，因为基类 DgnPrimitiveTool 的构造函数需要传入 toolName 和 toolPrompt 两个字符串的编号，在构造 PlaceLineStringTool 类的函数中也要对这两个参数进行赋值。

```
public PlaceLineStringTool() : base(0, 0)
{
}
```

(6) 为 PlaceLineStringTool 添加 List<DPoint3d>类型的成员变量，用于存储输入的点。

```
List<DPoint3d> mPointList = new List<DPoint3d>();
```

(7) 重写 OnRestartTool 方法，该方法会在当前工具被外部事件中断后重新启动时触发，比如用户使用当前工具的过程中按下鼠标中键在视图上进行了移动操作。本例中创建了一个空的 OnRestartTool 方法。

```
protected override void OnRestartTool()
{
}
```

(8) 重写 OnDataButton 方法，该方法在确认键被点击时触发，一般情况下，确认键就是鼠标左键。本方法中首先将当前鼠标点击处的坐标加入全局 mPointList 中，然后判断 mPointList 中的点数是否为 1，如果是就需要打开动态，如果点数大于 1，就需要创建一个线串元素并将其加入文档中。在加入线串元素之前，需要判断之前是否已经加过，如果已经加过，就将之前的替换掉，所以还需要定义一个 Element 类型的成员变量 mElement 用于保存之前创建的元素。

```
protected Element mElement = null;
protected override bool OnDataButton(DgnButtonEvent ev) {
    mPointList.Add(ev.Point);
    if (mPointList.Count == 1) {
        this.BeginDynamics();//开启动态
    } else if (mPointList.Count > 1) {
        DgnModel dgnModel = Session.Instance.GetActiveDgnModel();
        CurvePrimitive curve = CurvePrimitive.CreateLineString(mPointList);
        Element element = DraftingElementSchema.ToElement(dgnModel, curve, null);
        if(mElement == null) {
            element.AddToModel();
        } else {
            element.ReplaceInModel(mElement);
        }
        mElement = element;
    }
    return true;
}
```

(9) 重写 OnDynamicFrame 方法，在该方法中取出 mPointList 中的最后一个点，将其作为起点，当前鼠标点作为终点创建一条直线元素，并用 RedrawElems 将其绘制出来，这样就实现了终点随着光标的位置动态改变的功能。

```
protected override void OnDynamicFrame(DgnButtonEvent ev) {
    DgnModel dgnModel = Session.Instance.GetActiveDgnModel();
    ElementPropertiesSetter setter = new ElementPropertiesSetter();
    setter.SetColor(2);
    Element element = new LineElement(dgnModel, null, new DSegment3d(mPointList[mPointList.
Count – 1], ev.Point));
    setter.Apply(element);

    RedrawElems redrawElems = new RedrawElems();
    redrawElems.SetDynamicsViewsFromActiveViewSet(ev.Viewport);
    redrawElems.DrawMode = DgnDrawMode.TempDraw;
    redrawElems.DrawPurpose = DrawPurpose.Dynamics;
    redrawElems.DoRedraw(element);
}
```

(10) 重写 OnResetButton,在该方法中结束动态,并将 mPointList 清空,以结束线串的放置。

```
protected override bool OnResetButton(DgnButtonEvent ev) {
    this.EndDynamics();//结束动态
    mPointList.Clear();//清空顶点集合
    return true;
}
```

(11) 重写 MyAddin 的 Run 方法,在该方法中创建一个 PlaceCircleTool 对象,并调用 InstallTool 将它设置为当前工具。

```
protected override int Run(string[] commandLine) {
    MyAddIn.PlaceLineStringTool tool = new MyAddIn.PlaceLineStringTool ();
    tool.InstallTool();
    return 0;
}
```

(12) 至此,这个放置线串的功能就基本实现了,编译后在 MicroStation keyin 中通过 mdl load PrimitiveTool 来运行这个 Addin 试试吧! 运行前记得将这个 dll 文件拷贝到 MicroStation 的 Mdlapps 目录下。

### 6.4.3 修改元素样式

相比 DgnPrimitiveTool 来说,DgnElementSetTool 的用法要复杂得多,接下来我们通过一个例子来学习用 DgnElementSetTool 的用法。这个例子通过 DgnElementSetTool 实现交互式修改元素颜色的工具。

(1) 打开 Visual Studio 并创建一个 Visual C# 类库(.NET Framework)项目,项目名称为 MicroStationToolSamples,.NET 框架选择 4.6.2 版本(图 6-10)。

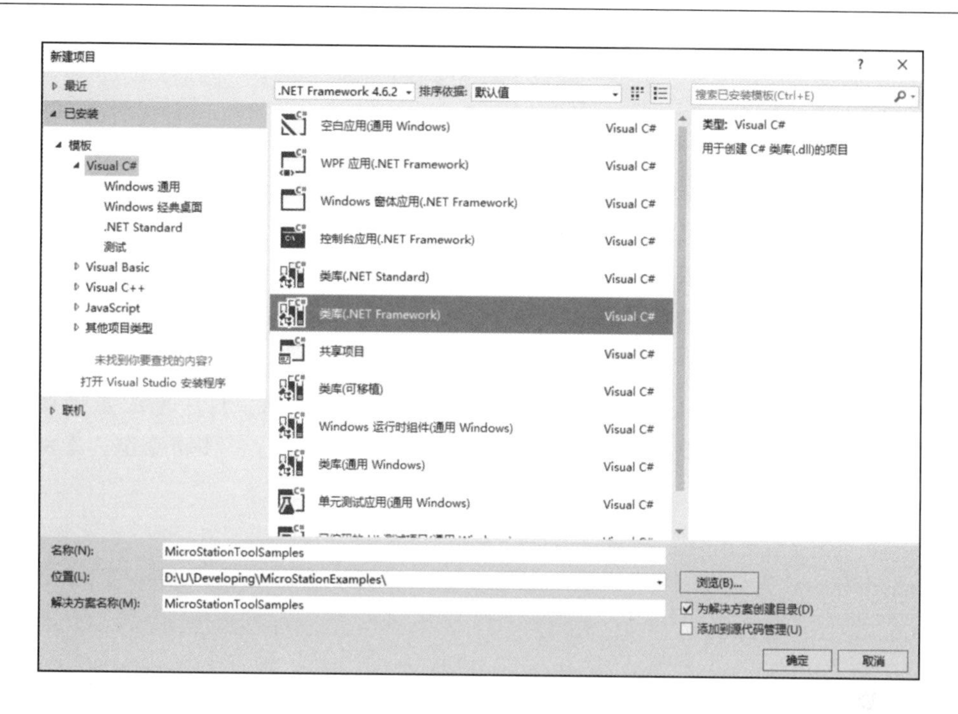


图 6 - 10　创建 .NET 类库项目

(2) 在项目中引用如下 MicroStation 的 .NET 库：

```
Bentley.DgnDisplayNet.dll
Bentley.DgnPlatformNET.dll
Bentley.GeometryNET.dll
Bentley.GeometryNET.Structs.dll
Bentley.Interop.MicroStationDGN.dll
Bentley.MicroStation.dll, ustation.dll
```

(3) 在项目中创建名为 MyAddIn 的类，并让该类从 Bentley.MstnPlatformNET.AddIn 继承，并在文件头部添加以下命名空间的引用：

```
using Bentley.MstnPlatformNET;
using Bentley.DgnPlatformNET;
using Bentley.DgnPlatformNET.Elements;
using Bentley.GeometryNET;
```

(4) 在项目中创建名为 ChangeElementStyleTool 的类，并让该类从 Bentley.DgnPlatformNET.DgnElementSetTool 继承。

(5) 为 ChangeElementStyleTool 加入构造函数，与 DgnPrimitiveTool 有所不同，DgnElementSetTool 有一个不需要参数的构造函数。因此，ChangeElementStyleTool 的构造函数中无须显示调用基类的构造函数，当然用户也可以不显示定义构造函数，这样每次实例化的时候会调用默认的构造函数。

```
public ChangeElementStyleTool()
{
}
```

(6) 开启自动定位功能后，鼠标会变为中间带圈的十字形，并且在鼠标靠近元素时，元素会高亮显示。

```
protected override bool WantAutoLocate() {
    return true;
}
```

(7) 重写 OnRestartTool 方法，该方法会在当前工具被外部事件中断后重新启动时触发，比如用户在使用当前工具的过程按下鼠标中键在视图上进行了移动操作。本例中创建了一个空的 OnRestartTool 方法。

```
protected override void OnRestartTool()
{
}
```

(8) 重写 OnElementModify 方法，由于基类中未实现 OnElementModify，所以 ChangeElementStyleTool 中必须给出 OnElementModify 方法的实现，这里我们用 ElementSetter 来改变颜色、线宽、线型等样式。

```
public override StatusInt OnElementModify(Element element) {
    ElementPropertiesGetter getter = new ElementPropertiesGetter(element);
    ElementPropertiesSetter setter = new ElementPropertiesSetter();
    setter.SetColor(getter.Color + 1);
    setter.SetLinestyle((getter.LineStyleId + 1)%8, null);
    setter.SetWeight(getter.Weight + 1);
    setter.Apply(element);

    return StatusInt.Success;
}
```

(9) 编译后在 MicroStation keyin 中通过 mdl load MicroStationToolSamples 来运行这个 Addin 试试吧！运行前记得将这个 dll 文件拷贝到 MicroStation 的 Mdlapps 目录下。

上面的例子中，当点选一个元素后，需要再次点击鼠标左键，元素样式才会改变。有的情况下，我们希望在点选元素后立即使元素样式发生改变，该怎么做呢？这需要用到 DgnElementSetTool 的 NeedAcceptPoint 方法，该方法的返回值决定是否需要为点选元素确认执行修改动作。当返回 true 时需要确认，当返回 false 时则无须确认，该方法默认返回 true，如果要返回 false，只需要按下述方式重载该方法。

```
protected override bool NeedAcceptPoint() {
    return false;
}
```

在启动工具前，用选择集工具选中若干元素，之后再启动工具，需要在视图中单击鼠标左键确认修改，选中的元素样式才会被修改（因为被选中的元素会高亮显示，所以我们可能需要清空选择集才能看到修改效果）。如果我们希望启动工具后立即改变选择集中选中元素的样式，要怎么做呢？这需要用到 DgnElementSetTool 的另外一个方法，即 NeedPointForSelection。该方法返回值决定是否需要为选择集中的元素确认以执行修改动作，当返回 true 时需要确认，当返回 false 时则无须确认。该方法默认返回 true，要返回 False，只需按下述方式重载该方法。

```
protected override bool NeedPointForSelection() {
    return false;
}
```

如果想要工具支持围栅获取元素，则需要重写 AllowFence 和 UseActiveFence 两个方法，在 ChangeElementStyleTool 类中加入如下内容：

```
protected override UsesFence AllowFence() {
    return UsesFence.Check;
}
protected override bool UseActiveFence() {
    return true;
}
```

上面的代码只允许从当前围栅中获取要修改的元素，我们通过系统工具在视图中放置一个围栅，启动工具，最后在视图中点击鼠标左键即可完成元素样式的修改操作。

除了点选和围栅外，DgnElementSetTool 还支持框选、划选元素，重写 AllowDragSelect 方法并返回 UsesDragSelect.Box 可以支持框选，返回 UsesDragSelect.Line 可以支持划选。

```
protected override UsesDragSelect AllowDragSelect() {
    return UsesDragSelect.Box;
}
```

启动工具，按住鼠标左键在视图中拖曳，会看到光标拖曳的区域有一个矩形，直到想要拾取的元素都已经在矩形范围后释放鼠标左键（这里有一个小技巧，当我们从左上角往右下角框选时，元素要全位于矩形区域内才会被选中，而从右下角往左上角框选时，只要元素与矩形区域有交集就会被选中，另外在框选的过程中如果按下“Shift”键也会切换这种模式），此时在矩形区域内的元素都会被选中，框选期间如果我们按下“Alt”键，则会切换到划选模式。我们再次在视图中单击鼠标左键，元素颜色就会被修改。至此，修改元素颜色的工具已经完成，我们的工具支持交互式工具选取元素的所有方式：选择集、围栅、点选、框选以及划选。

如果希望工具支持多选，该怎么做呢？只需要重载 WantAdditionalLocate 方法，当方法返回 true 时，支持多选，返回 false 时，不支持多选。

```
protected override bool WantAdditionalLocate(DgnButtonEvent ev) {
    if(ev == null) {
        return true;
    }
```

```
    if (ev.IsControlKey) {
        return true;
    }
    return false;
}
```

最后，我们来看一下 DgnElementSetTool 对组元素的处理。如果有其他元素与被选中的元素在同一个 Group 中，那么这些元素的样式也会被修改，原因是 DgnElementSetTool 的 DoGroups 方法返回的是 true，而我们的工具没有重写修改其返回值。如果不想同一组中的其他元素颜色被修改，就需要重写一下这个函数并返回 false。

```
protected override bool DoGroups() {
    return false;
}
```

退出工具，用元素选择集工具选中若干元素以后，再次启动我们的工具，在视图中再次单击鼠标左键确认修改，此时通过选择集选中的元素颜色也被修改了(因为被选中的元素会高亮显示，所以可能需要清空选择集才能看到修改效果)。

### 6.4.4 移动元素

用鼠标将视图上的一个元素移动到另外一个位置是一个常用的鼠标交互设计功能，本例就来实现这个功能。因为涉及元素的选取，所以这个例子我们需要借助 DgnElementSettool 来完成。

(1) 打开 Visual Studio 并创建一个 Visual C# 类库(.NET Framework)项目，项目名称为 MicroStationToolSamples，.NET 框架选择 4.6.2 版本(图 6－10)。

(2) 在项目中引用如下 MicroStation 的 .NET 库：

```
Bentley.DgnDisplayNet.dll
Bentley.DgnPlatformNET.dll
Bentley.GeometryNET.dll
Bentley.GeometryNET.Structs.dll
Bentley.Interop.MicroStationDGN.dll
Bentley.MicroStation.dll，ustation.dll
```

(3) 在项目中创建名为 MyAddIn 的类，并让该类从 Bentley.MstnPlatformNET.AddIn 继承，并在文件头部添加以下命名空间的引用：

```
using Bentley.MstnPlatformNET;
using Bentley.DgnPlatformNET;
using Bentley.DgnPlatformNET.Elements;
using Bentley.GeometryNET;
```

(4) 在项目中创建名为 MoveElementTool 的类，并让该类从 Bentley.DgnPlatformNET.DgnElementSetTool 继承。

(5) 为 MoveElementTool 加入构造函数，与 DgnPrimitiveTool 有所不同，

DgnElementSetTool有一个不需要参数的构造函数,因此MoveElementTool的构造函数中无须显示调用基类的构造函数。

```
public PlaceLineStringTool()
{
}
```

(6) 开启自动定位功能,开启后鼠标会变为中间带圈的十字形,并且在鼠标靠近元素时元素会高亮显示。

```
protected override bool WantAutoLocate() {
    return true;
}
```

(7) 重写OnRestartTool方法,该方法会在当前工具被外部事件中断后重新启动时触发,比如用户在使用当前工具的过程按下鼠标中键在视图上进行了移动操作。本例中创建了一个空的OnRestartTool方法。

```
protected override void OnRestartTool()
{
}
```

(8) 重写SetupForModify方法,该方法会在选中元素后每帧自动调用,有点类似OnDynamicFrame方法。在该方法中,我们计算选择元素时的锚点与当前鼠标位置的差值,将此差值作为移动距离,用于再次点击确认键确认修改时移动元素。这里需要定义一个DTransform3d类型的成员变量来保存移动距离。

```
DTransform3d mTransform = DTransform3d.Identity;
protected override bool SetupForModify(DgnButtonEvent ev, bool isDynamics) {
    DPoint3d ptOri;
    if (!this.GetAnchorPoint(out ptOri))
        return false;
    DPoint3d deltaPoint = ev.Point - ptOri;

    mTransform.Translation = deltaPoint;
    return base.SetupForModify(ev, isDynamics);
}
```

(9) 重写OnModifyElement方法,该方法在点击确认键时触发,需要在此方法中完成元素的移动。在本书的5.10.1节中提到移动元素是通过让元素应用一个变换来完成的,因此该方法中只需直接调用Element对象的ApplyTransform方法。

```
public override StatusInt OnElementModify(Element element) {
    TransformInfo tranInfo = new TransformInfo(mTransform);
    element.ApplyTransform(tranInfo);
    return StatusInt.Success;
}
```

### 6.4.5 复制元素

下面再用 DgnElementSetTool 完成元素复制，第一次点击鼠标选取元素，第二次点击鼠标复制选中的元素，而不是移动。

(1) 打开 Visual Studio 并创建一个 Visual C# 类库(.NET Framework)项目，项目名称为 MicroStationToolSamples，.NET 框架选择 4.6.2 版本(图 6 - 10)。

(2) 在项目中引用如下 MicroStation 的 .NET 库：

```
Bentley.DgnDisplayNet.dll
Bentley.DgnPlatformNET.dll
Bentley.GeometryNET.dll
Bentley.GeometryNET.Structs.dll
Bentley.Interop.MicroStationDGN.dll
Bentley.MicroStation.dll，ustation.dll
```

(3) 在项目中创建名为 MyAddIn 的类，让该类从 Bentley.MstnPlatformNET.AddIn 继承，并在文件头部添加以下命名空间的引用：

```
using Bentley.MstnPlatformNET;
using Bentley.DgnPlatformNET;
using Bentley.DgnPlatformNET.Elements;
using Bentley.GeometryNET;
```

(4) 在项目中创建名为 CopyElementTool 的类，并让该类从 Bentley.DgnPlatformNET.DgnElementSetTool 继承。

(5) 为 CopyElementTool 加入构造函数，与 DgnPrimitiveTool 有所不同，DgnElementSetTool 有一个不需要参数的构造函数，因此 CopyElementTool 的构造函数中无须显示调用基类的构造函数。

```
public CopyElementTool()
{
}
```

(6) 开启自动定位功能，开启后鼠标会变为中间带圈的十字形，并且在鼠标靠近元素时元素会高亮显示。

```
protected override bool WantAutoLocate() {
    return true;
}
```

(7) 重写 OnRestartTool 方法，该方法会在当前工具被外部事件中断后重新启动时触发，比如用户在使用当前工具的过程按下鼠标中键在视图上进行了移动操作。本例中创建了一个空的 OnRestartTool 方法。

```
protected override void OnRestartTool()
{
}
```

(8) 重写 SetupForModify 方法，该方法会在选中元素后每帧自动调用，有点类似 OnDynamicFrame 方法。在该方法中，我们计算选择元素时的锚点与当前鼠标位置的差值，将此差值作为移动距离，用于再次点击确认键确认修改时移动元素。这里需要定义一个 DTransform3d 类型的成员变量来保存移动距离。

```
DTransform3d mTransform = DTransform3d.Identity;
protected override bool SetupForModify(DgnButtonEvent ev, bool isDynamics) {
    DPoint3d ptOri;
    if (!this.GetAnchorPoint(out ptOri))
        return false;
    DPoint3d deltaPoint = ev.Point - ptOri;

    mTransform.Translation = deltaPoint;
    return base.SetupForModify(ev, isDynamics);
}
```

(9) 重写 OnModifyComplete 方法，该方法在点击确认键时触发，需要在此方法中完成元素的复制和平移。首先我们将选中的元素复制下来，然后按上一节方法对这个元素作一个平移。拷贝元素需要用到 ElementCopyContext 的 DoCopy 方法。

```
protected override bool OnModifyComplete(DgnButtonEvent ev) {
    for(uint i = 0; i < this.ElementAgenda.GetCount(); i++) {
        Element element = this.ElementAgenda.GetEntry(i);
        using (ElementCopyContext context = new ElementCopyContext(Session. Instance.
GetActiveDgnModel())) {
            Element element2 = context.DoCopy(element);
            TransformInfo tranInfo = new TransformInfo(mTransform);
            element2.ApplyTransform(tranInfo);
            element2.AddToModel();
        }
    }
    return true;
}
```

# 第7章　MicroStation材质

给三维模型贴上材质，可以使模型更逼真、更好看，材质的合理使用是提升渲染效果的关键，因此学会在程序中应用材质也是三维开发中的重要内容。本章我们将介绍 MicroStation 中与材质相关的基本概念，并讲解如何在程序中创建和使用材质。

## 7.1　基本概念

材质是一个非常复杂的概念，它直接决定了模型的视觉效果，这种视觉效果是通过颜色、质感、漫反射、镜面反射、透光性、折射、表面粗糙度等诸多视觉特性表现出来的。这些视觉特性在 MicroStation 中通过一系列参数来描述，各种视觉特性进行组合就能产生不同的视觉效果。本节将介绍有关材质的基本概念。

### 7.1.1　材质表与材质板

为了更好地对材质进行管理，提高材质的利用效率，MicroStation 采用材质表、材质板和材质三级树型结构来管理材质。

材质表可以看作材质板的集合，用户可以定义许多材质表，并选定一个作为当前材质表，DGN 文件中的所有材质板会自动成为当前材质表的内容。每个 DGN 文件中默认存在一个以该 DGN 文件名为名称的材质表，该材质表中内置了一些常用的材质。材质表可以导出独立于 DGN 文件的单独的 .mat 文件，并存储到磁盘上，也可以从现有的 .mat 文件导入材质到当前的 DGN 文件中。

材质板是材质的集合，可以将几种材质放到一个材质板内，便于用户对这些材质的管理，材质板和材质都存储在 DGN 文件中（包含 .cel、.dgnlib）。

为了更好地帮助大家理解 MicroStation 中材质表与材质板的概念，现在我们通过 MicroStation 中的材质编辑操作来进一步了解它们。首先启动 MicroStation，将工作流切换到“可视化”，点击“主页”中的“材质编辑器”，打开材质编辑器对话框，如图 7－1 所示。

点击“表”菜单中的“管理”，点击“创建新表”，创建一个名为“材质表一”的材质表，并双击将它设定为当前材质表，此时材质编辑器左侧的树型菜单也会自动切换为当前材质表的内容。点击“材质板”菜单中的“新建”，创建一个名为“材质板一”的材质板，选中该材质板，点击“材质”菜单中的“新建”，创建一个名为“材质 1”的材质，此时材质编辑器中的内容如图 7－2 所示。

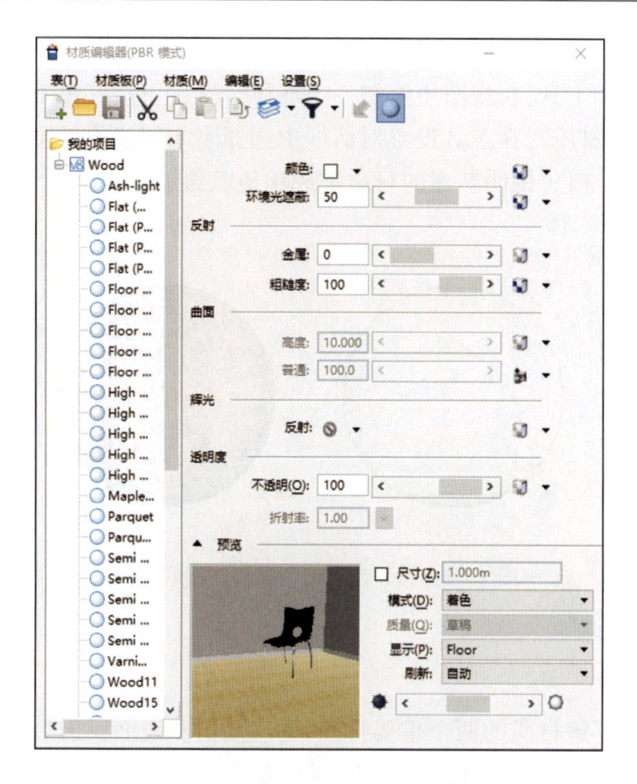


图 7 - 1　MicroStation 中的材质组成

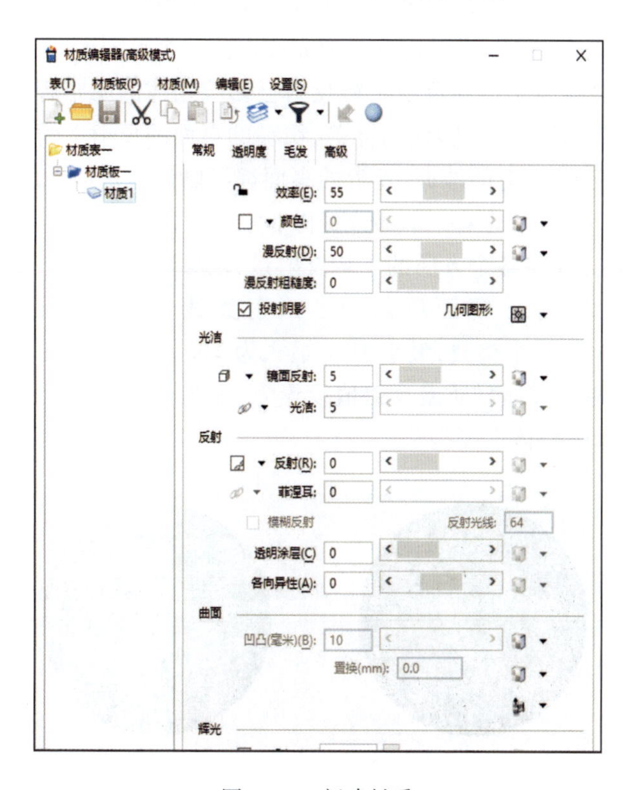


图 7 - 2　新建材质

选中“材质 1”，点击“常规”选项卡，将颜色修改为红色。切换工作流到“建模”，点击“实体”选项卡中的“球体”工具，在视图中绘制一个球体。然后切换工作流到“可视化”，点击“主页”选项卡中的“连接材质”，在工具设置对话框中选择刚才创建的材质，点击创建的球体，此时球体会由白色变为红色，说明新建的材质被成功地赋给了这个球体元素。图 7－3 是材质连接前、后的效果。

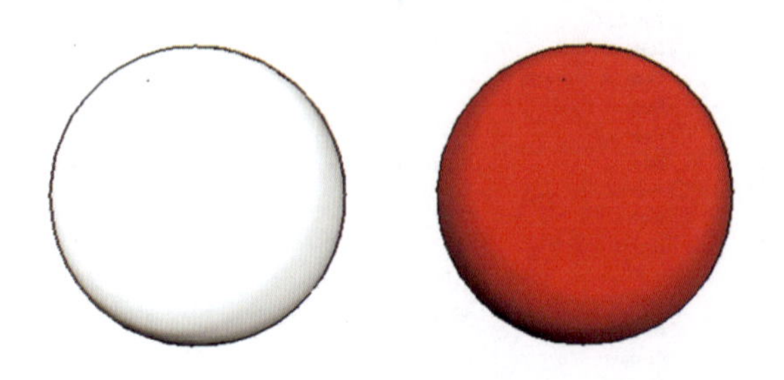

图 7－3　材质连接前(左)和连接后(右)

### 7.1.2　反射

接下来，我们来了解材质的两个重要特性，即漫反射和镜面反射。当一束平行的入射光线射到粗糙的表面时，表面会把光线向着四面八方反射，所以入射线虽然互相平行，但由于各点的法线方向不一致，反射光线会向不同的方向无规则地反射，这种反射称为漫反射。镜面反射是指若反射面比较光滑，当平行入射的光线射到这个反射面时，仍会平行地向一个方向反射出来，这种反射就属于镜面反射。漫反射会影响物体的明暗程度，也就是亮度，生活中漫反射的例子很多，如墙面、投影仪的屏幕、粗糙的桌面的反射。镜面反射则要求反射面平整光滑，生活里的镜子、光滑的地面、光滑的桌面都可以认为是镜面反射，镜面反射会让人产生刺眼的感觉，会看到物体的某一个部分变得非常光亮，即反光。

漫反射表示入射光线在各个方向的平均反射量，该参数会影响材质的总亮度，是一个整数，最小为 0，最大为 100。镜面反射表示入射光线在其相反方向的反射量，它在 MicroStation 材质中也是一个整数，最小为 0，最大为 100。图 7－4 中两个球体的材质镜面反射值都设置为 50，左边球体材质漫反射值设置为 25，右边球体漫反射值设置为 50。可以很明显地看出，右边球体整体上要亮些。

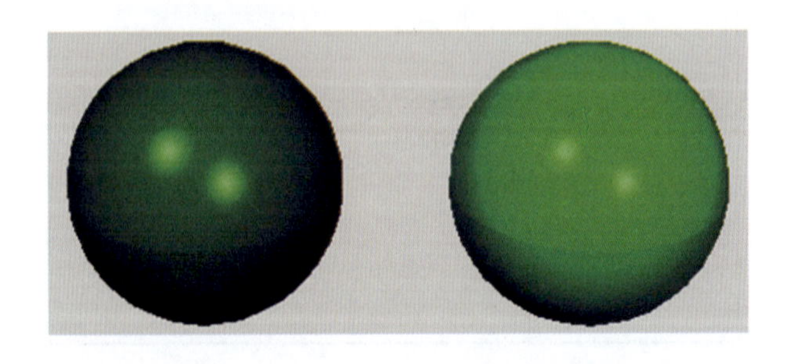

图 7－4　漫反射和镜面反射参数设置效果

在 MicroStation 中，当镜面反射值为 0 时，漫反射的设置将会没有效果。这就好比对于一个表面非常粗糙的物体，无论怎样调节射上去的光，它的亮度变化都不会很明显。此处应该记住，漫反射值影响物体的整体亮度，而镜面反射决定某一块区域的亮度。

### 7.1.3　颜色

在 MicroStation 中有 3 种形式的颜色：索引色（Indexed Color）、真彩色（True Color）和色簿（ColorBook）。它们的设置界面如图 7－5 所示。

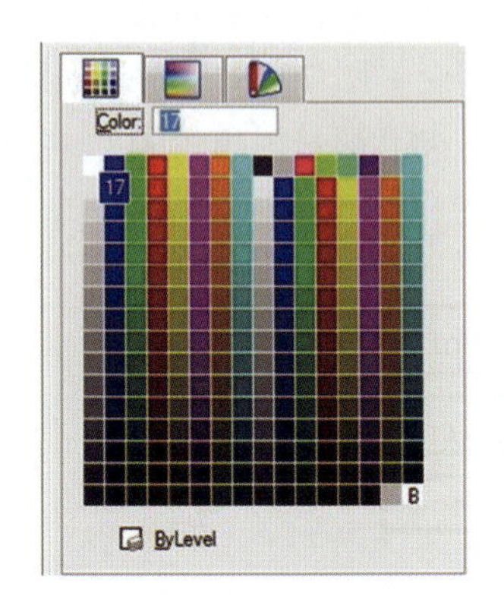


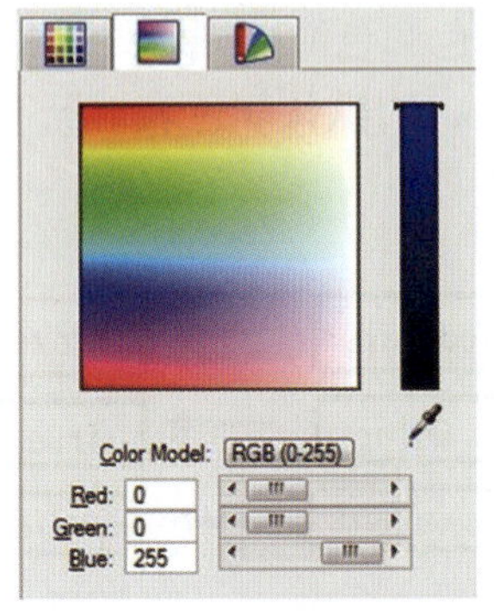


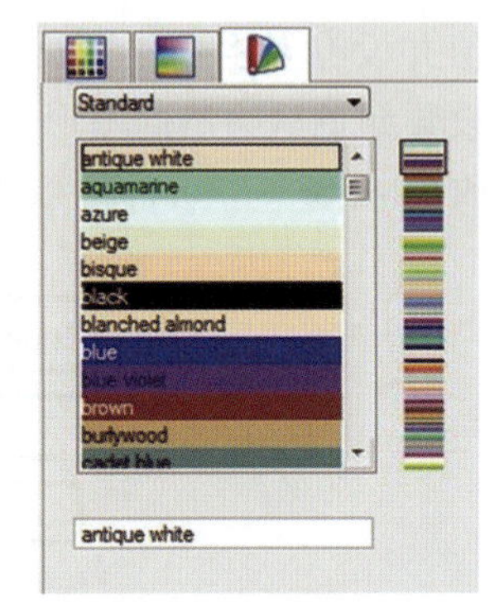


图 7－5　3 种形式颜色的设置界面

对于索引色，是一个 0～255 的索引值。每个值具体对应什么颜色取决于当前使用的颜色表（Color Table，注意，不要和 Color Book 相混淆）。比如默认的颜色表中 0 号色对应白色，其 RGB（RGB 是 red、green 和 blue 三个单词首字母的缩写）值为 255，255，255；1 号色为蓝色，其 RGB 值为 0，0，255。255 号色为视图的背景色，默认为黑色，其 RGB 值为 0，0，0。

用鼠标点击其中的一个小色块可以将当前颜色设置为该种索引色。那么如何通过键入命令来设置索引色呢？可以通过键入 ACTIVE COLOR 后跟一个数字来实现。比如：ACTIVE COLOR 0 表示设置为索引色 0，ACTIVE COLOR 255 表示设置为背景色，ACTIVE COLOR-1 表示设置为 ByLevel 色，也就是当前颜色和层的颜色一样。对于默认颜色表，前七种颜色还可以用更直观的单词来直接设置，如 ACTIVE COLOR Red 表示直接设置为红色，ACTIVE COLOR Blue 表示直接设置为蓝色等。

对于真彩色，通过鼠标设置颜色时，需要选择左侧的颜色区和右侧的颜色强度棒，两者配合来设置出自己满意的真彩色来。通过键入则可以更简便地设置，键入命令格式是 ACTIVE COLOR RGB:红，绿，蓝。其中的"红，绿，蓝"是三个数字，每个数字的范围是 0～255，表示该分量色的强度，0 表示最弱，255 表示最强。比如，0，0，0 表示黑色，255，255，255 表示白色。再如，ACTIVE COLOR RGB:0，0，255 表示设置一个真彩色的蓝色。

对于色簿色，主要应用于对配色要求极其严格的行业，如专业印刷或者地图等行业。MicroStation 提供了业界标准的色簿，用户只需要从某个标准色簿中选择某个名称的颜色，就会以真彩色方式设置该颜色。因此，设置色簿色非常简单，就是选色簿名称，然后选该色簿下的某个颜色的名称。那么，通过键入命令同样可以设置色簿色，其键入命令格式是

ACTIVE COLOR 色簿名:颜色名。如 ACTIVE COLOR RAL CLASSIC 840-HR:1011 就是将当前颜色设置为 RAL CLASSIC 840-HR 色簿下的 1011 号颜色。这里,色簿名虽然有空格,但键入时也不需要在两端添加双引号(当然,添加了双引号也是正确的,如 ACTIVE COLOR "RAL CLASSIC 840-HR:1011")。

ACTIVE COLOR 还可以简写为双字母加等号的形式,即 CO=(特别注意,这里的等号左侧绝对不能有空格,右侧可以)。如:CO=0、CO= RGB:128,128,128、CO= Standard:Azure 等都是正确的键入命令。

注意,从视觉上来说,同一个索引色的颜色会随着连接的颜色表的不同而发生变化(此时索引值并没有发生变化),真彩色和色簿色则始终保持不变。图 7-6 左侧是分别用这 3 种方式设置颜色后绘制的图形和文字,默认颜色表情况下基本上都是绿色色调的,右侧是将颜色表改成 color256.tbl 后的效果。

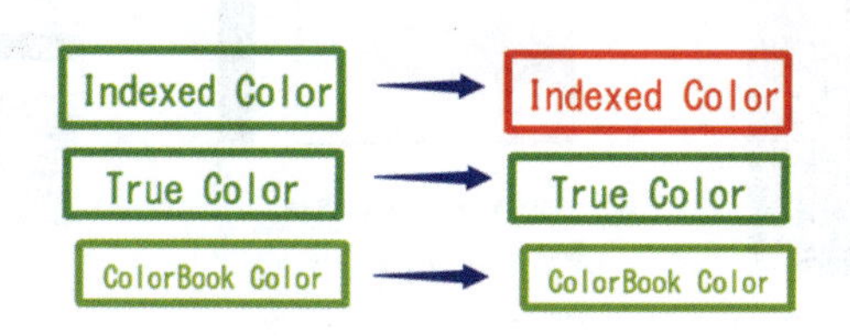


图 7-6　更换颜色表后的效果

### 7.1.4　纹理

早期的计算机生成的三维图像,它们的表面看起来就像是一个发亮的塑料表面。它们总是缺少一些能使物体看起来更加真实的东西,如表面的磨损、裂纹、人手的印记或是一些污点等,纹理的使用使得计算机三维图像具有了更高的真实感。一个纹理实际上就是一个位图,从这个意义上来讲,当“纹理”一词被用于计算机图形学时,它就有了一个明确的定义。从语义学角度来讲,“纹理”既是指一个物体上颜色的模式,又是指物体表面是粗糙的还是光滑的。纹理不会使物体表面真的变得“崎岖不平”,而只是使它的表面看起来是“崎岖不平”的。

由于纹理就是简单的位图,因此任何纹理都可以被用在图形元素上。例如,我们可以创建一些具有木头和谷物图案的对象,也可以将一些青草、泥土和岩石用于一些三维图元,并将它们堆成一座小山,这样就有了一个山坡的背景。

那么,我们如何将一个纹理贴到物体表面呢?纹理实际上是一个二维数组,它的元素是一些颜色值,单个颜色值被称为纹理元素(texture elements)或纹理像素(texture pixel)。要使用纹理绘制图元,我们必须在绘制每个顶点之前为该顶点指定纹理坐标,图元的每个顶点各自对应纹理坐标,用来标明该从纹理图像的哪个部分采样(sample),采样过程被称为纹理过滤(texture filtering),之后在图形的其他片段上进行片段插值(Fragment Interpolation)。

纹理中的每一个纹理像素可以通过它的坐标来声明。但是为了将纹理像素映射到图元上,对于所有纹理上的所有纹理像素,需要有一个统一的地址范围。因此,它使用了一个通用的地址方案,在这个方案中,所有纹理像素地址的范围都为[0.0,1.0]。一般用 $U$、$V$ 的值来声明纹理坐标,它和用 $x$、$y$ 坐标来声明二维笛卡儿坐标系一样。

纹理坐标实际上就是纹理空间中的一个像素，通过纹理坐标就可以唯一定位一个纹理的任何像素。图 7－7 中，左边的纹理 1，大小为 5×5，纹理地址(0.0，0.5)映射到纹理像素(0，2)；右边的纹理 2，大小为 7×7，纹理地址(0.0，0.5)映射到纹理像素(0，3)。我们要给图 7－8 中左边的像素确定一定的颜色，像素四个角的地址被映射到对象空间中的图元上，这时，像素的形状会有一些变形，这是由图元的形状和观察的角度造成的。然后，与像素角相对应的图元表面上的几个角被映射到纹理空间中。这一映射过程再次使像素变形，像素最终的颜色值就由该像素映射到的区域中的纹理像素计算而得。在设置纹理过滤方法时，要确定使用什么方法来得到像素的颜色。

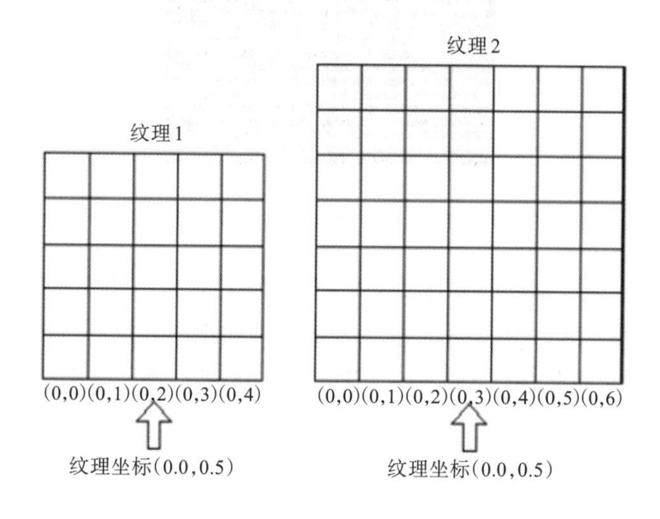


图 7－7　纹理坐标

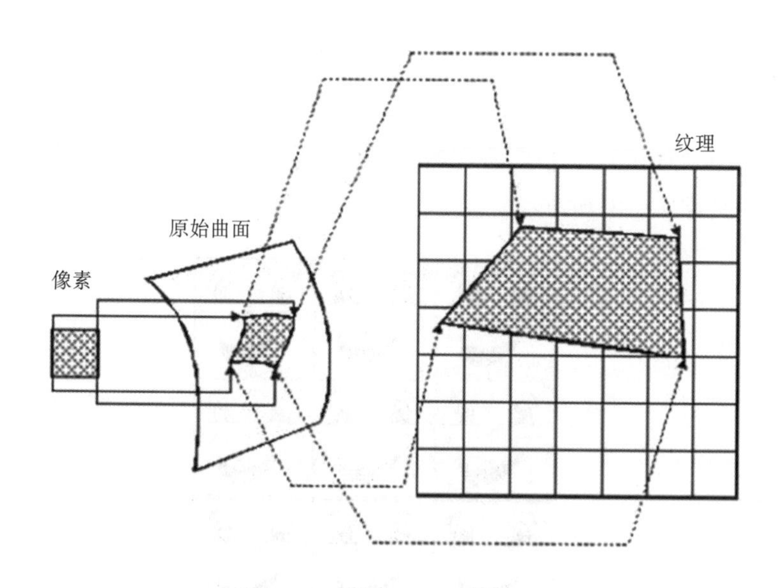


图 7－8　纹理映射过程

程序可以直接将纹理坐标分配给顶点，这一能力使我们能够控制将一个纹理的哪些部分映射到一个图元上。现在假定我们要创建一个矩形图元,它的大小恰好与图 7-9 中纹理的大小一样,这是一堵墙。我们要将整个纹理都映射到一整堵墙上,那么分配给图元顶点的纹理坐标就应该是(0.0,0.0)、(1.0,0.0)、(1.0,1.0)和(0.0,1.0)。现在我们要将墙的高度缩小一半,可以将纹理变形以适应墙的变化,也可以在分配纹理坐标时只使用纹理的下面一半。

图 7-9 纹理映射过程

如果使用纹理变形或缩放的方法,那么所使用的纹理过滤方法就会对图像的质量产生影响。如果采用分配纹理坐标的方法,那么分配给图元顶点的纹理坐标就应该是(0.0,0.0)、(1.0,0.0)、(1.0,0.5)和(0.0,0.5)。有时,一个顶点的纹理坐标可能比 1.0 大。当分配给顶点的纹理坐标不在[0.0,1.0],就要设置纹理寻址模式了。

一般来说,分配的 $U$、$V$ 纹理坐标值都在[0.0,1.0]。但是,如果分配了超出这个范围的纹理坐标,可能会得到一些特别的纹理效果。通过设置纹理寻址模式,我们就可以在纹理坐标超出范围时进行控制。常见的纹理寻址模式有 Wrapping 模式、镜像模式、钳位模式、边界颜色模式。

(1) Wrapping 模式。Wrapping 纹理寻址模式可以在每一个整数结点(integer junction)对纹理进行重复。假设我们要创建一个正方形图元,并将纹理坐标声明为(0.0,0.0)、(0.0,3.0)、(3.0,3.0)和(3.0,0.0)。这时,如果我们设置了纹理寻址模式,就可以使纹理在 $U$、$V$ 方向都重复三次,如图 7-10 所示。

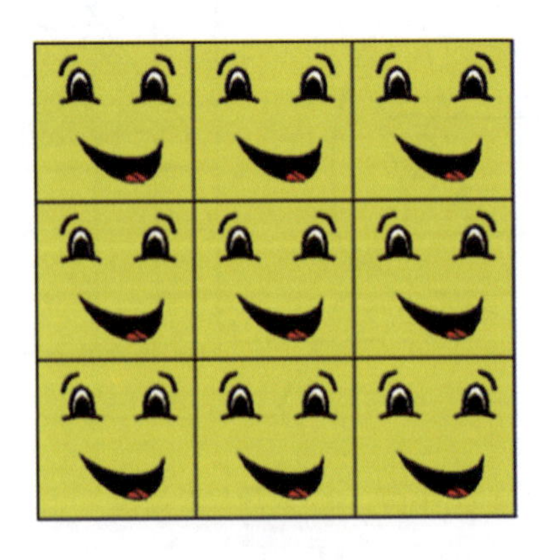

图 7-10 纹理映射过程(重复)

(2) 镜像模式。镜像纹理寻址模式可以在每个整数边界处(integer boundary)对纹理进行镜像处理。现在我们创建一个正方形图元,坐标为(0.0,0.0)、(0.0,3.0)、(3.0,3.0)和(3.0,0.0)。我们设置镜像纹理寻址模式,纹理在 $U$、$V$ 方向都重复了三次,并且每一行、每一列都与相邻的行和列成镜像关系,如图 7-11 所示。

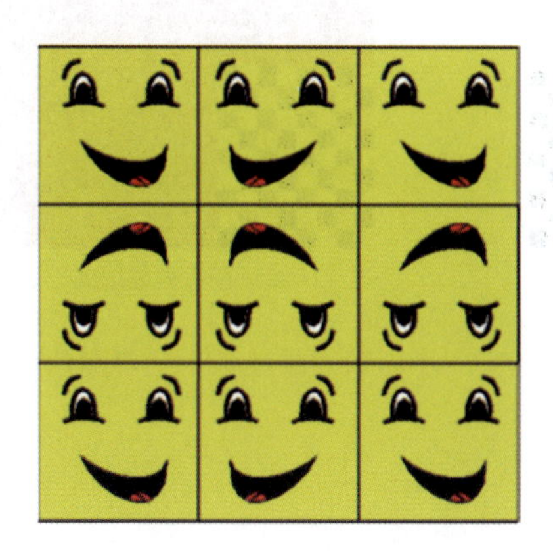

图 7-11　纹理映射过程(镜像)

(3) 钳位模式。钳位纹理寻址模式可以将纹理坐标钳制在[0.0,1.0]范围内。也就是说,它只使用一次纹理,然后将边缘像素的颜色抹去。我们创建一个正方形图元,纹理地址分配为(0.0,0.0)、(0.0,3.0)、(3.0,3.0)和(3.0,0.0)。这时,设置钳位纹理寻址模式,纹理将只使用一次,并且最顶一行和最后一列上的像素颜色会一直延伸到图元的最顶端与最右端,如图 7-12 所示。

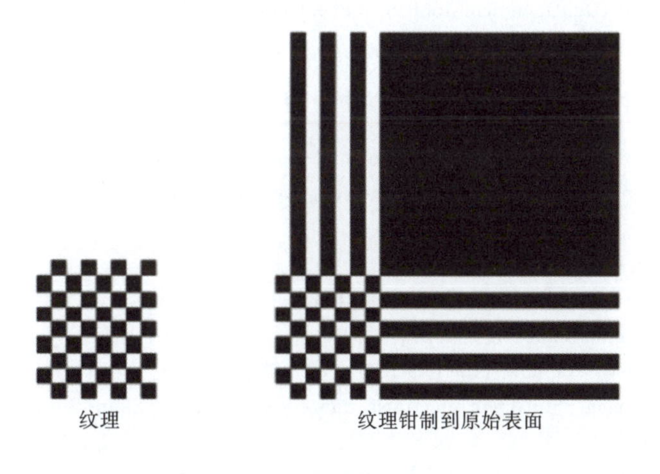


图 7-12　纹理映射过程(钳位)

(4) 边界颜色模式。边缘颜色纹理寻址模式可以在纹理坐标超过范围的地方使用一个任意的颜色,也就是边界颜色。图 7-13 中展示了一个使用了纹理的图元,它使用了红色的边界色。

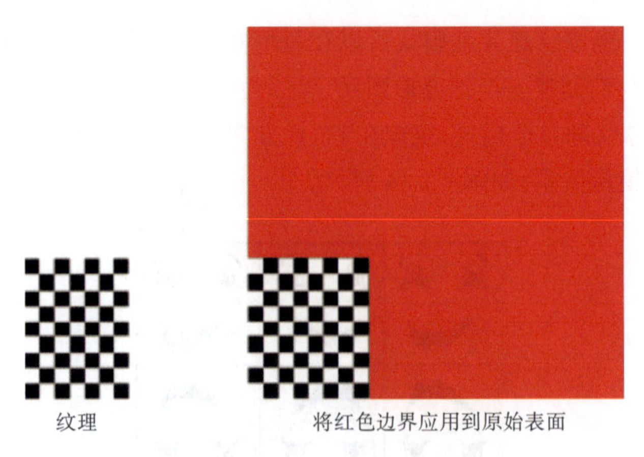


图 7-13　纹理映射过程(边界颜色)

## 7.2　创建材质

创建材质包括创建材质表、创建调色板、创建材质对象、创建材质贴图 4 个步骤,下面将分别介绍。

### 7.2.1　创建材质表

材质表为 MaterialTable 对象,创建材质表就是要创建一个 MaterialTable 对象,MaterialTable 类有 2 个构造函数:

```
public MaterialTable(DgnFile sourceDgn);
public MaterialTable(DgnDocumentMoniker source, DgnFile renderDgn);
```

其中,第一个构造函数用于创建一个常规的材质表对象,第二个构造函数主要用于从一个 DGN 文档拷贝材质表到另一个 DGN 文档。下面是创建材质表的代码示例。

```
public MaterialTable createMaterialTable(string tableName, string tableDescription) {
    DgnModel dgnModel = Session.Instance.GetActiveDgnModel();

    //创建材质表对象
    MaterialTable table = new MaterialTable(dgnModel.GetDgnFile());
    table.Name = tableName;//设置材质表名称
    table.Description = tableDescription;//设置材质表描述
    if (MaterialManager.SetActiveTable(table, dgnModel) != BentleyStatus.Success) { //将材质表设
为当前激活材质表
        return null;
    }

    MaterialManager.SaveTable(table);//保存材质表到 DGN 文件
    return table;
}
```

上述代码中首先创建了一个 MaterialTabel 对象，然后设置对象的名称和描述属性，接着调用 MaterialManager 的静态方法 SetActiveTable 将创建的材质表设置为当前激活材质表，最后调用 MaterialManager 类的静态方法 SaveTable，将材质表存到 DGN 文件中。在创建一个材质表时，我们通常还需要判断该材质表是否已经存在，可以通过 MaterialManager 的静态方法 GetTableList 来获取文档中的所有材质表，然后遍历比较材质表的名称来判断材质表是否存在。对于已经存在同名材质表的情况，一般有两种处理方式，一是删除，二是直接返回。要删除一个材质表，可以通过 MaterialManager 的静态方法 DeleteTable 来完成。

已知 DGN 文档中材质表的名称，能否获取该材质表的对象呢？MicroStation 似乎目前还不支持该功能。笔者查阅了 MicroStation 的所有 C#和 C++接口，都没能找到根据名称加载或者获取材质表对象的方法。

### 7.2.2　创建调色板

调色板可以看作材质的一个目录，可以将一类材质放到一个调色板中。MicroStation 中调色板是一个 PaletteInfo 类型的对象，它有 4 个构造函数：

```
public PaletteInfo();
public PaletteInfo(PaletteInfo* peer, object container);
public PaletteInfo(string name, DgnDocumentMoniker source, PaletteType type);
public PaletteInfo(string name, DgnDocumentMoniker source, DgnDocumentMoniker library,
PaletteType type);
```

其中，name 为调色板的名称，source 为调色板所在 DGN 文档的名字对象，type 为调色板的类型，有 DGN、Pal 和 Other 3 个枚举值可选。

调色板的创建比较简单，就是创建一个 PaletteInfo 类型的对象，然后将该对象加入一个材质表中即可。

```
MaterialTable materialTable = this.createMaterialTable("mytable", "mytable");
PaletteInfo palette = new PaletteInfo("mypal", dgnModel.GetDgnFile().GetDocument().GetMoniker
(), PaletteInfo.PaletteType.Dgn);
materialTable.AddPalette(palette);//创建调色板并加入材质表
MaterialManager.SaveTable(materialTable);//保存材质表
```

调用 MaterialManager 的静态方法 UnloadPalette 可以卸载调色板，这里的卸载实际上相当于将调色板从当前 DGN 文档中删除。

### 7.2.3　创建材质对象

MicroStation 中材质是 Material 对象，所有关于材质参数的设置都必须通过该对象来完成。Material 类有 2 个构造函数：

```
public Material(DgnModelRef modelRef);
public Material(Material initFrom, DgnModelRef modelRef);
```

第二个构造函数与第一个的区别是，第二个构造函数会用 initForm 的值来初始化该材质对象，我们通常是通过第一个构造函数创建一个全新的材质对象，然后调用相关的参数设置方法来设置材质参数。

创建材质对象后，必须将其加入某个材质板下，否则材质创建不会成功，可以通过调色板拷贝完成这项工作。最后，还需要调用 MaterialManager 的静态方法 SaveMaterial 将创建的材质保存到 DGN 文档中。下面的代码是创建材质的完整示例。

```
public Material createMaterial(string materialName) {
    DgnModel dgnModel = Session.Instance.GetActiveDgnModel();

    //判断材质是否已存在
    MaterialId materialId = new MaterialId(materialName);
    MaterialSearchStatus searchStatus;
    Material material = MaterialManager. FindMaterial(out searchStatus, materialId, dgnModel.
GetDgnFile(), dgnModel, false);
    if(material != null) {
        MaterialManager. DeleteMaterial(materialId, dgnModel. GetDgnFile(). GetDocument().
GetMoniker());
    }

    MaterialTable materialTable = this.createMaterialTable("mytable", "mytable");
    PaletteInfo palette = new PaletteInfo("mypal", dgnModel. GetDgnFile(). GetDocument().
GetMoniker(), PaletteInfo.PaletteType.Dgn);
    materialTable.AddPalette(palette);//创建调色板并加入材质表
    MaterialManager.SaveTable(materialTable);//保存材质表

    material = new Material(dgnModel);//创建材质
    material.Name = materialName;
    material.GetPalette().Copy(palette);//将材质加入调色板

    MaterialSettings materialSettings = material.GetSettings();
    materialSettings.HasBaseColor = true;//启用颜色
    materialSettings.BaseColor = new Bentley.GeometryNET.RgbFactor(1, 0, 0);//设置颜色
    if (MaterialManager. SaveMaterial(null, material, dgnModel. GetDgnFile()) != BentleyStatus.
Success) {
        return null;
    }
    return material;
}
```

### 7.2.4 创建材质贴图

材质贴图是 MaterialMap 对象，它不能通过 new 来创建实例，而只能通过 MaterialSettings 对象的 MaterialMapCollection 成员的 AddMap 方法来创建实例。MaterialSettings 对象可通过 Material 对象的 GetSettings 方法获取。创建材质贴图时，需要传入一个贴图类型的参数，MicroStation 中支持多种贴图类型，如表 7－1 所示。

**表 7-1 MicroStation 中的贴图类型**

| 类型值 | 说明 |
|---|---|
| MapType.Pattern | 图案贴图 |
| MapType.Bump | 凸凹贴图 |
| MapType.Specular | 镜面反射贴图 |
| MapType.Reflect | 反射贴图 |
| MapType.Transparency | 透明度贴图 |
| MapType.Translucency | 半透明贴图 |
| MapType.Finish | 抛光贴图 |
| MapType.Diffuse | 漫反射贴图 |
| MapType.GlowAmount | 光量贴图 |
| MapType.ClearcoatAmount | 清除图层量贴图 |
| MapType.AnisotropicDirection | 各向异性贴图 |
| MapType.SpecularColor | 镜面反射颜色贴图 |
| MapType.TransparentColor | 透明颜色贴图 |
| MapType.TranslucencyColor | 半透明颜色贴图 |
| MapType.Displacement | 置换贴图 |
| MapType.Normal | 法线贴图 |
| MapType.FurLength | 毛发长度贴图 |
| MapType.FurDensity | 毛发密度贴图 |
| MapType.FurJitter | 毛发抖动贴图 |
| MapType.FurFlex | 毛发弯曲贴图 |
| MapType.FurClumps | 毛发束贴图 |
| MapType.FurDirection | 毛发方向贴图 |
| MapType.FurVector | 毛发向量贴图 |
| MapType.FurBump | 毛发凹凸贴图 |
| MapType.FurCurls | 毛发卷曲贴图 |
| MapType.GlowColor | 发光颜色贴图 |
| MapType.ReflectColor | 反射颜色贴图 |
| MapType.RefractionRoughness | 折射精糙度贴图 |
| MapType.SpecularFresnel | 镜面菲涅尔贴图 |
| MapType.Geometry | 几何贴图 |

一个材质贴图中可以放入多个图层，图层是 MaterialMapLayer 对象，图层对象中的属性可以设置贴图资源的路径，以及贴图的大小、旋转角度、偏移值、透明度、寻址模式等参数值。MaterialMapLayer 不能通过 new 来实例化，只能通过 MaterialMap 的 MaterialMapLayerCollection 成员来添加或获取。下面的代码创建了一个图案类型的贴图，并设置了该贴图顶层图层的参数。

```
protected void createMaterialMapLayer(MaterialSettings materialSettings) {
    MaterialMap map = materialSettings.GetMaps().AddMap(MaterialMap.MapType.Pattern);
    map.IsEnabled = true;
    map.Value = 2.05;
    map.ProjectionOffset = Bentley.GeometryNET.DPoint3d.Zero;
    map.ProjectionRotation = Bentley.GeometryNET.DPoint3d.Zero;
    map.ProjectionScale = Bentley.GeometryNET.DPoint3d.Zero;

    MaterialMapLayer layer = map.GetLayers().GetTopLayer();
    layer.FlipU = false;
    layer.FlipV = false;
    layer.LockSize = true;
    layer.IsCapped = false;
    layer.IsProjectionLocked = (false);
    layer.RepeatU = true;
    layer.RepeatV = true;
    layer.MirrorU = false;
    layer.MirrorV = false;
    layer.FileName = "C:\\新建文件夹\\material\\grid2.jpg";
    layer.Type = MaterialMapLayer.LayerType.Image;
    layer.Mode = MapMode.Parametric;
    layer.Units = MapUnits.Relative;
    layer.IsEnabled = true;
    layer.Scale = new Bentley.GeometryNET.DPoint3d(1.0, 0.745342, 1.0);
    layer.IsInverted = true;
    layer.Offset = new Bentley.GeometryNET.DPoint3d(0.0, 0.0, 0.0);
    layer.Rotation = 0.0;
    layer.Opacity = 1.0;
    layer.IsBackgroundTransparent = false;
    layer.IsAntialiasing = true;
}
```

上面的代码中，首先创建了一个图案材质贴图，然后获取其顶层图层，并设置图层的资源文件路径和类型，将纹理 $U$ 和 $V$ 方向的重复设置为开，图层模式为参数模式，单位为相对单位，抗锯齿设置为开。将生成的材质链接到一个立方体后，得到如图 7 - 14 所示的效果。

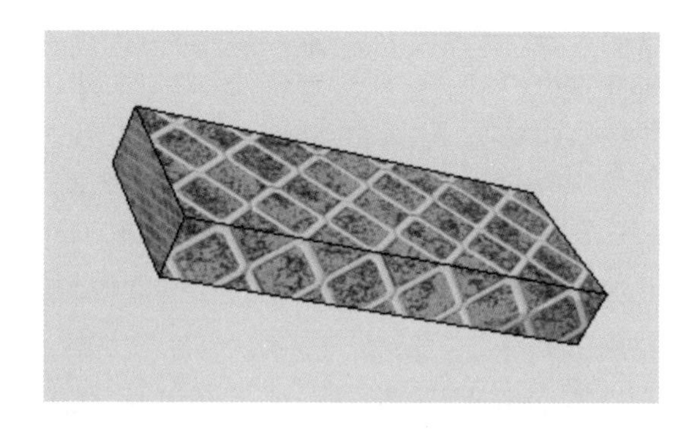

图 7 - 14　代码创建的图案贴图

## 7.3　使用材质

MicroStation 中应用材质的方式有两种：分配材质（Assign Material）和连接材质（Attach Material），点击“分配材质”或“连接材质”工具，会出现图 7 - 15 所示的工具设置对话框。

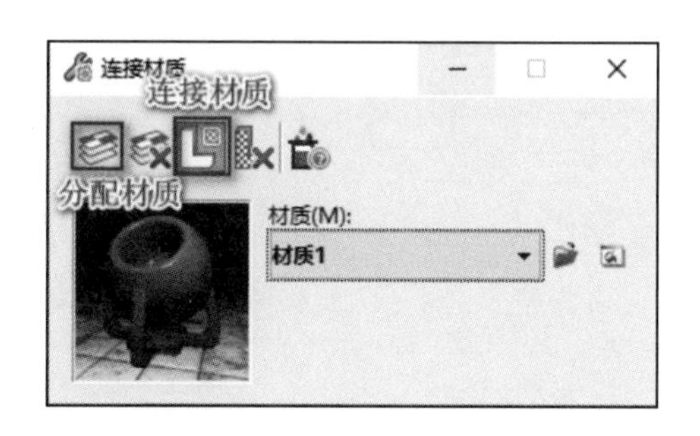


图 7 - 15　分配材质和连接材质界面

分配材质是通过指定层和颜色来附材质的。这样，所有位于这个层上的具有该种颜色的图形都会被赋予这种材质。这种方式非常适合对大量图形附材质，只需要用户在创建图形时正确地指定所在的层和使用正确的颜色即可。

连接材质是在图形元素的尾部添加一个材质定义属性。这种方式的优先级高于第一种方式（即如果一个图形元素既符合分配中指定的材质，又被连接了一个材质，则连接的材质优先），但它只能一个图形一个图形地操作，适用于统一附材质后单独对特例进行处理。

上面介绍的是如何在 MicroStation 软件中使用材质，那么如何用 MicroStation 的 C#接口来完成同样的操作呢？首先来看材质的分配，其入口在 MaterialTable 的 AddAssignment 方法，该方法就是将一个材质分配给一个图层，需要传入一个 MaterialAssignment 对象，分配的信息就保存在这个对象中。下面的代码展示了材质分配的过程：

```
protected void assignMaterial(MaterialTable table, Material material, string levelName) {
    DgnFile dgnFile = Session.Instance.GetActiveDgnFile();
    LevelHandle levelHandle = dgnFile.GetLevelCache().GetLevelByName(levelName);
    uint colorIndex = levelHandle.GetByLevelColor().Color;
```

```
    MaterialAssignment assignment = new MaterialAssignment(new MaterialId(material. Name),
levelName, colorIndex, dgnFile);
    table.AddAssignment(assignment);
}
```

材质的连接则更简单，只需从 DisplayableElement 对象中获取 MaterialPropertiesExtension 对象，然后调用 MaterialPropertiesExtension 对象的 AddMaterialAttachment 方法即可完成材质与元素的连接：

```
protected void attachMaterial(DisplayableElement element, Material material) {
    MaterialPropertiesExtension extension = MaterialPropertiesExtension.
GetAsMaterialPropertiesExtension(element);
    extension.AddMaterialAttachment(new MaterialId(material.Name));
}
```

# 第8章 MicroStation属性数据存储

进入 BIM 时代，三维模型不再只有几何数据，它同时需要存储相应的属性信息，这些信息不仅数量巨大，而且可能有一定的层次结构。MicroStation 作为一款 BIM 设计软件，提供了许多技术手段来让用户存储自定义属性信息。

## 8.1 Linkage

Linkage 是存储在元素中的数据，属于元素的一部分，因此会占用元素数据的容量空间，而每个元素数据的容量都有一定的限制，即不能超过 MAX_ELEMENT_SIZE。每个 Linkage 都有一个标识，称为 LinkageId，通过这个标识可以读取元素中的 Linkage。每个 Linkage 可以看成一个数据块，这个数据块中可以存入诸如 Byte、ByteArray、Double、DoubleArray、Float、FloatArray、Int16、Int16Array、Int32、Int32Array、Int64、Int64Array、String 等 13 种简单类型的数据。

要往元素中写入 Linkage，可直接调用 Element 的 AppendLinkage 方法，该方法的定义如下：

```
public StatusInt AppendLinkage(ushort linkageId, WriteDataBlock data);
```

该方法有 2 个参数，linkageId 为 Linkage 的标识，data 为 Linkage 的数据内容。要注意的是，一个 Element 中可以写入与 linkageId 相同的 Linkage，它们通过内部索引来识别，第一次写入的索引号为 0，第二次写入的索引号为 1，以此类推。WriteDataBlock 提供了一系列 Write×××的方法，用于将各种类型的数据存放到 WriteDataBlock 对象中。下面的代码展示了向 Element 中写入 Linkage 的过程。

```
public static void WriteLinkageToElement(Element element) {
    WriteDataBlock data = new WriteDataBlock();
    data.WriteByte(0);//写入字节类型数据
    data.WriteDouble(6.66);//写入双浮点数
    data.WriteFloat(6.66f);//写入单浮点数
    data.WriteInt16(32767);//写入16位整数
    data.WriteInt32(32767);//写入32位整数
    data.WriteInt64(32767);//写入64位整数

    double[] doubleArray = new double[] { 0.0, 1.1, 2.2 };
    data.WriteInt32(doubleArray.Length);//写入双浮点数组大小
    data.WriteDoubleArray(doubleArray);//写入双浮点数组数据
```

```
    data.WriteString("this is a lingkage data block");//写入字符串数据

    element.DeleteLinkage(1001);//删除所有标识为 1001 的 Linkage
    element.AppendLinkage(1001, data);//将 Linkage 附加到元素中

    element.ReplaceInModel(element);
}
```

上面的代码首先创建了一个 WriteDataBlock 对象，并向该对象写入了字节数、浮点数、整数、浮点数组和字符串数据。然后以标识 1001 将数据写入元素中。为了避免产生重复的数据块，在写入元素前先将 1001 标识的所有数据块删除掉。从元素读取数据的过程和写入的过程是一样的，需要注意的是，读取的顺序和类型一定要和写入的顺序及类型保持一致，否则会出现不可预期的错误。下面的代码展示了从 Element 中读取 Linkage 的过程。

```
public static void ReadLinkageFromElement(Element element) {
    ReadDataBlock data = element.GetLinkage(1001);//获取 Linkage
    byte byteValue = data.ReadByte();//读取字节类型数据
    double doubleValue = data.ReadDouble();//读取双浮点数
    float floatValue = data.ReadFloat();//读取单浮点数
    Int16 int16Value = data.ReadInt16();//读取 16 位整数
    Int32 int32Value = data.ReadInt32();//读取 32 位整数
    Int64 int64Value = data.ReadInt64();//读取 64 位整数

    double[] doubleArray = data.ReadDoubleArray(data.ReadInt32());//读取双浮点数组数据
    string sringValue= data.ReadString();//读取字符串数据
}
```

## 8.2 XAttribute

XAttribute 是存储在元素上而不是元素中的数据，也就是说，XAttribute 不是元素数据的一部分，通过 MSElement 是无法看到 XAttribute 数据的。XAttribute 存储在元素上，并且始终在该元素的上下文中引用。在单个元素中，XAttribute 有两个标识：XAttributeHandlerId 和 XAttributeId。XAttributeHandlerId 指定 XAttribute 的“类型”，并指定 XAttributeHandler，它负责处理 XAttribute 的事件。单个元素可能包含多个具有不同 XAttributeHandlerId 的 XAttribute，也可以包含多个具有相同 XAttributeHandlerId 的 XAttribute。但是，元素上具有相同 XAttributeHandlerId 的所有 XAttribute 必须具有唯一的 XAttributeId。很明显，如果相同元素上的多个 XattributeHandlerId 不同，那么它们可能具有相同的 XAttributeId。

XAttribute 和 Linkage 均为应用程序提供了一种方法，可以使用元素来持久存储额外的可变长度数据。XAttribute 和 Linkage 之间的主要区别在于，XAttribute 彼此之间是独立的，也独立于元素数据，因此 XAttribute 可以被独立访问。Linkage 正好相反，它只能通过读写整个元素来访问 Linkage，即访问时是读取元素的数据加上 Linkage。此外，元素的数据加上所有 Linkage 有一个最大容量限制(MAX_ELEMENT_SIZE)。而对于单个 XAttribute，

没有绝对的最大容量限制，对于每个元素的 XAttribute 容量也没有限制。

一般来说，XAttribute 和 Linkage 是可替代的概念。也就是说，在任何可以使用 Linkage 的地方，都可以使用 XAttribute。然而，出于上述原因（独立访问和无大小限制），XAttribute 通常更可取，但需要注意的是，旧版本的 MicroStation 不支持 XAttribute。

相对于 Linkage，XAttribute 更占优势，但遗憾的是，MicroStation 的 C#接口似乎对 XAttribute 的封装并不彻底，虽然 Bentley.DgnPlatformNET.dll 提供了 XAttribute 类并提供了丰富的接口方法，但该类的构造函数却要传入 C++的 XAttributeHandle 指针，也就是说，要想用纯 C#来构造 XAttribute 对象是不可能的。因此如果想在 Addin 开发中使用 XAttribute 技术，比较好的方案是使用 C++/CLI 混合编程，关于 C++/CLI 混合编程的内容可以阅读本书的第 10 章。这里给出基于 C++/CLI 完成的 XAttribute 读写数据的示例代码：

```
bool
XAttributeMethod:: SetElementAttribute(Bentley:: DgnPlatformNET:: Elements:: Element^ ele,
DigitalStation::Core::XAttributeWriteDataBlock^ block, int majorId, int minorId, int attrId) {
    cli::pin_ptr<unsigned char> pb = &(ele->ElementHandle[0]);
    EditElementHandleP peeh = reinterpret_cast<EditElementHandleP>(pb);
    Bentley::DgnPlatform::XAttributeHandlerId xahId(majorId, minorId);
    pin_ptr<byte> ptr = &(block->getBuffer()[0]);
    return SUCCESS == peeh->ScheduleWriteXAttribute(xahId, attrId, block->getSize(), ptr);
}
DigitalStation:: Core:: XAttributeReadDataBlock^ XAttributeMethod:: GetElementAttribute(Bentley::
DgnPlatformNET::Elements::Element^ ele, int majorId, int minorId, int attrId) {
    cli::pin_ptr<unsigned char> pb = &(ele->ElementHandle[0]);
    EditElementHandleP peeh = reinterpret_cast<EditElementHandleP>(pb);
    Bentley::DgnPlatform::XAttributeHandlerId xahId(majorId, minorId);
    Bentley::DgnPlatform::XAttributeHandle xah((ElementRefP)(void*)ele->GetNativeElementRef
(), xahId, attrId);
    if (xah.IsValid()) {
        DigitalStation:: Core:: XAttributeReadDataBlock^ block = gcnew DigitalStation:: Core::
XAttributeReadDataBlock(xah.GetSize());
        pin_ptr<byte> ptr = &(block->getBuffer()[0]);
        memcpy(ptr, xah.PeekData(), xah.GetSize());
        return block;
    } else {
        return nullptr;
    }
}
```

从上面的示例代码中可以看出，一个 XAttribute 数据有 majorId、minorId 和 attrId 三个标识，通过这三个标识就可以唯一确定一个数据项。其中，majorId 为厂商标识，一般一个单位使用一个统一的 majorId，minorId 为软件标识，一般一个独立的软件系统使用一个统一的 minorId，attrId 为本 XAttribute 数据的标识，一般是对数据的一个分类标识，比如信息头、信息体。也就是说对于一个特定的软件，majorId 和 minorId 一般是固定的，变化的只有 attrId，因此我们可以对读写 XAttribute 的类再作一层封装：

```
public class XAttributeMethod {
    public static readonly int XA_MAJOR = 2020;//厂商标
    public static readonly int XA_MINOR = 0;//软件标

    public static readonly int XA_META = 0;//头部标
    public static readonly int XA_OBJECT = 1000;//数据
    public static readonly int XA_ELEVATION_DATUM;//高程基准
    public static readonly int XA_DATUM;//里程基准
    public static bool SetMetaAttribute(Element element, XAttributeWriteDataBlock writeDataBlock) {
        return Library. XAttributeMethod. SetElementAttribute(element, writeDataBlock, XA_MAJOR, XA_MINOR, XA_META);
    }
    public static XAttributeReadDataBlock GetMetaAttribute(Element element) {
        return Library. XAttributeMethod. GetElementAttribute(element, XA_MAJOR, XA_MINOR, XA_META);
    }

    public static bool SetObjectAttribute(Element element, XAttributeWriteDataBlock writeDataBlock) {
        return Library. XAttributeMethod. SetElementAttribute(element, writeDataBlock, XA_MAJOR, XA_MINOR, XA_OBJECT);
    }
    public static XAttributeReadDataBlock GetObjectAttribute(Element element) {
        return Library. XAttributeMethod. GetElementAttribute(element, XA_MAJOR, XA_MINOR, XA_OBJECT);
    }

    public static bool SetFileAttribute(XAttributeWriteDataBlock writeDataBlock, int attrId) {
        return Library. XAttributeMethod. SetFileAttribute(writeDataBlock, XA_MAJOR, XA_MINOR, attrId);
    }
    public static XAttributeReadDataBlock GetFileAttribute(int attrId) {
        return Library.XAttributeMethod.GetFileAttribute(XA_MAJOR, XA_MINOR, attrId);
    }
}
```

上述代码中，将 majorId 和 minorId 定义为只读的变量并赋予了初始值，然后定义系统所有的 attrId，同时也定义了读写不同 attrId 的方法，这样用户无须传递 attrId，提升了代码的可维护性和通用性。

另外，上面的代码中还用到了 XAttributeReadDataBlock 和 XAttributeWriteDataBlock 两个类，这两个类是读出和写入缓冲区。XAttributeReadDataBlock 类用于将 XAttributes 对象中的字节数据拷贝出来，并提供有 read××× 方法将字节数据还原到各种类型。XAttributeWriteDataBlock 类用于将各种类型的数据转为字节数据并存入缓冲区。

```
public class XAttributeWriteDataBlock {
    protected int mSize;
    protected byte[] mBuffer;
    public XAttributeWriteDataBlock() {
        mBuffer = new byte[1024];
        mSize = 0;
    }
    public int getSize() {
        return mSize;
    }
    public byte[] getBuffer() {
        return mBuffer;
    }
    public void writeString(string value) {
        byte[] bytes = Encoding.UTF8.GetBytes(value);
        writeInt32(bytes.Length);
        resize(bytes.Length);
        for (int i = 0; i < bytes.Length; i++) {
            mBuffer[mSize++] = bytes[i];
        }
    }
    public void writeInt16(short value) {
        byte[] bytes = BitConverter.GetBytes(value);
        resize(bytes.Length);
        for (int i = 0; i < bytes.Length; i++) {
            mBuffer[mSize++] = bytes[i];
        }
    }
    public void writeInt32(int value) {
        byte[] bytes = BitConverter.GetBytes(value);
        resize(bytes.Length);
        for (int i = 0; i < bytes.Length; i++) {
            mBuffer[mSize++] = bytes[i];
        }
    }
    public void writeInt64(long value) {
        byte[] bytes = BitConverter.GetBytes(value);
        resize(bytes.Length);
        for (int i = 0; i < bytes.Length; i++) {
            mBuffer[mSize++] = bytes[i];
        }
    }
    public void writeFloat(float value) {
        byte[] bytes = BitConverter.GetBytes(value);
        resize(bytes.Length);
```

```
            for (int i = 0; i < bytes.Length; i++) {
                mBuffer[mSize++] = bytes[i];
            }
        }
        public void writeDouble(double value) {
            byte[] bytes = BitConverter.GetBytes(value);
            resize(bytes.Length);
            for (int i = 0; i < bytes.Length; i++) {
                mBuffer[mSize++] = bytes[i];
            }
        }
        public void resize(int toWriteSize) {
            if (mBuffer.Length - mSize > toWriteSize) {
                return;
            }
          byte[] buffer = new byte[mSize + toWriteSize + 1024];
          Array.Copy(mBuffer, buffer, mSize);
          mBuffer = buffer;
        }
}
public class XAttributeReadDataBlock {
        protected int mOffset;
        protected byte[] mBuffer;
        public XAttributeReadDataBlock(int dataSize) {
            mBuffer = new byte[dataSize];
            mOffset = 0;
        }
        public XAttributeReadDataBlock(byte[] data) {
            mBuffer = data;
            mOffset = 0;
        }
        public byte[] getBuffer() {
            return mBuffer;
        }
        public string readString() {
            int count = readInt32();
            string value = Encoding.UTF8.GetString(mBuffer, mOffset, count);
            mOffset += count;
            return value;
        }
        public short readInt16() {
            short value = BitConverter.ToInt16(mBuffer, mOffset);
            mOffset += 2;
            return value;
        }
```

```
    public int readInt32() {
        int value = BitConverter.ToInt32(mBuffer, mOffset);
        mOffset += 4;
        return value;
    }
    public long readInt64() {
        long value = BitConverter.ToInt64(mBuffer, mOffset);
        mOffset += 4;
        return value;
    }
    public float readFloat() {
        float value = BitConverter.ToSingle(mBuffer, mOffset);
        mOffset += 4;
        return value;
    }
    public double readDouble() {
        double value = BitConverter.ToDouble(mBuffer, mOffset);
        mOffset += 8;
        return value;
    }
}
```

由于 XAttribute 本质上也是一个数据块，因此同 Linkage 一样，XAttribute 数据的读取顺序和类型一定要和写入顺序及类型保持一致，否则会出现不可预期的错误。

## 8.3 ECSchema

EC 表示“工程内容”(engineering content)，EC 对象是一组用于处理工程业务数据和元数据的抽象。EC 对象抽象有以下几种实现方式：①XML 格式(ECSchemaXML 和 ECInstanceXML)；②本地 C++实现；③.NET 实现(IECInstance、IECClass 和相关接口的多个实现)。

用户可以将 ECClass 想象成 C++或 C#类，该类仅定义属性(ECClass 不定义任何方法或行为)。在某些方面，它们更接近仅包含属性的 NET 接口，或仅包含属性 getter 和 setter 的 C++纯虚拟抽象基类。它们也非常类似于数据库表定义。ECClass 包含 ECProperties，这些是属性定义，而不是值。ECInstances 表示对象的实例，每个实例属于一个 ECClass 并保存 ECPropertyValue，它们在某种程度上类似于数据库表的行。ECSchema 只是 ECClass 的集合。还有一些 ECRelationshipClass，它们也是定义了“关系约束”(RelationshipConstraints)的 ECClass，指示它们所关联的 ECClass。ECRelationshipInstances 表示 EClnstance 之间的关系(由它们的 ECRelationshipClass 定义/约束)。ECRelationship 的工作方式更像是 C++指针指向的数据库外键约束或者 .NET 对象引用。

上面的文字摘自 MicroStation 官方的 API 文档，通俗地讲，EC 就是用于存储属性的一套体系，这套体系包含一系列的定义，主要是指 ECClass，然后还有一系列的对象实例，就是

ECInstance。ECClass 中会定义若干属性,包括属性的名称、类型等,所有的 ECClass 会放到一个 ECSchema 中。ECInstance 中会为每个属性建立相应的存储变量来存属性值。每个 ECInstance 需要一个宿主,也就是挂接对象,这个宿主通常是一个图形元素。

首先来看在 MicroStation 软件中如何创建 ECClass 并进行应用。切换到绘图工作流,打开内容选项卡,可以看到项类型组面板,如图 8-1 所示。

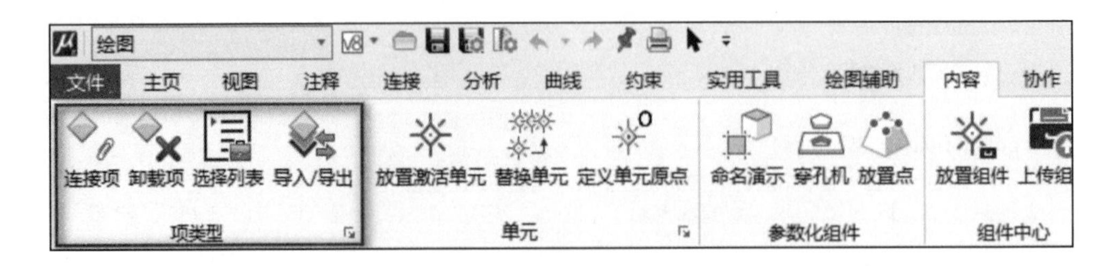


图 8-1　MicroStation 项类型组面板

点击项类型组面板右下角的斜箭头,打开项类型对话框,如图 8-2 所示。

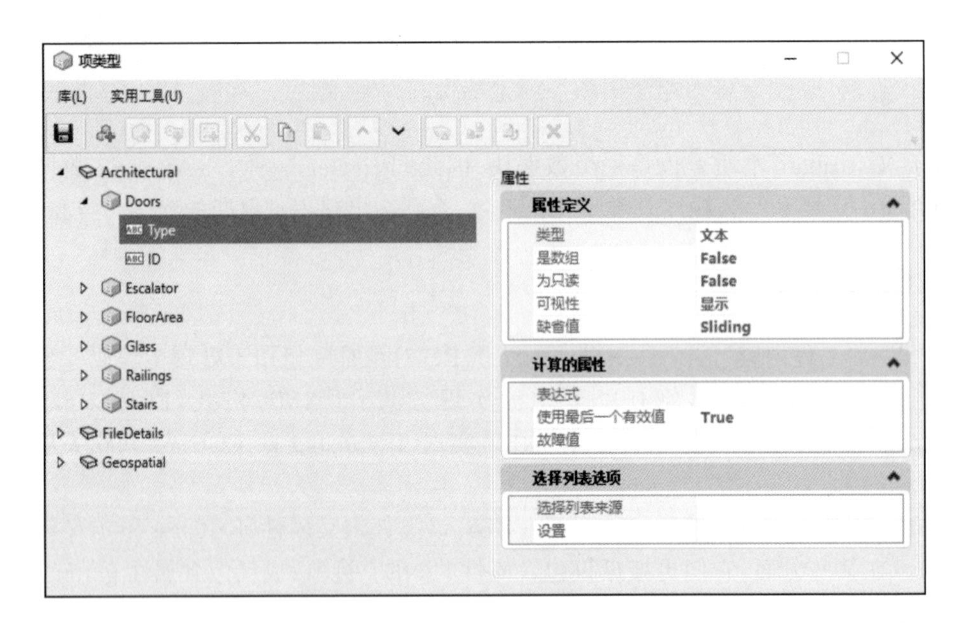


图 8-2　MicroStation 项类型对话框

在项类型对话框中,左边的树控件列出来了本 DGN 中已有的 ECClass。图 8-2 中的 Architectural 就是一个 ECSchema,它包含 Doors、Escalator、FloorArea、Glass、Railings、Stairs 等 ECClass,每个 ECClass 又包含若干属性。有了 ECClass 的定义,我们可以用项类型组面板上的连接项工具,实现 ECClass 与图形元素的关联,关联后将生成 ECInstance。选中图形元素,点击鼠标右键,在弹出的菜单中选择属性,就会看到元素属性上出现了关联的 EC 属性,如图 8-3 所示。

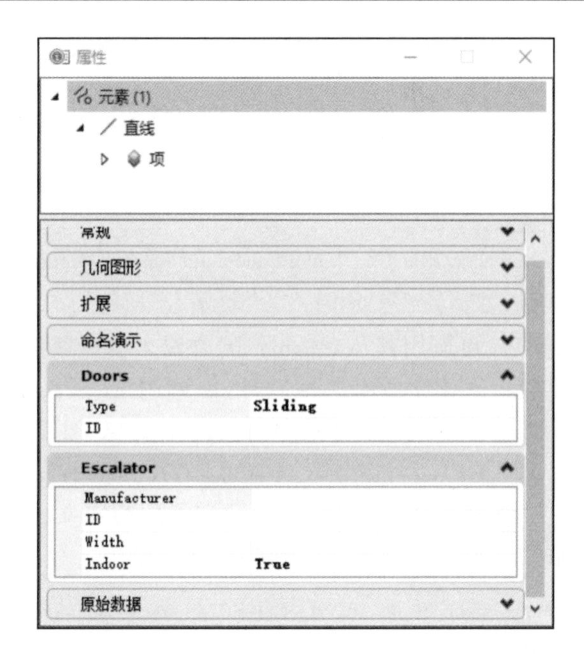


图 8-3　元素的 EC 属性

接下来，介绍用程序创建 EC 定义和实例的方法。首先，需要创建一个 ECSchema 对象，ECSchema 类是在 Bentley.ECObjects3.dll 中定义的，所以要添加对该 dll 文件的引用，该 dll 文件位于 MicroStation 安装目录下的 Assemblies\ECFramework 文件夹中。ECSchema 的构造函数如下：

```
public ECSchema(string schemaName, int versionMajor, int versionMinor, string namespacePrefix);
public ECSchema(string schemaName, int versionMajor, int versionMinor, string namespacePrefix,
ResourceManager resourceManager);
```

其构造函数的参数很好理解，schemaName 为 schema 的名称，versionMajor 为 schema 的主要版本，versionMinor 为 schema 的次要版本，namespacePrefix 为 schema 的命名空间前缀。下面的代码创建了一个名叫 myschema 的 ECSchema 对象：

```
ECSchema ecSchema = new ECSchema("myschema", 0, 0, "my");
```

实例化 ECSchema 对象后，需要创建一个 ECClass 对象，添加需要的属性，并将该 ECClass 对象加入 ECSchema 对象中，ECClass 类在 Bentley.ECObjects3.dll 中定义。ECClass 的构造函数如下：

```
public ECClass(string className);
public ECClass(string className, IECClass baseClass);
public ECClass(string className, bool isStruct);
public ECClass(string className, IECClass baseClass, bool isStruct);
```

其中，className 为 ECClass 的名称，baseClass 为该 ECClass 的基类，isStruct 表明该类是否被当作结构体来使用。下面是创建 ECClass 的示例代码：

```
ECClass ecClass = new ECClass("myclass");//创建一个 ECClass
ecClass.IsDomainClass = true;
IECProperty ecProperty = ecClass.AddProperty("name", ECObjects.StringType);//为 ECClass 添加一个字符串类型的属性
ecProperty.DisplayLabel = "TEST";
ecSchema.AddClass(ecClass);
var status = DgnECManager. Manager. ImportSchema(ecSchema, dgnModel. GetDgnFile(), new ImportSchemaOptions());
```

创建 ECClass 对象后，可调用其 AddProperty 方法来创建属性，该方法需要传递属性名称和属性类型 2 个参数。创建完所有属性后，可以调用 ECSchema 的 AddClass 方法将该 ECClass 对象加入创建的 ECSchema 对象中。最后不要忘了还要调用 DgnECManager 的 ImportSchema 来将创建的 ECSchema 导入当前的 DGN 文档中。

前面介绍过，ECClass 只是工程内容的定义，有了内容定义，还需要创建实例才能真正地存储工程内容。创建 ECClass 实例需要用到 DgnECInstanceEnabler 类，具体代码如下：

```
DgnECInstanceEnabler instanceEnabler = DgnECManager. Manager. ObtainInstanceEnabler (dgnModel.GetDgnFile(), ecClass);
Bentley.ECObjects.Instance.StandaloneECDInstance instance = instanceEnabler.SharedWipInstance;
instanceEnabler.CreateInstanceOnElement(element, instance, false);
```

通常当我们将 EC 属性关联到元素后，有时还需要在程序中修改 EC 属性的值，这需要调用 DgnECManager 的 FindInstances 来寻找 ECInstance。找到 ECInstance 后就可以修改属性值了，修改完后调用 ECInstance 的 WriteChanges 就可以将修改值回写到 DGN 文档中。下面是修改 EC 属性的完整代码：

```
FindInstancesScope scope = FindInstancesScope. CreateScope(element, new FindInstancesScopeOption(DgnECHostType.Element, true));
Bentley. EC. Persistence. Query. ECQuery ecQuery = new Bentley. EC. Persistence. Query. ECQuery (ecClass);
using (DgnECInstanceCollection ecInstances = DgnECManager. Manager. FindInstances(scope, ecQuery)) {
    if (ecInstances.Count() > 0) {
        foreach (IDgnECInstance instance1 in ecInstances) {
            instance1.SetAsString("name", "hahahaha");
            instance1.WriteChanges();
        }
    }
}
```

# 第9章　MicroStation界面定制

完成了 Addin 的开发后，就需要将 Addin 发布出来供用户使用。按照前面介绍的方法，用户使用 Addin 时，每次都需要启动 MicroStation，通过 mdl load 命令来手动加载它，这非常不便。通过一些特殊的处理，也可以让 Addin 在 MicroStation 启动时自动加载，甚至也可以制作快捷方式来启动界面和菜单，本章将介绍 MicroStation 中的用户界面定制方法。

## 9.1　启动界面定制

MicroStation 在启动时会弹出默认的启动界面，但有时我们希望软件启动时能显示自定义的软件启动界面。MicroStation 的 C++接口提供了 mdlSystem_enterGraphics 函数用来初始化系统，该函数能够在不调用启动界面的情况下完成系统的初始化。可以在调用 mdlSystem_enterGraphics 方法之前显示定制的启动界面，在调用该方法后关闭启动界面即可。核心代码如下：

```
UI.Dialog.SplashDlg splash = new UI.Dialog.SplashDlg();
splash.Show();
splash.setMessage("正在启动 MicroStation...");
Application.DoEvents();
DigitalStation.Library.Mdl.mdlSystem_enterGraphics();
splash.setMessage("正在加载设计文件 ...");
Application.DoEvents();
openDgnFile(DataManager.Instance.Scheme.getDgnFileName());//打开 DGN 文档
splash.Close();
```

上述代码为 C#代码，读者可能会有一些疑问，既然 mdlSystem_enterGraphics 为 C++接口函数，那么在 C#中怎样调用呢？MicroStation 提供了 2 种在 Addin 中调用 C/C++接口的方式，一种是通过 C#的 PInvoke 调用 NativeCode 端导出的函数，另一种是通过 C++/CLI 直接实现 C#和 C/C++的混合编程。

第一种方式是通过 C#的 DllImport 属性声明导入 C++动态链接库，并定义一个名称和参数与 C++导出函数一样的 C#函数，这里称为导入函数，这样就可以在 C#中调用这个 C++函数了。C++导出函数必须定义为 extern "C" DLLEXPORT 类型，否则在 C#中无法识别。当我们需要调用的 C++函数不是导出函数时，需要我们自己建立 C++项目来进行二次封装。另外，对于简单类型的参数，C#与 C++都有对应的类型定义，但对于复杂的参数，如类或结构体，我们需要先在 C#端声明定义一个在二进制布局上与 C++端的类或者结构体一致的类型，然后才能通过 DllImport 属性声明去定义导入函数，会产生一定的重复工作。

通常，对于参数全部为简单类型的 C++函数，我们可采用 PInvoke 方式，但对于有复杂类型参数的 C++函数调用，我们一般采用第二种方式，即 C++/CLI。C++/CLI(Common Language Infrastructure)是一门用来代替 C++托管扩展的语言规范。它重新简化了 C++托管扩展的语法，提供了更好的代码可读性。 C++/CLI 的主要优势如下：

(1) 优雅流畅的语法和文法。C++/CLI 为 C++开发人员书写托管代码提供了一种非常自然的感觉，并且它提供了非托管代码到托管代码的平滑过渡，以前所谓的“双重底线”问题现在已经荡然无存。

(2) 一流的 CLI 支持-CLI 特色。例如属性、碎片集合和属类得到了直接支持，此外，C++/CLI 还准许将这些特色用于本地非托管的类。

(3) 一流的 C++类支持-C++特色。例如，模板和析构函数对于托管和非托管类继续有效。

(4) 在 .NET 与 C++之间的沟壑上架起了一座桥梁。可以实现 .NET 代码和 C++代码的互相调用，并且定义的类允许 C#项目直接调用，可以快速地将原生 C++接口转换为 C#接口。

(5) C++/CLI 编译器产生的可执行文件完全是可校验的。

但由于 C++/CLI 要同时支持 .NET 和 C++编程，它采用了一套独立的规范体系，其语法比较复杂，且学习资料较少，有一定的学习门槛，这也成为 C++/CLI 推广的最大阻碍。受限于篇幅，本书不打算详细讨论 C++/CLI 编程，这里给出 C# 调用 C++ mdlSystem_enterGraphics 函数的例子。

首先，建立一个空的 C++项目，打开项目属性对话框，如图 9－1 所示，设置配置类型为动态库(.dll)，公共语言运行时设置为公共语言运行时支持(/clr)，.NET 目标框架版本为 v4.6.2。通过以上设置，该项目就可以支持 C++/CLI 编程了。

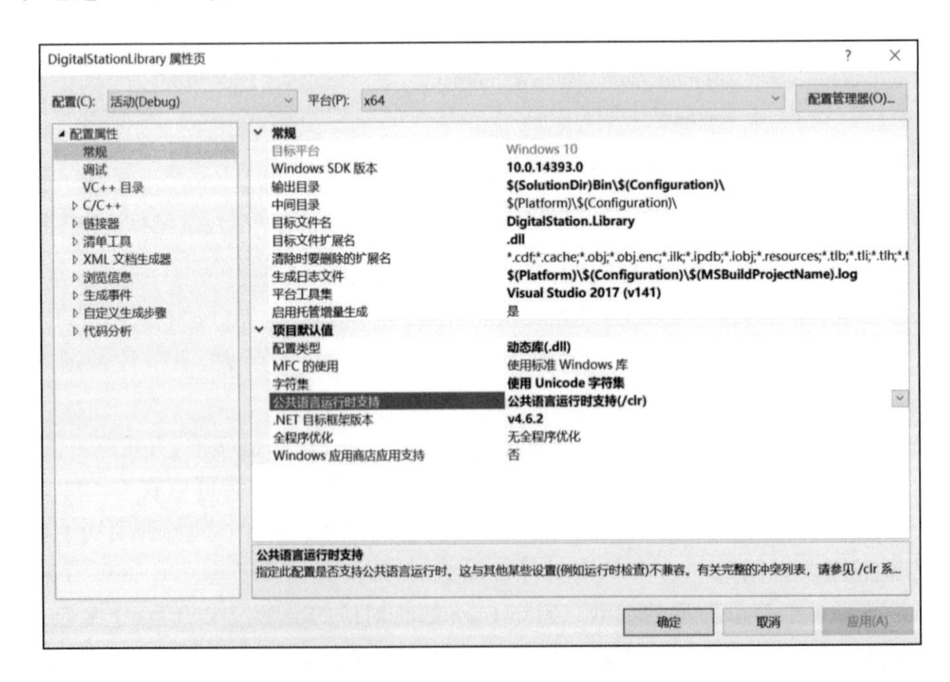


图 9－1　建立 C++/CLI 项目

然后新建头文件 DSMdl.h,文件包含如下内容:

```
#ifndef __DSMdl_H__
#define __DSMdl_H__
namespace DigitalStation {
namespace Library {
public ref class Mdl {
public:
    static void mdlSystem_enterGraphics();
};
}
}
#endif
```

首先,该头文件定义了一个 2 级的命名空间 DigitalStation.Library,以防文件中的类定义与其他库的类定义产生重名冲突。其次,定义一个名为 Mdl 的类,注意与一般的 C++类不同,该类前加入了 ref 修饰符,该修饰符明确类为引用类,这样这个类就可以在 C#项目中直接使用了。再次,在 Mdl 类中定义了一个 mdlSystem_enterGraphics 静态成员函数,其语法与 C++相同。最后,新建 DSMdl.cpp 文件,来实现 Mdl 的定义:

```
#include "DSPreCompile.h"
#include "DSMdl.h"
#include "Mstn\MdlApi\MdlApi.h"

namespace DigitalStation {
namespace Library {
void Mdl::mdlSystem_enterGraphics() {
    ::mdlSystem_enterGraphics();
}
}
}
```

该文件中对头文件中定义的静态函数进行了实现,这里是直接调用了 MicroStationSDK 中的 mdlSystem_enterGraphics 函数,该函数定义在 Mstn\MdlApi\MdlApi.h 文件中,所以需要引用该文件。最后,在 Addin 项目中将前述 C++项目生成的动态库引用进来,就可以直接调用了。

```
DigitalStation.Library.Mdl.mdlSystem_enterGraphics();
```

## 9.2　自动启动 Addin

根据前面的介绍,要运行用户的 Addin,需要启动 MicroStation 后通过 mdl load 命令来加载,这对于用户来说非常不友好。实际上,MicroStation 是支持带命令行参数启动的,我们可以指定一个 Addin 文件使它与 MicroStation 一起启动,这样就避免了用户每次手动加载。表 9－1 列出了 MicroStation 中一些常用的命令行参数。

**表 9 - 1　常用的命令行参数**

| 参数 | 说明 |
|---|---|
| -debugfileopen | 将配置变量转储到 msdebug.txt 并退出。在 MicroStation V8i SELECTseries 3 中,使用 DEBUGFILEOPEN 自动打开 msdebug.txt |
| -help | 显示自定义的命令行参数 |
| -? | 显示自定义的命令行参数 |
| -I<parameters> | 将参数传递给初始的 MDL 应用程序 |
| -M<model> | 指定要打开的初始模型 |
| -O | 不打开任何引用 |
| -QP <password> | 指定受保护文件的密码 |
| -R | 以只读模式打开设计文件 |
| -RestoreDefaults | 恢复默认设置,然后退出 |
| -RestoreDefaultsQuiet | 恢复默认设置,然后退出,无输出 |
| -S<startup_file> | 软件启动后将启动文件中的文本转储到命令队列中,必须使用用户首选项执行启动脚本 |
| -WA<mdl_application> | 指定要在 MicroStation 初始化时启动的 MDL 应用程序(与 MS_INITAPP 作用相同) |
| -WC<path_to_configuration_file> | 指定 MicroStation 在启动时将使用的配置文件(例如,-wcC:\Bentley\Workspace\Config\myconfig.cfg) |
| -WD<database> | 指定数据库配置 |
| -WI<interface> | 指定接口配置 |
| -WP<project> | 指定项目配置 |
| -WS<configuration_variable> | 指定要定义的配置变量(例如,-wsMS_SECURITY_LEVEL=HIGH) |
| -WU<user> | 指定用户配置 |
| -WR<path> | 指定 _USTN_WORKSPACEROOT 的值(例如,-wrC:\Bentley\Workspace\) |
| -WK<workspace> | 指定初始工作空间,如果指定了工作空间,还应使用-WW 指定子工作集,该参数仅在 CE 中有效 |
| -WW<workset> | 指定初始工作集,如果指定了工作集,则还必须使用-WK 指定其父工作空间,该参数仅在 CE 中有效 |

由表 9 - 1 可知,只需用-WA 来指定要自动加载的 Addin 动态链接库就可以实现 MDL 应用程序的自动启动。我们可以用 Visual Studio 的调试功能来测试命令行参数是否设置成功。在解决方案管理器中,用鼠标右键选择 Addin 项目,打开项目属性界面,切换到调试页面,选中启动外部程序选项,在后面的文本框中填入 MicroStation.exe 的路径,在调试参数中

填入-waMyAddin，MyAddin 是 Addin 项目输出的 dll 的名称，用户可以将其换成自己的 Addin 的名称，如图 9－2 所示。

图 9－2　Visual Studio 中设置命令行参数

为了测试 Addin 是否自动启动，我们可以在 Addin 类的 Run 方法中弹出以下内容：

```
protected override int Run(string[] commandLine) {
    MessageBox.Show("Mdl启动成功");
    return 0;
}
```

按键盘的 F5 键或“启动”工具，开始调试项目，此时屏幕弹出图 9－3 所示的对话框，说明 Addin 启动成功。

但还存在一个问题，现在我们的 Addin 是输出到 MicroStation 的 Mdlapps 目录下，而在实际项目中通常会将 Addin 安装到任意的目录下，此时像上面这样设置就会弹出图 9－4 所示的错误。

图 9－3　Addin 启动成功

图 9－4　加载 MDL 应用错误提示

这是因为默认情况下，MicroStation 在 Mdlapps 目录下，如果 Mdlapps 中不存在这个 Addin，就会弹出图 9 - 4 所示的错误信息。上面的命令行参数表中的-WS 可以设置 MicroStation 变量值，而 MS_ADDINPATH 变量则可以指定要加载的 Addin 的搜索路径，因此，我们可以用-WS 命令来设定 Addin 的搜索路径。例如，可以将当前路径设置为 Addin 路径，这里的当前路径是指 Visual Studio 中输出 dll 文件的路径。至此，可以得到如下完整的命令行参数：

```
-wsMS_ADDINPATH=.\ -waMyAddIn
```

## 9.3 设置系统变量

为了适应不同的应用场景和用户需求，MicroStation 中提供了几百个变量允许用户设置自己的变量值。除了可以通过 MicroStation 的用户界面来对变量的值进行设置以外，还可以通过二次开发接口来设置这些变量的值。首先，我们需要弄清楚 MicroStation 有哪些变量，可以从文件→设置→配置→配置变量中打开配置变量界面，里面列出了 MicroStation 中的所有变量，包括变量名称和描述，如图 9 - 5 所示。

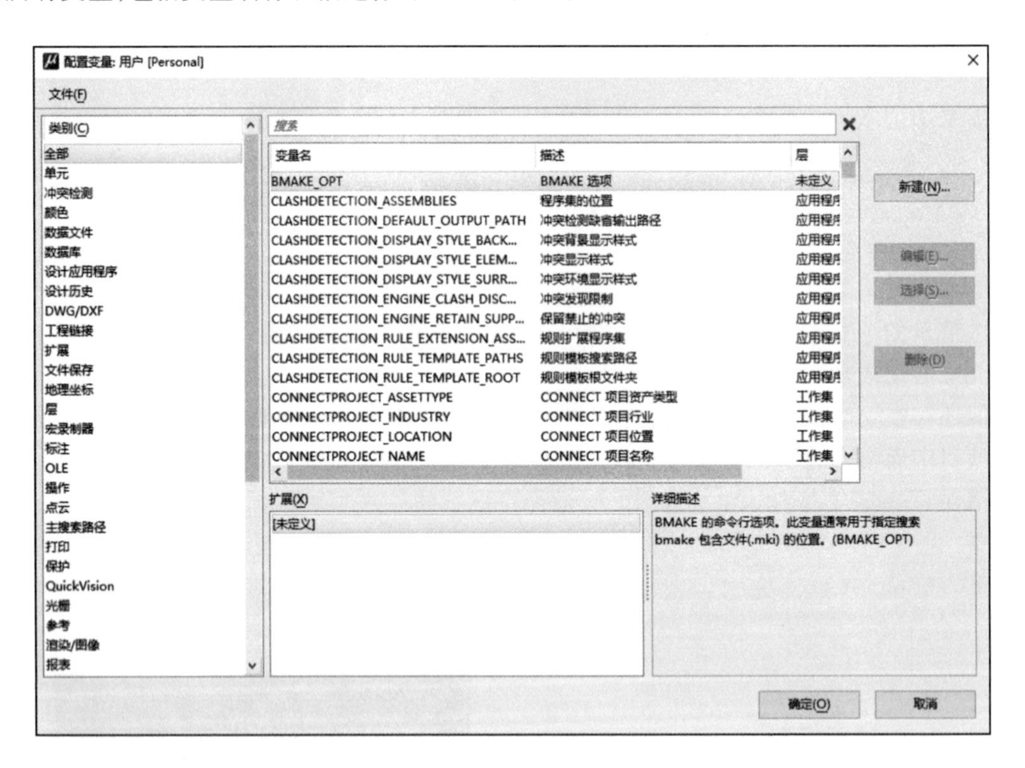


图 9 - 5　MicroStation 配置变量窗口

ConfigurationManager 类提供了变量操作的方法，GetVariable 方法可以获取指定名称的变量的值，DefineVariable 方法可以定义变量并设置变量的值。这里需要注意的是，大部分变量的值支持分隔符号“;”，这样就可以为一个变量存储多个可用的值，如图 9 - 6 所示。

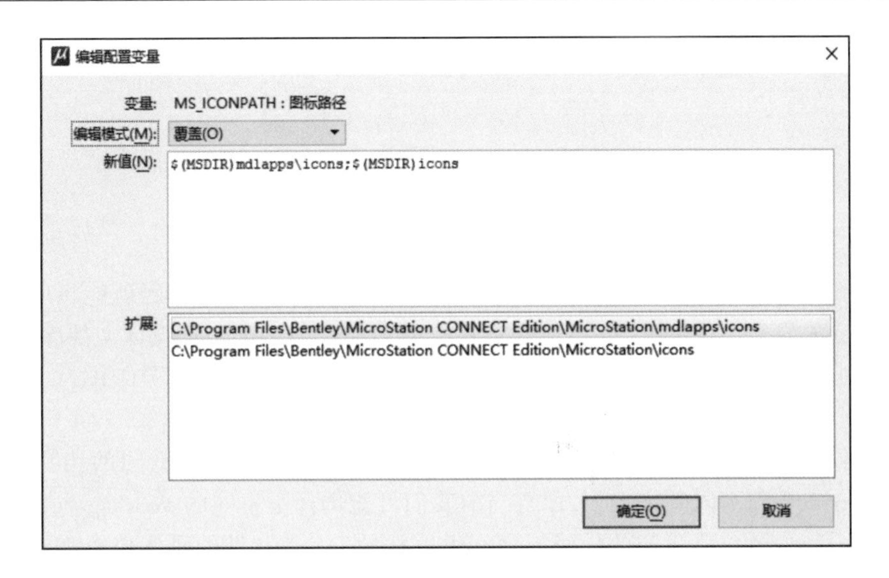


图 9－6　MicroStation 变量配置窗口

下面的函数是为指定的变量追加变量值，函数中首先取出了该变量的旧值，然后根据旧值是否为空字符串和是否以分隔符结束，来决定是否需要在追加前加上分隔符。

```
protected void appendVariableValue(string name, string value) {
    string oldValue = Bentley.DgnPlatformNET.ConfigurationManager.GetVariable(name);
    if (oldValue == null) return;

    if (!oldValue.Equals("") && !oldValue.EndsWith(";")) {
        oldValue += ";";
    }
    oldValue += value;
    Bentley.DgnPlatformNET.ConfigurationManager.DefineVariable(name, oldValue);
}
```

在程序启动时修改 MicroStation 变量的使用场景非常广泛，比如下节要介绍的用户菜单定制，我们就需要将自定义的菜单文件路径放到变量 MS_GUIDGNLIBLIST 中。

```
appendVariableValue("MS_GUIDGNLIBLIST", "d:\\myui.dgnlib");
```

## 9.4　用户菜单定制

MSCE 菜单完全采用了全新的 Ribbon 界面，每个命令都关联有一个图标，通过点击图标就可以激活命令。本节将介绍如何创建 Ribbon 界面，并将用户命令与图标连接，让用户通过点击图标就可以启动命令。首先，我们来认识一下 Ribbon 界面的构成，它由工作流(Workflow)、选项卡(Tab)、组(Group)和按钮(Button)4 级控件组成，如图 9－7 所示。其中前 3 级属于分类容器，按钮是真正响应用户操作启动命令的控件。

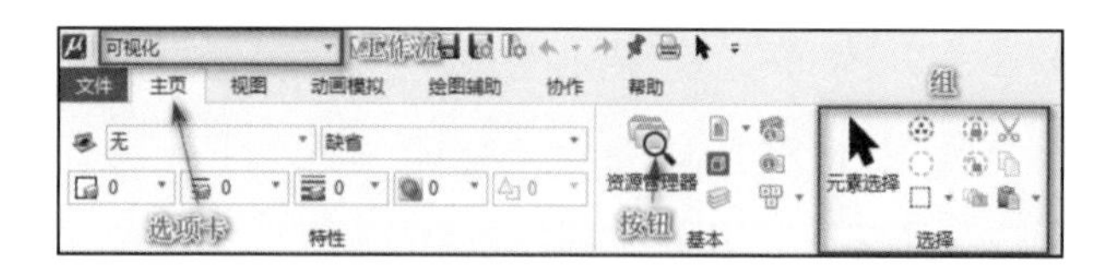


图 9－7　Ribbon 界面

MicroStation 提供了强大的界面定制功能，可以不用编写任何代码就能将应用程序与 MicroStation 的界面关联起来，并且可以将这些内容保存到一类叫作设计文件库（文件扩展名为 .DGNLIB）的文件中，当 MicroStation 启动时，会自动加载 MS_GUIDGNLIBLIST 变量指定路径下的这些 DGNLIB 文件。

为何要采用这种机制呢？答案是使程序更通用。举个例子，不同的用户可能会将 MicroStation 安装到不同的路径下，而且当前我们可能选择了不同的 Workspace（工作空间）和 WorkSet（工作集），那我们的代码如何知道默认的 DGN 文件的具体位置呢？通过访问变量 MS_DEF 就可以解决上述问题。该变量的默认值如下：

```
C: \ProgramData\Bentley\MicroStation CONNECT Edition\Configura tion\WorkSpaces\Example\WorkSets\MetroStation\Dgn\
```

另外，配置变量还能控制 MicroStation 软件的一些行为。比如，MS_WORKMODE 能决定软件是工作在 DGN 模式下还是 DWG 模式下。

MicroStation 中所用到的各种资源，如文字样式、标注样式、打印样式、显示样式、详图符号样式以及项类型等，最好分门别类地保存到不同的 DGNLIB 文件中，而要想正确地引用它们，就必须使其存储位置遵循配置变量的设置。选择菜单 File（文件）→Settings（设置）→Configuration（配置）→Configuration Variables（配置变量），打开配置变量对话框，然后在搜索栏输入 DGNLIBLIST 就能过滤出含有 DGNLIBLIST 的所有配置变量名，如图 9－8 所示。

图 9－8　变量过滤

从变量名称不难看出,MS_DGNLIBLIST_TEXTSTYLES 变量是控制 MicroStation 启动时从哪些路径下读取含有文字样式的 DGNLIB 文件的,MS_DGNLIBLIST_DIMENSIONSTYLES 变量是控制 MicroStation 启动时从哪些路径下读取含有标注样式的 DGNLIB 文件的。我们重点介绍的 MS_GUIDGNLIBLIST 变量是控制 MicroStation 启动时从哪些路径下读取界面修改的 DGNLIB 文件。

为何 MS_GUIDGNLIBLIST 含有多个路径？MicroStation 软件在启动时会处理许多配置文件。配置文件的扩展名可以是 .CFG、.PCF 或 .UCF,每个配置文件中含有一个或多个对配置变量的定义(详细的配置文件语法可从软件帮助文档中找到)。用户看到的每个配置变量的最终值是在处理了多个配置变量后累积而来的。MicroStation 最多可有七级配置:系统级、应用级、组织级、站点级、项目级、角色级、用户级,在每一级配置文件中都可以对同一个配置变量附加本级的值,最终一个变量就会有多个值。

具体到变量 MS_GUIDGNLIBLIST,如果我们将 DGNLIB 文件放入 C:\ProgramData\Bentley\MicroStation CONNECT Edition\Configuration\Organization\dgnlib\GUI 下,则意味着无论选择哪个工作空间都可以看到自己定制的内容。如果将 DGNLIB 文件放入 C:\ProgramData\Bentley\MicroStation CONNECT Edition\Configuration\WorkSpaces\Example\Standards\DgnLib\GUI 下,则只能选择 Example 工作空间(无论哪个工作集)才能看到。如果将 DGNLIB 文件放入 C:\ProgramData\Bentley\MicroStation CONNECT Edition\Configuration\WorkSpaces\Example\WorkSets\MetroStation\Standards\Dgnlib\GUI 下,则必须选择 Example 工作空间下的 MetroStation 工作集才能看到自己定制的内容。这种灵活性使得我们可以将共用的东西定制在更上一级,将独特性的东西定制在下面的级别。

了解了 MicroStation 界面定制的原理后,下面通过一个实例介绍用户菜单定制的步骤和方法。

(1) 启动 MicroStation,选菜单 File→New 新建文件,在新建文件对话框中浏览到文件夹 C:\ProgramData\Bentley\MicroStation CONNECT Edition\Configuration\Organization\dgnlib\GUI,在文件名类型过滤栏选择*.*,在文件名栏键入 HelloWorld.dgnlib,点击 Save 按钮创建该 DGNLIB 文件。

(2) 退出 MicroStationCE 并重新启动,再次打开 DGNLIB。因为只有在 MicroStation 启动时才会加载 DGNLIB,重启 MicroStation 的目的就是让 MicroStation 加载新建的 HelloWorld.dgnlib。如果以后想在该 DGNLIB 文件中定制界面,则不需要这一步骤。

(3) 在 Ribbon 界面区点击鼠标右键,在弹出的菜单中选择自定义功能区,打开定制自定义功能区对话框。对话框的标题中会显示当前编辑的界面资源文件的名称,本示例中应该是 HelloWorld.dgnlib。如果标题栏显示的是 Personal.dgnlib,则说明设置不正确。可能原因有:当前打开的不是 HelloWorld.dgnlib 文件;HelloWorld.dgnlib 文件放置的位置没有在 MS_GUIDGNLIBLIST 所指定的任意一个文件夹下;新建该 DGNLIB 后没有重启 MSCE 就再次打开它。

(4) 假如想将工具放入现有的“绘图”工作流的“内容”选项卡下,则展开“绘图”工作流并找到“内容”选项卡。右击“内容”选项卡后在弹出的菜单中选新建组,创建一个新的组,输入组名“HelloWorld”,然后右击“HelloWorld”组,在弹出的菜单中选新建按钮,输入按钮名称“绘制多边形”,如图 9－9 所示。

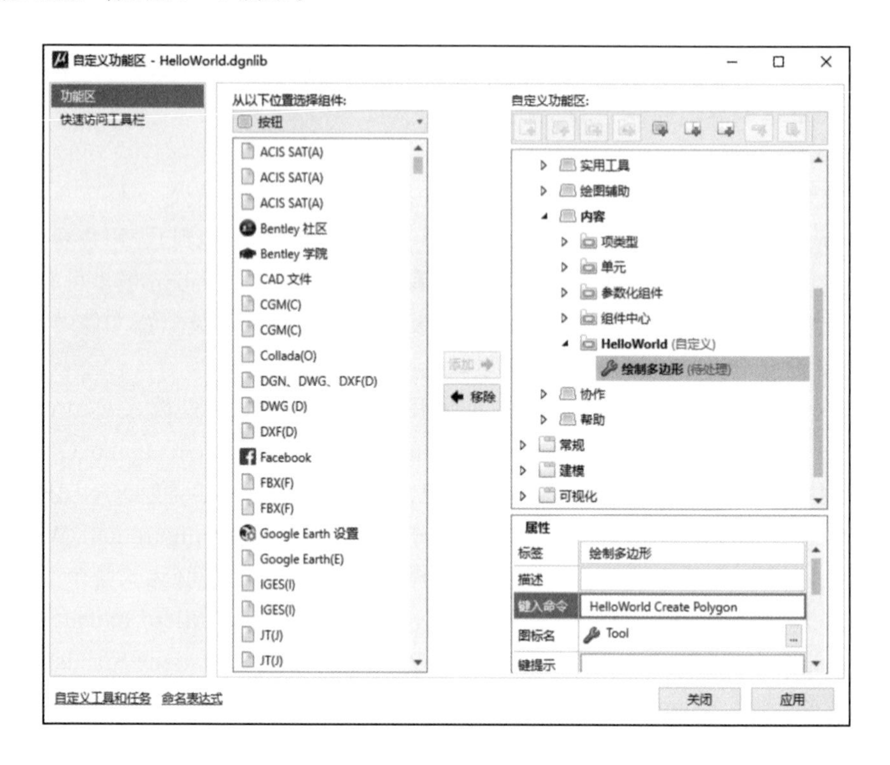


图 9－9　新建“HelloWorld”组和“绘制多边形”按钮

(5) 在下部的属性区中的键入命令栏输入一个命令,比如 HelloWorld Create Polygon,关于 MicroStation 命令的建立方法可参考 6.1.1,当用户点击按钮后,系统会自动执行关联的这个命令,该步骤是实现工具按钮和命令连接的关键,如果发现点击按钮后没有执行预期的命令,请仔细检查此处设置,特别是字母的大小写。将字母设置为大写,点击右下角的应用按钮应用所有设置。此时切换到内容页就能看到我们定制的效果了,如图 9－10 所示。

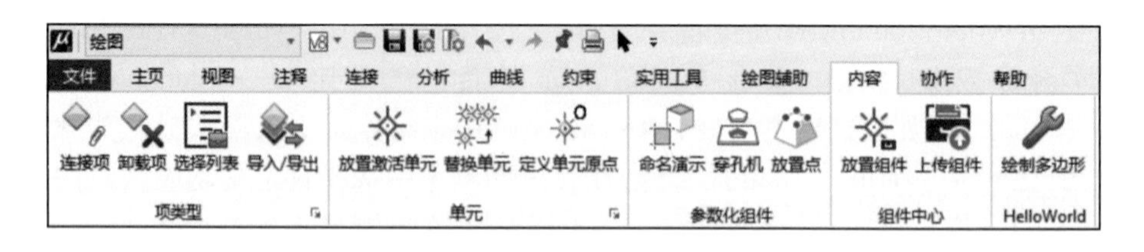


图 9－10　添加了自定义组和按钮的效果

(6) 从 Ribbon 菜单中能看到,新增工具的图标还是一个默认的扳手图标。要想采用图标,则需要点击“自定义功能区”对话框左下角的“自定义工具和任务”打开“自定义”对话框。在“自定义”对话框中切换到图标页,点击加号下拉按钮,在弹出的菜单中选择“从位图”,在弹出的界面中输入图标的名称,并选择事先准备好的图标文件,点击“确定”即可生成一个图标并存储到本 DGNLIB 文件中，如图 9-11 所示。

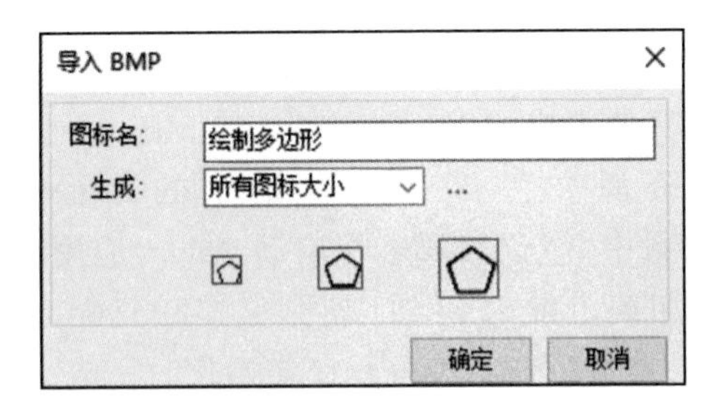


图 9-11　从位图生成自定义图标对话框

(7) 切换到自定义功能区界面，找到“放置多边形”工具，点击图标名属性栏后面的浏览按钮，在弹出的“为工具定义图标”对话框中“在以下范围查找图标”中选择当前的设计文件，此时在下面的列表中就能看到上一步创建的图标，如图 9-12 所示。

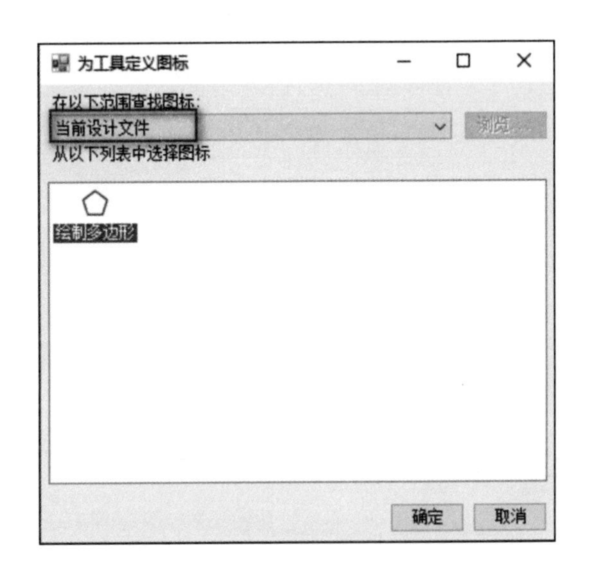


图 9-12　为工具定义图标

(8) 选择“绘制多边形”图标，点击“确定”按钮，再点击“自定义功能区”对话框右下角的“应用”按钮，则定制出的界面如图 9-13 所示。

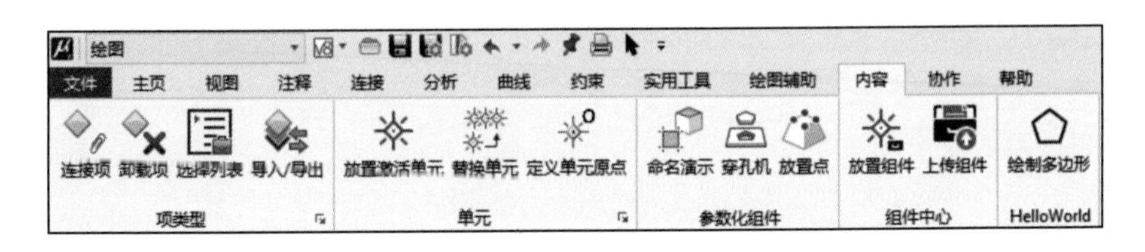


图 9-13　更换自定义图标的工具按钮

至此，已经完成了用户菜单的定制，并将定制内容保存到了独立的资源文件中。如果想将定制的内容分发给其他用户，则可以直接将该 DGNLIB 文件复制到其他用户的 MicroStation 的 Configuration\Organization\dgnlib\GUI 文件夹下即可。当然，所需的 HelloWorld.dll 也要复制到其他用户的 MicroStation 的 Mdlapps 文件夹下。

通常，用户界面等资源文件都是放在指定的路径下，这个路径可能不在 MS_GUIDGNLIBLIST 变量中，但仍然要求在启动 Addin 应用程序后，会自动加载这个用户界面文件，完成界面的加载。此时，我们需要在 MicroStation 启动前将这个路径加入 MS_GUIDGNLIBLIST 中，此过程在 Addin 程序初始化时完成，具体代码见本章 9.3 节。

如果用户界面文件需要放到 MS_GUIDGNLIBLIST 变量中的某个默认路径下，则可以通过安装程序来完成。但由于不同用户可能将 MSCE 安装到不同的位置，此时需要安装程序去查询 Windows 的注册表，找到 HKEY_LOCAL_MACHINE\SOFTWARE\Bentley\MicroStation\{××××××××−××××−××××−××××××××××××}下的 ConfigurationPath 和 ProgramPath 来获得准确的安装位置，如图 9－14 所示。

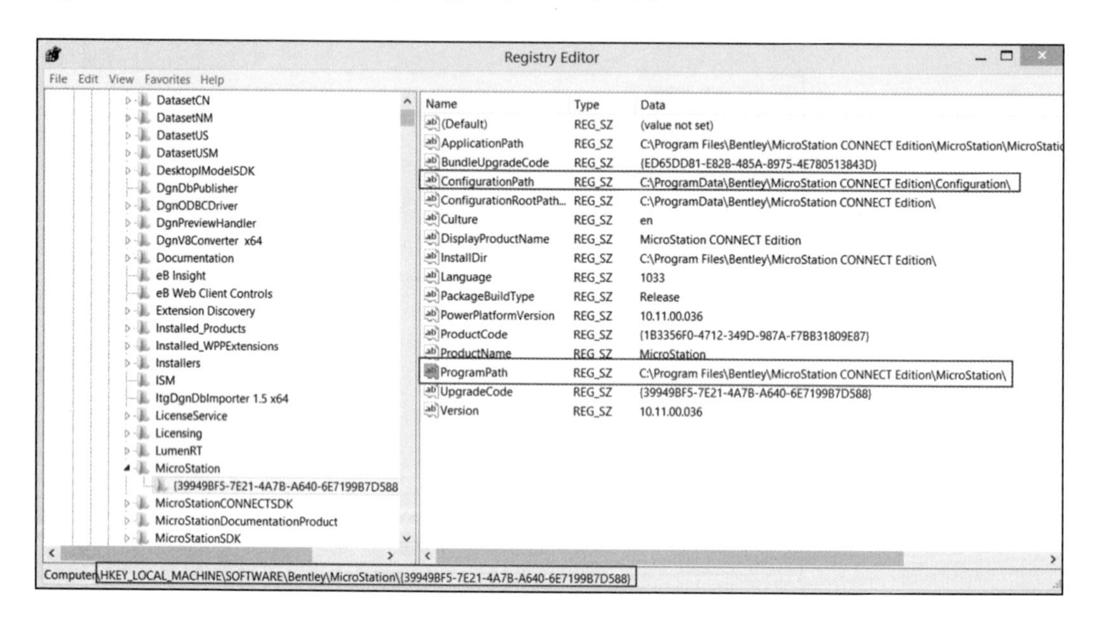


图 9－14　MicroStation 注册表

# 高级篇

# 第10章　铁路站场线路设计

铁路是一条三维带状实体，通常采用线路中心线来描述其方位与走向，线路中心线通常是指两条钢轨顶面的中心线。线路中心线的空间位置由其平面和纵断面决定，为了方便定位，铁路设计中还引入了里程系统的概念。铁路站场线路设计的内容主要包括线路平面设计、线路纵断面设计和线路里程设计。

## 10.1　线路平面设计

### 10.1.1　基本线元

线路平面是指线路中心线在水平面上的投影，表示线路在平面上的具体位置。铁路线路由 3 种基本线形组成，即直线、圆曲线、缓和曲线，它们也被称为基本线元。线路平面设计，就是将这 3 种基本线元进行组合，以便为列车运行提供一个安全、平顺的运行轨迹。而列车运行轨迹应当具有如下特点：

（1）列车运行轨迹应当连续且圆顺，即在任何一点上不出现错头和破折；

（2）运行轨迹曲率是连续的，即轨迹上任意一点不出现两个曲率；

（3）运行轨迹曲率的变化率是连续的，即轨迹上任意一点不出现两个曲率变化率。

满足上述 3 个条件的线路平面，是一条由一系列曲线（圆曲线和缓和曲线）和与之相切的直线组合而成的，且曲线的曲率是连续的，如图 10－1 所示。

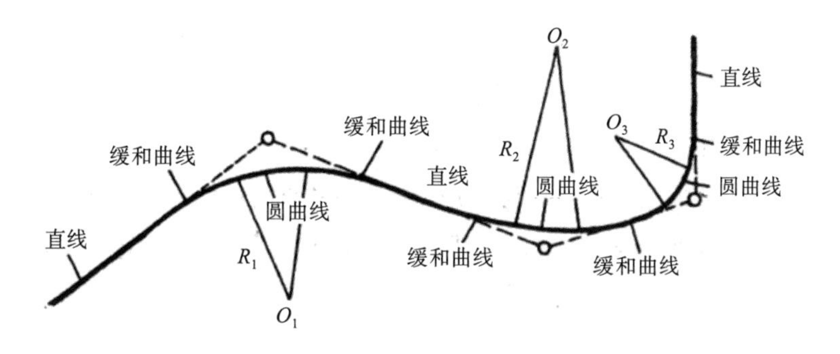


图 10－1　线路平面

### 10.1.2　抽象曲线类

这里为了便于对三种基本线元进行处理，将三种基本线元都抽象为曲线。曲线的主要几何参数有长度、起点坐标、终点坐标、起点曲率半径、终点曲率半径、起点切线方向、终点切线方向等，直线可以看作起点曲率半径和终点曲率半径都为无穷大的曲线。对于曲线上的任意点，都有一些几何参数，如坐标、曲率半径、切线方向。因此，可以建立如下抽象类 GeoCurve：

```
public abstract class GeoCurve {
    public abstract Point2D getFromPoint();
    public abstract Point2D getToPoint();
    public abstract double getFromAzimuth();
    public abstract double getToAzimuth();
    public abstract double getFromRadius();
    public abstract double getToRadius();
    public abstract Point2D getPoint(double length);
    public abstract double getAzimuth(double length);
    public abstract double getRadius(double length);
    public abstract double getLength();
    //将点垂直投射到直线上，获取投射点连续里程
    public abstract double getLength(Point2D point);
    //将点按指定方向投射到直线上，获取投射点连续里程
    public abstract double getLength(Point2D point, Vector2D vector);
}
```

GeoCurve 类中多次用到了 length 参数，它是指从曲线起点处开始到当前位置的距离，如果当前位置是终点，这个距离就是曲线的长度，也就是 getLength 方法的返回值。因此，GeoCurve 中使用该参数来进行定位，实际上，在铁路设计中该值也称为连续里程，后文还会介绍名义里程，length 在线路设计中会被大量使用。有了 GeoCurve 这个抽象类后，我们就可以对其进行实现，分别建立 GeoLine、GeoTransCurve、GeoCircuarArc 这 3 个类。

### 10.1.3 直线类

直线类(GeoLine)首先定义了长度、起点坐标、起点方向 3 个成员变量，它们的值通过构造函数来设置，然后基于这 3 个成员变量实现了 GeoCurve 中的方法。其中起点方向用方位角表示，零值位于 $Y$ 轴正向，顺时针远离 $Y$ 轴为正值，逆时针远离 $Y$ 轴为负值。完整的 GeoLine 类如下：

```
public class GeoLine:GeoCurve {
    protected double mLength;//长度
    protected Point2D mFromPoint;//起点
    protected double mFromAzimuth;//起点处方位角

    public GeoLine(Point2D fromPoint, double length, double fromAzimuth) {
        mFromPoint = fromPoint;
        mLength = length;
        mFromAzimuth = fromAzimuth;
    }
```

```
    public GeoLine(Point2D fromPoint, Point2D endPoint) {
        Vector2D fromVector = new Vector2D(fromPoint, endPoint);
        mFromPoint = fromPoint;
        mLength = fromVector.Length;
        mFromAzimuth = fromVector.Azimuth;
    }

    public override Point2D getFromPoint() {
        return mFromPoint;
    }
    public override Point2D getToPoint() {
        return getPoint(mLength);
    }
    public override double getFromAzimuth() {
        return mFromAzimuth;
    }
    public override double getToAzimuth() {
        return getAzimuth(mLength);
    }
    public override double getFromRadius() {
        return getRadius(0);
    }
    public override double getToRadius() {
        return getRadius(mLength);
    }
    public override Point2D getPoint(double length) {
        if (length < 0) length = 0;
        if (length > mLength) length = mLength;
        return new Point2D(mFromPoint.X + length * Math.Sin(mFromAzimuth), mFromPoint.Y
+ length * Math.Cos(mFromAzimuth));
    }
    public override double getAzimuth(double length) {
        return mFromAzimuth;
    }
    public override double getRadius(double length) {
        return 0.0;
    }
    public override double getLength() {
        return mLength;
    }
    public override double getLength(Point2D point) {
        Vector2D vector = new Vector2D(this.getFromAzimuth() + Math.PI / 2);
        return getLength(point, vector);
    }
    public override double getLength(Point2D point, Vector2D vector) {
```

```
            Point2D pt0 = this.getFromPoint();
            Point2D pt1 = this.getToPoint();
            double d0 = MathEngine.CalcDistance(point, vector.Azimuth, pt0);//计算点到投影向量的
距离
            double d1 = MathEngine.CalcDistance(point, vector.Azimuth, pt1);//计算点到投影向量的
距离
            if ((d0 >= MathEngine. DISTANCE_RESOLUTION && d1 >= MathEngine.
DISTANCE_RESOLUTION) ||
            (d0 <= -MathEngine. DISTANCE_RESOLUTION && d1 <= -MathEngine.
DISTANCE_RESOLUTION)) { //无交点
                return -1;
            }
            Point2D intersPoint;
            if (! MathEngine. CalcIntersectPoint(pt0, this. getFromVector(), point, vector, out
intersPoint)) { //无交点
                return -1;
            }

            return pt0.distanceTo(intersPoint);
        }
}
```

在 getLength(Point2D point, Vector2D vector)中,用到了两直线求交的算法,有许多方法都可以实现这个算法,最简单的就是联立 2 条直线的一般方程进行方程组求解,本书就是采用这种方法,代码如下:

```
public static bool CalcIntersectPoint(Point2D point0, Vector2D vector0, Point2D point1, Vector2D
vector1, out Point2D intersPoint) {
    if(vector0. Length <= MathEngine. DISTANCE_RESOLUTION || vector1. Length <=
MathEngine.DISTANCE_RESOLUTION) {
        intersPoint = new Point2D();
        return false;
    }

    double a0, b0, c0;
    double x0 = 0.0;
    double y0 = 0.0;
    double x1 = x0 + vector0.X ;
    double y1 = y0 + vector0.Y;

    a0 = (y1 - y0);//y2 - y1
    b0 = (x0 - x1);//x1 - x2
    c0 = (x1 * y0 - x0 * y1);//x2*y1 - x1*y2

    double a1, b1, c1;
    x0 = point1.X - point0.X;
```

```
    y0 = point1.Y - point0.Y;
    x1 = x0 + vector1.X;
    y1 = y0 + vector1.Y;

    a1 = (y1 - y0);//y2 - y1
    b1 = (x0 - x1);//x1 - x2
    c1 = (x1 * y0 - x0 * y1);//x2*y1 - x1*y2

    double d = a0 * b1 - a1 * b0;
    if (d == 0) {
        intersPoint = new Point2D();
        return false;
    } else {
        double x = (b0 * c1 - b1 * c0) / d + point0.X;
        double y = (a0 * c1 - a1 * c0) / -d + point0.Y;
        intersPoint = new Point2D(x, y);
        return true;
    }
}
```

需要注意的是，当直线的坐标较大时，由于浮点数计算的误差会导致计算结果精度偏低，在上面的代码中是以第一条直线上的点作为基点来计算一般方程中的系数。直线求交的方法在后面的编程中也会频繁用到。

### 10.1.4　圆曲线类

接下来是实现圆曲线，创建 GeoCircularArc 类，并定义长度、起点、起点方向、曲线转向、半径等成员变量。其中，曲线转向是基于起点方向，曲线终点向左转，则转向为−1，反之，则转向为 1。GeoCircularArc 类的定义请扫描右侧二维码。

代码示例 1

### 10.1.5　三次抛物线

在直线段与圆曲线的交界点（直圆点 ZY）处，车辆所受的向心力将由零突变至 $mv^2/R$。这是非常不利于行车安全的，为此需要在直线段与圆曲线之间增加一段曲线，让向心力由零逐渐增加至最大值。这段用来缓和向心力的曲线就是缓和曲线。缓和曲线种类繁多，如回旋线、三次抛物线、七次四项式型、半波正弦型、一波正弦型等。

通常采用切线坐标系来表达缓和曲线的几何坐标，如图 10 - 2 所示。以直缓点（ZH）或缓直点（HZ）为原点建立的坐标系称为缓和曲线的切线坐标系，$x$ 轴是缓和曲线的切线。

图 10 - 2 中，各个变量的含义如下：$l$ 为弧长，原点至点 $P$ 的弧线长度，也可理解为切线坐标系内的桩号；$(x,y)$为点 $P$ 在切线坐标系内的坐标；$\beta$ 为切线角，点 $P$ 处的切线与 $x$ 轴的夹角，也是切线的方位角；$c$ 为弦长，原点至点 $P$ 的直线距离；$\delta$ 为弦切角，弦线与 $x$ 轴的夹角，也叫偏角；$b$ 为弦切角，弦线与点 $P$ 处切线之间的夹角，其计算公式为 $b=\beta-\delta$；$l_s$ 为缓和曲线的长度；$R$ 为圆曲线半径；$\beta_0$ 为切线角 $\beta$ 的最大值，也是缓和曲线的偏转角；$\delta_0$ 为弦

切角 $\delta$ 的最大值；$b_0$ 为弦切角 $b$ 的最大值。

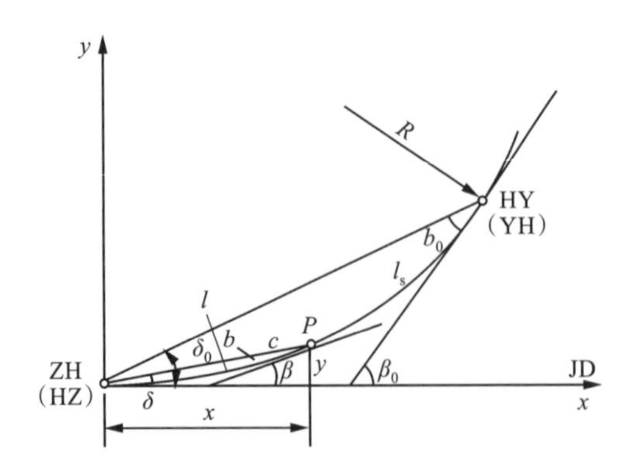


图 10－2　切线坐标系

缓和曲线有几个要素，如内移距、切垂距、切线长、曲线长、外矢距和切曲差等，如图 10－3 所示。

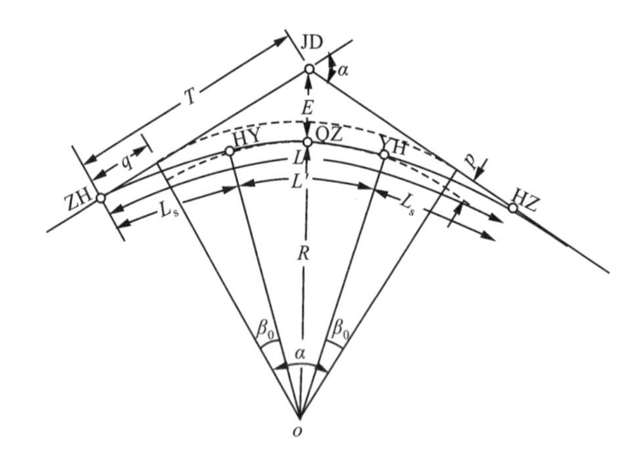


图 10－3　缓和曲线要素图

缓和曲线要素的计算公式如表 10－1 所示。

**表 10－1　缓和曲线要素计算公式**

| 要素 | 计算公式 |
|---|---|
| 内移距 $p$ | $p = y_0 - R = y(l)\Big\vert_{l=l_s} + Rx'(l)\Big\vert_{l=l_s} - R$ |
| 切垂距 $q$ | $q = x_0 = x(l)\Big\vert_{l=l_s} - Ry'(l)\Big\vert_{l=l_s} - R$ |
| 切线长 $T$ | $T = (R+p)\tan\dfrac{\alpha}{2} + q$ |
| 曲线长 $L$ | $L = R(\alpha - 2\beta_0) + 2l_s$ |
| 外矢距 $E$ | $E = (R+p)\sec\dfrac{\alpha}{2} - R$ |
| 切曲差 $D$ | $D = 2T - L$ |

在图 10－3 和表 10－1 中：①$(x_0,y_0)$是圆曲线的圆心在切线坐标系下的坐标；②$R$ 是圆曲线的半径；③图 10－3 中有两条缓和曲线，它们的长度均为 $l_s$，它们的偏转角均为 $\beta_0$，单位为弧度；④$\alpha$ 为交点处的偏转角，单位为弧度；⑤曲线长 $L$ 等于圆曲线长 $R(\alpha-2\beta_0)$加下两段缓和曲线长 $2l_s$；⑥不同类型的缓和曲线，$p$、$q$、$\beta_0$ 的计算公式是不同的；⑦"切垂距"也叫"切线增长"，有的文献中用 $m$ 表示。

缓和曲线有多种类型，《铁路线路设计规范》(TB 10098—2017)中明确要求直线与圆曲线间应采用三次抛物线型缓和曲线连接。三次抛物线型缓和曲线的特征是在切线坐标系下坐标符合如下公式：

$$y(x)=\frac{x^3}{6C} \tag{1}$$

式中，$C$ 为一个常数，它可以由下式计算得出：

$$C=l_sR \tag{2}$$

式中，$l_s$ 为曲线长度；$R$ 为缓和曲线终点处曲率半径。经过数学推导，可得出三次抛物线型缓和曲线的坐标，可用如下公式表示：

$$x=\sum x_i+R_{(x)} \tag{3}$$

$$y=\sum y_j+R_{(y)} \tag{4}$$

式中，$i$=1,2,3,…,$j$=1,2,3,…,$R_{(x)}$、$R_{(y)}$ 为余项。

$x_i$ 由下式得出：

$$x_1=l \tag{5}$$

$$x_{i+1}=\frac{-(4i-3)}{8i(2i-1)(4i+1)}\cdot\frac{l^4}{C^2}\cdot x_i \tag{6}$$

$y_i$ 由下式得出：

$$y_1=\frac{l^3}{6C} \tag{7}$$

$$y_{i+1}=\frac{-(4j-1)}{8j(2j+1)(4j+3)}\cdot\frac{l^4}{C^2}\cdot y_i \tag{8}$$

式中，$l$ 为曲线的连续里程。按上面的公式计算出来的坐标为切线坐标系下的坐标。

任意位置的切线角计算公式如下：

$$\beta=\frac{l^2}{2C} \tag{9}$$

任意位置的曲率半径计算公式如下：

$$R=\frac{C}{l} \tag{10}$$

上述公式是针对完整缓和曲线的，也就是缓和曲线的半径是从无穷大开始，结束于一个实数。而在有些情况下，当需要用一段缓和曲线来连接一个大圆和一个小圆时，缓和曲线的半径是从一个实数到另外一个实数，这样的缓和曲线称为不完整缓和曲线。

首先，常数 $C$ 的计算公式可改写为：

$$C = \frac{l_s}{1/R_e - 1/R_s} \tag{11}$$

式中，$R_s$ 为缓和曲线起始处的半径；$R_e$ 为缓和曲线终止处的半径。当 $R_s$ 为无穷大时，曲线为完整缓和曲线，此时 $C = l_s R_e$，符和公式(2)。

另外，切垂距 $q$ 和内移距 $p$ 的计算也需要改进。首先可由曲线终点坐标计算出圆心坐标：

$$x_0 = x_e - R_e \sin(\beta_e) \tag{12}$$

$$y_0 = y_e + R_e \cos(\beta_e) \tag{13}$$

式中，$x_e$、$y_e$ 为曲线终点在切线坐标系下的坐标；$\beta_e$ 为曲线终点处的弦切角，也是曲线的最大弦切角。

其次，需要将切线坐标系的原点移动到不完整缓和曲线的起点处，且方向也要旋转 $\beta_s$，根据前面利用矩阵对坐标进行移动和旋转的方法：

$$\begin{pmatrix} x_0' \\ y_0' \\ 1 \end{pmatrix} = \begin{bmatrix} \cos(-\beta_s) & -\sin(-\beta_s) & 0 \\ \sin(-\beta_s) & \cos(-\beta_s) & 0 \\ 0 & 0 & 1 \end{bmatrix} \begin{bmatrix} 1 & 0 & -x_s \\ 0 & 1 & -y_s \\ 0 & 0 & 1 \end{bmatrix} \begin{pmatrix} x_0 \\ y_0 \\ 1 \end{pmatrix} \tag{14}$$

最后，根据表 10 - 1 中的公式即可计算出切垂距 $q$ 和内移距 $p$。

$$q = \left[x_e - R_e \sin(\beta_e) - x_s\right]\cos(-\beta) - \left[y_e + R_e \cos(\beta_e) - y_s\right]\sin(-\beta) \tag{15}$$

$$p = \left[x_e - R_e \sin(\beta_e) - x_s\right]\sin(-\beta) + \left[y_e + R_e \cos(\beta_e) - y_s\right]\cos(-\beta) - R_e \tag{16}$$

代码示例2

将上面的公式进行封装后，可形成三次抛物线型缓和曲线类定义(具体代码请扫描左侧二维码)。

### 10.1.6 线路交点

直接用数组或链表就可以将基本线元组织起来形成平面线型，就像搭积木一样构建出线路平面，这种方法也称为线元法或积木法。在铁路设计中还有另外一种方法也较为常用，就是交点法。该方法是首先定出线路的转折点，此转折点即为交点，然后在交点前后的直线间插入曲线，实现两条直线的平滑过渡。

交点法中，根据前后两个交点计算出缓和曲线是关键，前面提到了缓和曲线的曲线要素中有一个要素叫切线长，在交点法计算中首先就是要计算出该值，这样便可以确定 HZ 点或 ZH 点的位置。切线长的计算公式如下：

$$T_1 = (R + p_1)\tan\frac{\alpha}{2} + q_1 - (p_1 - p_2)/\sin\alpha \tag{17}$$

$$T_2 = (R + p_2)\tan\frac{\alpha}{2} + q_2 - (p_1 - p_2)/\sin\alpha \tag{18}$$

式中，$T_1$ 为前切线长；$T_2$ 为后切线长；$R$ 为圆曲线半径；$p_1$ 为前缓和曲线的内移距；$p_2$ 为后缓和曲线的内移距；$q_1$ 为前缓和曲线的切垂距；$q_2$ 为后缓和曲线的切垂距。

计算出了前后切线长后，根据交点的前后直线方向确定前后缓和曲线的起点坐标和方向，就可以创建缓和曲线对象，之后可以精确计算缓和曲线任意点的坐标和切向方向，进而可以计算出圆曲线的起点坐标和切线方向，最后构造出圆曲线对象了。

交点法是以线路交点为核心来开展设计工作的，交点中存储交点坐标、缓和曲线长度、圆曲线半径、缓和曲线起始半径等数据。这里建立一个交点类，并对交点曲线的计算进行了封装（具体代码请扫描右侧二维码）。

代码示例3

将交点用链表存起来，并对除首尾以外的其他交点顺序执行曲线计算，就可以构建出线路平面线元，这里建立 Horizontal 类来完成此项工作（具体代码请扫描右侧二维码）。

代码示例4

Horizontal 类从 GeoPath 类继承，GeoPath 中有一个 List<GeoCurve>类型的成员变量，用来存储线路平面的线元。Horizontal 类可以将线路交点存储下来，并根据交点参数将线路平面的所有线元计算出来。

### 10.1.7　线路平面绘制

线路平面的基本线元可以分为直线、缓和曲线、圆曲线 3 种。其中，直线在 Bentley 中可以用 LineElement 表达，圆曲线可以用 ArcElement 表达。缓和曲线在 MicroStation 中没有对应的线型元素，可以采用变通的方法，常用的做法是从缓和曲线中按固定的距离提取离散点，然后将离散点用直线连接起来构造 LineStringElement 表达缓和曲线，也就是所谓的以直代曲。用缓和曲线创建 LineStringElement 的代码如下：

```
public static Element CreateTransCurveElement(DgnModel dgnModel, GeoTransCurve curve) {
  double uor = dgnModel.GetModelInfo().UorPerMeter;
  Point2D[] points = curve.getPointArray();
  DPoint3d[] msPoints = new DPoint3d[points.Length];
  for (int i = 0; i < points.Length; i++) {
    Point2D pt = points[i];
    msPoints[i] = new DPoint3d(pt.X, pt.Y) * uor;
  }
  CurvePrimitive primitive = CurvePrimitive.CreateLineString(msPoints);
  return DraftingElementSchema.ToElement(dgnModel, primitive, null);
}
```

能够针对每段基本线元创建 MicroStation 元素后，只需要对 Horizontal 中的线元列表进行循环即可创建出线路平面中的所有 MicroStation 元素，并将这些元素放到 ComplexStringElement 组合起来，即可完成线路平面的绘制。

```
public static Element CreateHorizontalElement(DgnModel dgnModel, TSYAlignmentObject
alignment) {
    DgnColorMap dgnColorMap = DgnColorMap.GetForFile(dgnModel.GetDgnFile());
    uint lineColor = dgnColorMap. FindClosestMatch(new RgbColorDef(Settings. SheetSettings.
ALIGNMENT_LINE_COLOR));
    uint transCurveColor = dgnColorMap. FindClosestMatch(new RgbColorDef(Settings.
SheetSettings.ALIGNMENT_TRANSCURVE_COLOR));
    uint circularColor = dgnColorMap.FindClosestMatch(new RgbColorDef(Settings.SheetSettings.
ALIGNMENT_CIRCULARCURVE_COLOR));
```

```
    ElementPropertiesSetter setter = new ElementPropertiesSetter();
    setter.SetLinestyle(0, null);//设置线型

    ComplexStringElement complexStringElement = new ComplexStringElement(dgnModel, null);

    for (int i = 0; i < alignment.Horizontal.getSegmentCount(); i++) {
        GeoSegment segment = alignment.Horizontal.getSegment(i);
        if (segment is GeoLine) {
            Element element = CreateLineElement(dgnModel, (GeoLine)segment);
            setter.SetColor(lineColor);
            setter.Apply(element);
            complexStringElement.AddComponentElement(element);
        } else if (segment is GeoCircularArc) {
            Element element = CreateArcElement(dgnModel, (GeoCircularArc)segment);
            setter.SetColor(circularColor);
            setter.Apply(element);
            complexStringElement.AddComponentElement(element);
        } else if (segment is GeoTransCurve) {
            Element element = CreateTransCurveElement(dgnModel, (GeoTransCurve)segment);
            setter.SetColor(transCurveColor);
            setter.Apply(element);
            complexStringElement.AddComponentElement(element);
        }
    }
    return complexStringElement;
}
```

为了更好地区分出不同类型的线元，还可以为不同类型的线元设置不同的颜色，图 10－4 就是基于上述代码绘制出来的车站线路平面。

图 10－4　线路平面绘制效果

## 10.2　线路纵断面设计

### 10.2.1　变坡点

线路纵断面是由长度不同、陡缓各异的坡段组成的。坡段的特征用坡段长度和坡度值表示，如图 10－5 所示。坡段长度 $L_i$ 为坡段两端变坡点间的水平距离（米）。坡度值 $i$ 为该坡段两端变坡点的高差 $H_i$（米）与坡段长度 $L_i$（米）的比值，以千分数表示，即 $i=\frac{H_i}{L_i}\times 1000$（‰），上坡取正值，下坡取负值。比如坡度为 10‰，即表示每 1000 米坡长的高差为 10 米。

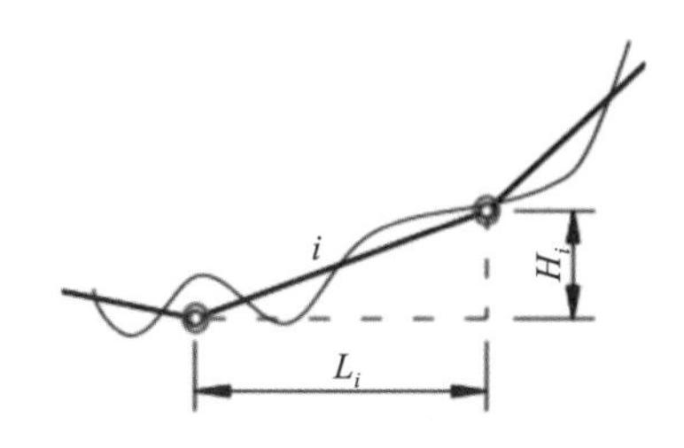


图 10－5　线路纵坡的坡长与坡度

在线路纵断面的变坡点处，为了保证行车的安全平顺，设置的与坡段直线相切的竖向曲线称为竖曲线。常用的竖曲线有两种线形：一种为抛物线形，即用一定变坡率的 20 米短坡段连接起来的竖曲线；另一种为圆弧形竖曲线。圆弧形竖曲线测设、养护方便，目前国内外均大量采用圆弧形竖曲线，本书中纵断面编程也主要采用圆弧形竖曲线。从竖曲线的原理可以看到，竖曲线的计算和平曲线的计算非常相似，平曲线的计算是在 $xy$ 平面完成的，而竖曲线的计算是在 $lz$ 平面完成的，即以线路连续里程为横轴，以轨面高程为纵轴。因此，可以建立 GradientVertex 类，并使该类从 JiaoDianVertex 类继承，该类主要用于存储变坡点数据并实现竖曲线的计算。

```
public class GradientVertex : JiaoDianVertex {
    //标注参数
    public Point2D OffsetPoint;//标注与基点的相对位置
    public short LabelHead = 1;//左右 -1 左 1 右
    public short LabelMirror = 0;//镜像 1 镜像 0 正常

    //间接参数
    public double FrontLength = 0.0;//前坡长
    public double FrontGradient = 0.0;//前坡度
    public double BackLength = 0.0;//后坡长
    public double BackGradient = 0.0;//后坡度
```

```
    public double X0 = 0.0;//存储平面坐标的临时变量
    public double Y0 = 0.0;
    public TSYGradientVertex(double x = 0.0, double y = 0.0, double rc = 0.0, string name = "pd")
        : base(x, y, 0.0, 0.0, rc, 0.0, 0.0, name) {
        this.TransCurveFactory = TransCurveFactoryManager.Instance.getDefaultFactory();
    }
    public static explicit operator TSYGradientVertex(Point2D point) {
        return new TSYGradientVertex(point.X, point.Y, 0.0);
    }
}
```

代码示例 5

GradientVertex 在构造函数中将前后缓和曲线的长度设置为 0,也就是说后面的计算只考虑有圆曲线的情况,这样就可以重用 JiaoDianVertex 类的算法来计算竖曲线了。同样地,可以定义 Vertical 类,将线路的变坡点组织到一起,并实现竖曲线的批量计算(具体代码请扫描左侧二维码)。

### 10.2.2 坡度标绘制

线路纵断面线元主要由直线和圆曲线构成,线路纵断面的绘制可以参考线路平面的绘制。这里主要介绍如何在线路平面上将线路变坡点绘制出来。在铁路设计中,变坡点通常按图 10－6 所示样式进行绘制,该样式也称坡度标。其中顶部数字为轨面高程数字,中间为坡度值(‰),最下面为坡长(米),坡度值与坡长之间是坡度示意线,根据出图需要,变坡点上的数字方向以及坡度示意线的方向还可以在垂直线路方向上翻转。

210.204
2.5 11.8
490 1060
R竖=15000

图 10－6　线路纵断面坡度标

代码示例 6

坡度标的绘制需要逐个遍历变坡点,并根据当前变坡点的坡长、坡度、变坡点位置及切线方向等数据来计算坡度标中的文字位置和方向,以及直线段的长度和方向,最后生成相应的元素并组合为单元元素(具体代码请扫描左侧二维码)。图 10－7 所示是坡度标的绘制效果。

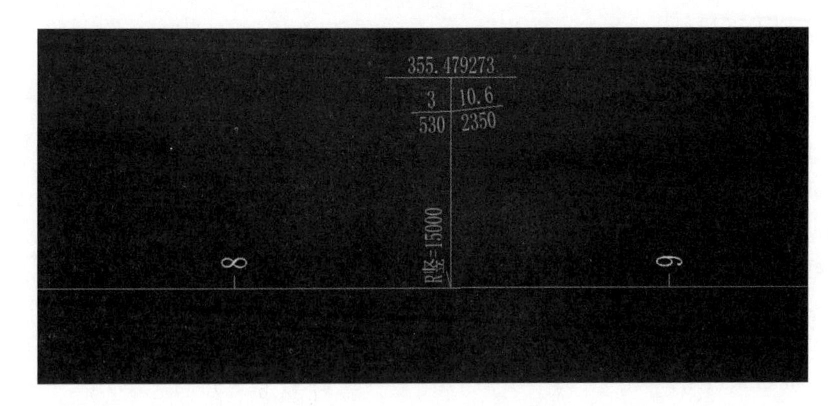


图 10－7　坡度标绘制效果

## 10.3　线路里程设计

### 10.3.1　里程系统

里程是铁路工程中使用非常广泛的一种位置表示方法，里程系统由一系列里程断链组成，起点和终点可看成特殊的断链。在铁路勘察设计中，因局部改线或分段测量等，经常会使线路里程不连续，这个里程不连续的位置就是里程断链。断链前后里程之差小于实际长度时为长链，反之为短链。在里程系统中，常将里程冠号和里程值组合到一起表示线路上一个具体的位置，如 DK15+500。里程冠号可由字母和数字混合组成，但必须以字母结束。里程值用“+”将公里数值和米数值分开。

里程系统实际上是由一系列里程断链构成的，每个里程断链有 2 个里程值，即断链产生前的里程以及断面产生后的里程，简称断前里程和断后里程。图 10－8 所示为断链示意图，图中该断链的断前里程为 DK25+075，断后里程为 DK25+175，这是一个短链，长度为 100 米。如果用户要找 DK24+900 这个点，可在该断链左边找到；如果用户要找 DK25+200，则可在断链的右边找到；如果用户要找 DK25+100，则找不到该位置。

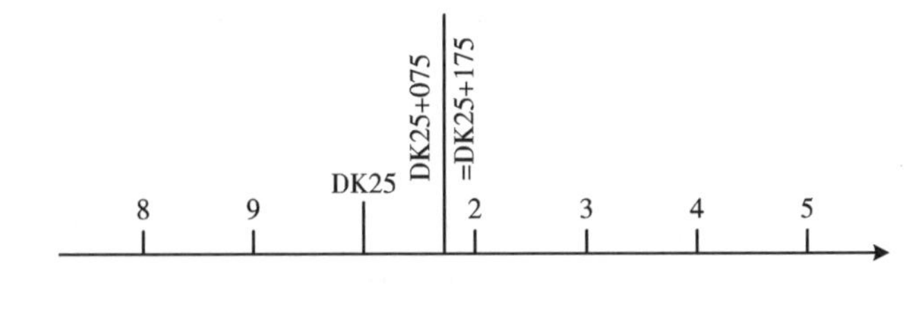


图 10－8　断链示意图

对设计人员来说，冠号里程是一个很好的定位方法，但冠号里程却不适合编程时使用，因为计算机在定位线路上的位置时使用的是线路的实际里程，该里程是指所找位置与线路起点之间的线路长度。因此，编程时还需要将断链里程转换为实际里程。

基于以上介绍，首先我们需要定义一个 ChainageVertex 类来存储断链点信息。

```
public class TSYChainageVertex {
    public string EndPrefix;//往起点方向
    public double EndValue;
    public string StartPrefix;//往终点方向
    public double StartValue;
    public double Length;//连续里程
    public short LabelHead;//标注朝向

    public TSYChainageVertex() {
        this.EndPrefix = "";
        this.EndValue = 0;
        this.StartPrefix = "";
        this.StartValue = 0;
        this.Length = 0;
        this.LabelHead = -1;
    }
    public TSYChainageVertex(string endPrefix, double endValue, string startPrefix, double
startValue) {
        this.EndPrefix = endPrefix;
        this.EndValue = endValue;
        this.StartPrefix = startPrefix;
        this.StartValue = startValue;
        this.Length = 0.0;
        this.LabelHead = -1;
    }
    public TSYMileage getEndMileage() {
        return new TSYMileage(EndPrefix, EndValue);
    }
    public TSYMileage getStartMileage() {
        return new TSYMileage(StartPrefix, StartValue);
    }
}
```

代码示例7

其次定义 Chainage 类，将一条多个断链点组织到一起，形成一个完整的里程系统（具体程序代码请扫描左侧二维码）。

### 10.3.2 里程系统绘制

里程系统的绘制分为百米标绘制、公里标绘制、里程断链绘制。其中百米标绘制是从里程起点开始每隔 100 米在线路上绘制垂直于线路的刻度，并在刻度上标百米数。公里标绘制是从里程起点开始每隔 1000 米在线路上绘制垂直于线路的刻度，并在刻度上标上里程冠号和公里数。里程断链绘制是要按图 10－9 所示的样式,绘出一个“门”字形的标志并写上文字。

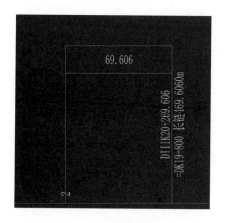


图 10－9　里程断链绘制样式

绘制里程系统的代码请扫描右侧二维码。

图 10－10 所示是里程系统的绘制效果。

代码示例 8

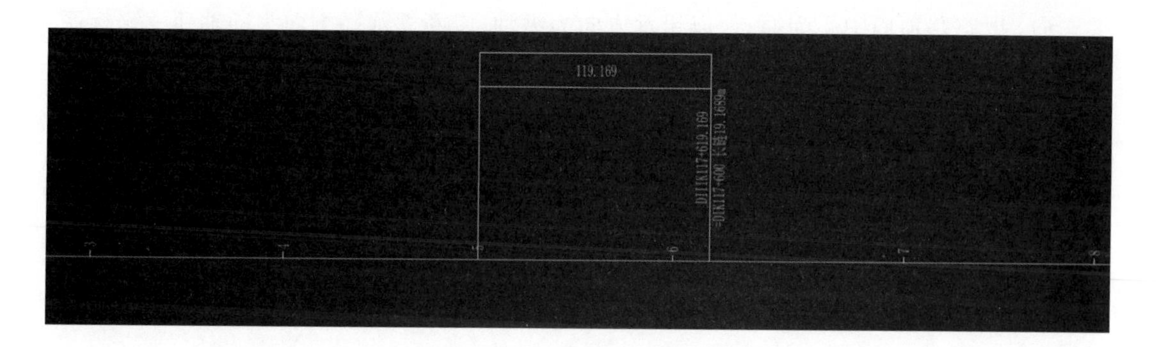


图 10－10　里程系统绘制效果

# 第11章　铁路站场构筑物建模

铁路站场构筑物主要包括路基和桥梁，其主要作用是为轨道铺设提供条件、承受轨道和列车产生的荷载、为铁路运营提供基础条件。站场构筑物大多需要与地形融合建模，比如路基边坡、桥梁墩台、桥台护坡等，因为地形通常是起伏不定的，所以铁路构筑物的建模一直是铁路三维建模的难点。本章将以路基建模和桥梁建模为例来讲解相关方法及 MicroStation 接口应用。

## 11.1　路基建模

### 11.1.1　路基本体建模

路基本体的建模通常采用断面法，即将路基的关键断面顺次连接起来，形成三维实体，因此对路基断面的计算就变得尤为重要，通常分 3 步进行。

（1）以路基顶面中心为原点，以铅垂方向为纵轴，以断面水平方向为横轴建立坐标系，根据断面参数计算出断面的二维几何坐标。

（2）根据断面的里程桩号位置，计算断面原点在世界坐标系中的位置以及断面的空间姿态，将二维几何坐标转换为三维空间坐标。

（3）将相邻 2 个断面的对应点连接起来构成三维实体。

路基断面形状有多种，如三角形、梯形等，如图 11 - 1 所示。

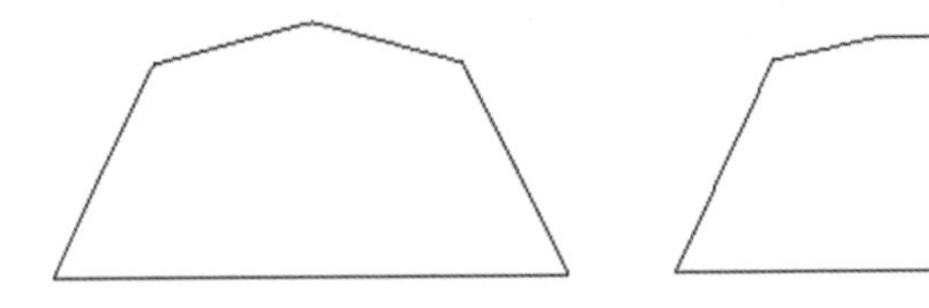

图 11 - 1　路基断面形状

不同的断面有不同的参数，所以首先需要定义一个数据结构来保存这些参数。这里定义 Subgrade 类：

```
public class TSYSubgrade {
    public double Ml = 0.0;//左侧边坡
    public double Mr = 0.0;//右侧边坡
    public double Pl = 0.04;//左侧坡率
    public double Pr = 0.04;//右侧坡率
```

```
    public int Material0 = 0;//表层材料
    public int Material1 = 0;//隔离层材料
    public int Material2 = 0;//底层材料
    public int Material3 = 0;//本体材料
    public double T0 = 0.5;//表层厚度
    public double T1 = 0.0;//隔离层厚度
    public double T2 = 0.0;//底层厚度
    public double T3 = 0.0;//底层厚度
    //宽度数值都为正值或零
        public Core. SweepObjects. TSYDoubleParamList Lws = new Core. SweepObjects.
TSYDoubleParamList();//左侧宽度
        public Core. SweepObjects. TSYDoubleParamList Rws = new Core. SweepObjects.
TSYDoubleParamList();//右侧宽度

    public double Dxy = 0.0;//平面偏移
    public TSYMileage StartMileage;//起始里程
    public TSYMileage EndMileage;//终止里程
    public double Dz = 0.0;//竖向偏移
    public double Spacing = 5.0;//模型分段间距
    public int CrossDirection = 0;//横切方向
    public TSYAlignmentObject SweepAlignment;//放样路径
}
```

虽然路基断面形状不同，但其二维几何坐标的计算方法大同小异，都是根据参数计算出关键的几何尺寸，然后根据坐标原点推算出断面顶点的坐标。下面的代码展示了人字拱形路基断面的计算过程：

```
protected virtual void getContour(double length, double thickness, out List<Point2D> leftPoints, out
List<Point2D> rightPoints) {
    double wl = this.Lws.getValue(length);
    double wr = this.Rws.getValue(length);

    leftPoints = new List<Point2D>();
    leftPoints.Add(new Point2D(0, 0));
    leftPoints.Add(new Point2D(-wl, wl * -this.Pl));

    rightPoints = new List<Point2D>();
    rightPoints.Add(new Point2D(0, 0));
    rightPoints.Add(new Point2D(wr, wr * -this.Pr));

    int leftCount = leftPoints.Count;
    int rightCount = rightPoints.Count;

    if (thickness != 0) {
        for (int i = 0; i < leftPoints.Count; i++) {
            Point2D point = leftPoints[i];
```

```
            if (i == leftPoints.Count - 1 && (this.Ml != 0)) {
                double dx = thickness * this.Ml / (1 - this.Pl * this.Ml);
                point.X += dx;
                point.Y += thickness + dx * this.Pl;
            } else {
                point.Y += thickness;
            }

            leftPoints[i] = point;
        }

        for (int i = 0; i < rightPoints.Count; i++) {
            Point2D point = rightPoints[i];
            if (i == rightPoints.Count - 1 && (this.Mr != 0)) {
                double dx = thickness * this.Mr / (1 - this.Pr * this.Mr);
                point.X -= dx;
                point.Y += thickness + dx * this.Pr;
            } else {
                point.Y += thickness;
            }

            rightPoints[i] = point;
        }
    }
}
```

Lws 和 Rws 是路基面左侧和右侧的宽度列表，是连续里程-宽度值对的列表，通过连续里程-宽度值对来存储指定里程处的路基宽度，而通过插值就可以得到任意位置的路基面宽度。这里的连续里程指的是路基所放置的路径的连续里程，路基断面通常是沿该路径摆放的，因此该路径也将会决定断面的三维空间坐标，该路径也是 Subgrade 的成员变量 SweepAlignment。上面这个函数是将连续里程、路基厚度作为参数传入，会将左侧断面顶点和右侧断面顶点作为传出参数返回来。返回来的断面顶点是二维坐标，其原点位于人字拱形的最高处顶点，$X$ 轴水平向右，$Y$ 轴竖直向上。

计算出二维断面后，需要将其转换到三维空间，也就是将这个断面按正确的位置和姿态放置到三维空间中。通常来说，断面都会被垂直放到路径上，因此二维断面中的 $x$ 坐标，实际上就是断面顶点放置路径的水平垂直距离，这个距离也叫偏距，而二维断面中的 $y$ 坐标，实际上就是断面顶点与放置点间的竖向距离。知道了上述原理，就很容易编写出二维断面坐标向三维空间坐标转换的函数了。

```
public static Point3D ConvertToXyz(Point3D basePoint, Vector3D baseVector, Point2D target) {
    double ax = pt.X + Math.Sin(azimuth + Math.PI / 2.0) * target.X;
    double ay = pt.Y + Math.Cos(azimuth + Math.PI / 2.0) * target.X;
    Point2D point = new Point2D(ax, ay);
    return new Point3D(point.X, point.Y, basePoint.Z + target.Y);
}
```

上面的函数中，参数 basePoint 为放置点坐标，baseVector 为放置点处的切线方向，断面会垂直这个方向放置上去。这 2 个参数一般是根据放置处的连续里程由放置路径计算得来。上面的函数完成的是单点转换功能，将所有的二维断面顶点传入，然后顺序调用此函数，就可以实现多点转换。

最后，是将断面上的顶点连接起来构成三维实体，这可以借助 MicroStation 中创建规则扫描体元素的方法实现。创建规则扫描体时，需要传入一系列空间截面，而在前面我们已经将路基断面的空间坐标计算出来了，这里只需将其转化为 MicroStation 类型。

```
public static Element CreateSolidElement(DgnModel dgnModel, List<Point3D> pts0, List<Point3D>
pts1) {
    double uor = dgnModel.GetModelInfo().UorPerMeter;
    List<CurveVector> contours = new List<CurveVector>();

    List<DPoint3d> dpoints = new List<DPoint3d>();
    for (int i = 0; i < pts0.Count; i++) {
        dpoints.Add(BentleyConvertor.ToDPoint3d(pts0[i]) * uor);
    }
     CurveVector  curveVector  =  CurveVector. CreateLinear(dpoints,  CurveVector. BoundaryType.
Outer, false);
    contours.Add(curveVector);

    dpoints.Clear();
    for (int i = 0; i < pts1.Count; i++) {
        dpoints.Add(BentleyConvertor.ToDPoint3d(pts1[i]) * uor);
    }
    curveVector = CurveVector.CreateLinear(dpoints, CurveVector.BoundaryType.Outer, false);
    contours.Add(curveVector);

    DgnRuledSweepDetail detail = new DgnRuledSweepDetail(contours, true);
    SolidPrimitive solidPrimitive = SolidPrimitive.CreateDgnRuledSweep(detail);
    return DraftingElementSchema.ToElement(dgnModel, solidPrimitive, null);
}
```

至此，创建路基模型的主要步骤就介绍完了，也给出了关键的代码。你可以在此基础上尝试自己动手来建立一段路基模型。图 11 - 2 所示是笔者基于上述代码创建的一段站场路基。

### 11.1.2　边坡及防护建模

边坡是由一级一级的平台和坡面组合而成，边坡参数包括平台宽度、平台坡度、坡面坡度和本级最大高度等。因此，首先建立一个名为 TSYSideSlopeRate 的结构体来保存这些参数。

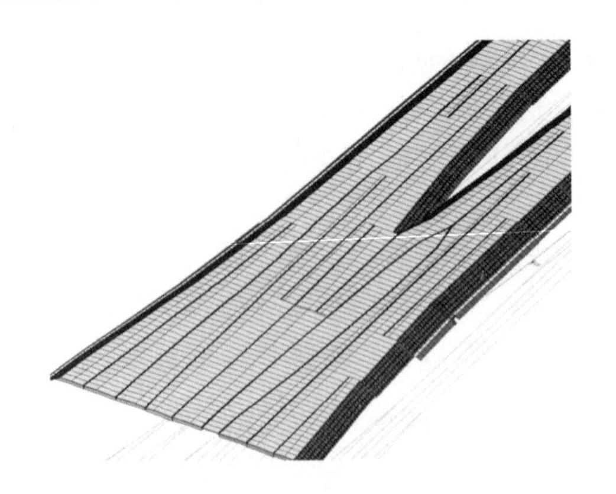

图 11－2　站场路基模型

```
public struct TSYSideSlopeRate {
    //先平台,然后坡
    public double P;//平台坡率
    public double W;//平台宽
    public double M;//边坡坡度
    public double H;//边坡高(含平台高)

    public TSYSideSlopeRate(double h, double m, double w, double p) {
        this.W = w;
        this.P = p;
        this.H = h;
        this.M = m;
    }
}
```

同路基本体建模思路一样,边坡建模的第一步是计算出边坡断面坐标,通常以起坡点为原点建立坐标系。前面介绍过,每一级边坡都是由平台和坡面组成的,平台和坡面的断面顶点需要分开计算,下述代码是计算指定级数的平台起点断面坐标和终点断面坐标,边坡级数从 0 开始。

```
public void getPlatformPoint(int level, double height, short lr, out Point2D fromPoint, out Point2D
toPoint) {
    double minx, miny, maxx, maxy;
    this.getLevelBoundary(level, height > 0, out minx, out miny, out maxx, out maxy);

    TSYSideSlopeRate param = this[level];
    double w = param.W;
    double p = height > 0 ? Math.Abs(param.P) : -Math.Abs(param.P);

    if (Math.Abs(height) >= Math.Abs(miny)) {
        toPoint = fromPoint = new Point2D(minx, miny);
        if (Math.Abs(height) <= Math.Abs(miny + w * p)) {
```

```
            toPoint.X += p != 0 ? Math.Abs(height - miny) / p : 0.0;
            toPoint.Y = height;
        } else {
            toPoint.X += w;
            toPoint.Y += w * p;
        }
    } else {
        fromPoint = toPoint = this.getBoundaryPoint(height);
    }

    if (lr < 0) {
        fromPoint.X = -fromPoint.X;
        toPoint.X = -toPoint.X;
    }
}
```

上面的代码首先是获取了本级边坡的起点断面坐标和终点断面坐标，根据边坡高度和起点及终点的 $y$ 值大小关系来判断出边坡边界是在平台范围内，还是在坡面范围内，又或者是在本级边坡范围外，不同的情况采用不同的计算方法。得到本级平台的起点和终点坐标后，还要根据边坡是在左侧还是右侧，对二维坐标的 $x$ 值按左负右正的原则进行处理。计算指定级数边坡的坡面起点和终点的方法也是一样的，下面给出代码。

```
public void getSlopePoint(int level, double height, short lr, out Point2D fromPoint, out Point2D
toPoint) {
    double minx, miny, maxx, maxy;
    this.getLevelBoundary(level, height > 0, out minx, out miny, out maxx, out maxy);

    TSYSideSlopeRate param = this[level];
    double w = param.W;
    double p = height > 0 ? Math.Abs(param.P) : -Math.Abs(param.P);
    double m = param.M;
    double h = height > 0 ? Math.Abs(param.H) : -Math.Abs(param.H);

    minx += w;
    miny += w * p;
    if (Math.Abs(height) >= Math.Abs(miny)) {
        toPoint = fromPoint = new Point2D(minx, miny);
        if (Math.Abs(height) < Math.Abs(maxy)) {
            toPoint.X += Math.Abs(height - miny) * m;
            toPoint.Y = height;
        } else {
            toPoint.X = maxx;
            toPoint.Y = maxy;
        }
    } else {
        fromPoint = toPoint = this.getBoundaryPoint(height);
    }
```

```
    if (lr < 0) {
        fromPoint.X = -fromPoint.X;
        toPoint.X = -toPoint.X;
    }
}
```

上面两个函数都用到了 getLevelBoundary 方法,该方法代码如下:

```
protected void getLevelBoundary(int level, bool isCuttingSlope, out double minx, out double miny,
out double maxx, out double maxy) {
    minx = miny = maxx = maxy = 0.0;
    double xx = 0.0, yy = 0.0;
    for (int i = 0; i <= level; i++) {
        TSYSideSlopeRate param = this[i];
        double w = param.W;
        double p = isCuttingSlope ? Math.Abs(param.P) : -Math.Abs(param.P);
        double m = param.M;
        double h = isCuttingSlope ? Math.Abs(param.H) : -Math.Abs(param.H);

        xx += Math.Abs(h - w * p) * m + w;//Math.Abs(h) * m + w;
        yy += h;//h + w * p;
        if (i == level - 1) {
            minx = xx;
            miny = yy;
        }
        if (i == level) {
            maxx = xx;
            maxy = yy;
        }
    }
}
```

以上代码均封装于 TSYSideSlopeRateList 类中,该类同时将 TSYSideSlopeRate 对象以列表的形式存储起来,该类的主要功能是根据边坡级数参数来计算边坡的断面坐标。

接下来,需要将断面坐标转换为空间坐标并构建三维实体,原理和路基本体的建模类似。这里首先定义 SideSlope 类如下:

```
public class SideSlope : Core.SweepObjects.TSYSweepObject {
    public short Lr = -1;
    public TSYSideSlopeRateList Rates = new TSYSideSlopeRateList();//坡率
    public TSYDoubleParamList Heights = new TSYDoubleParamList();//高度
    public double Dxy = 0.0;//平面偏移
    public TSYMileage StartMileage;//起始里程
    public TSYMileage EndMileage;//终止里程
    public double Dz = 0.0;//竖向偏移
    public double Spacing = 5.0;//模型分段间距
    public int CrossDirection = 0;//横切方向
```

```
    public TSYAlignmentObject SweepAlignment;//放样路径
}
```

SideSlope 类中的 Heights 变量存储了指定位置的边坡放坡高度,这个高度可以是用户输入的,也可以是根据地形计算出来的。当有设计区域的地形时,我们就可以根据地形自动计算出边坡的放坡高度了。这里的计算还是针对每个边坡断面来进行,输入的断面线为空间断面线,计算时采用二分法的思想。现在以路堤边坡为例来介绍该算法的计算过程。

(1) 先假设边坡的高度为一个较大的值,如 1000 米,并将此点作为边坡断面线的终点。起点为起坡点。

(2) 如果起点和终点间的距离小于容忍值,则退出。

(3) 根据边坡起点和终点计算边坡断面线中点处的地面高程。

(4) 若中点高程与地面高程的差值在设定精度范围内,则该点就是与地面的交点,退出。

(5) 若中点高程大于地面高程,即中点在地面以上,则以此中点为起点,转到第(2)步。

(6) 若中点高程小于地面高程,即中点在地面以下,则以此中点为终点,转到第(2)步。

路堑边坡的计算过程与路堤边坡的相同。

代码实现如下：

```
public static bool CalcDtmPoint(DTM dtm, GeoPolyline3D slopePolyline, bool isCutting, out
Point3D resultPoint) {
    double start = 0;
    double end = slopePolyline.getLength();
    resultPoint = new Point3D();
    double elevation;
    while (true) {
        resultPoint = slopePolyline.getPoint((start + end) / 2);
        if (!GetElevation(dtm, resultPoint.X, resultPoint.Y, out elevation)) return false;

        if(Math.Abs(elevation - resultPoint.Z) <= 0.01) {
            return true;
        }
        if(elevation > resultPoint.Z) {
            if(isCutting) start = (start + end) / 2;
            else end = (start + end) / 2;
        } else {
            if (isCutting) end = (start + end) / 2;
            else start = (start + end) / 2;
        }

        if (Math.Abs(start - end) < MathEngine.DISTANCE_RESOLUTION) {
            return false;
        }
    }

    return false;
}
```

计算得出边坡高度后，即可精确计算出每个断面的顶点，将这些顶点用 SolidPrimitive.CreateDgnRuledSweep 连接起来创建三维实体元素，就可以建立边坡的模型。图 11 - 3 所示是按上面的方法创建出来的边坡效果。

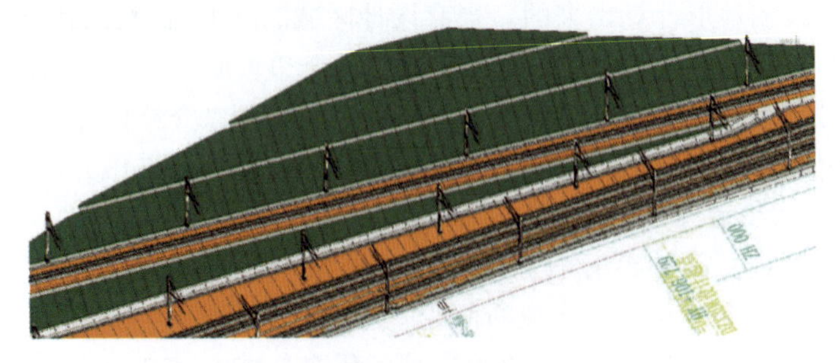

图 11 - 3 边坡模型

### 11.1.3 挡土墙建模

挡土墙是为了支撑边坡以保持坡体稳定性的一种构筑物，在路基设计中，常用的挡土墙类型有路堑式挡土墙、路堤式挡土墙、路肩式挡土墙等。它们有一个共同的特点，沿某个路径连续分布，比如路堑式挡土墙就是沿侧沟平台连续分布。

对于沿路径连续分布的三维实体，通常可以用规则扫描体元素来表达。下面，以路堑式挡土墙为例，来说明挡土墙的建模过程。图 11 - 4 所示是路堑式挡土墙的断面示意图，图中也给出了关键参数的计算方法。图中数字 0～10 表示断面顶点的序号，编号是为了便于在编程中引用。

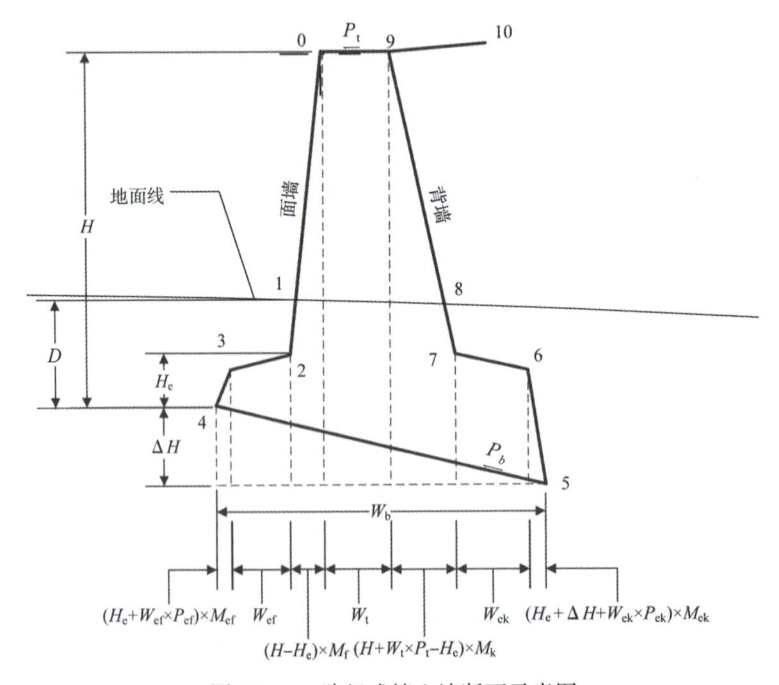


图 11 - 4 路堑式挡土墙断面示意图

图 11-4 中各参数变量的含义如表 11－1 所示。

**表 11－1　路堑式挡土墙参数说明**

| 序号 | 参数 | 说明 | 备注 |
|---|---|---|---|
| 1 | $H$ | 墙高 | 含墙趾高 |
| 2 | $D$ | 埋深 | 基础埋入地下部分的深度 |
| 3 | $W_t$ | 顶面宽度 | |
| 4 | $P_t$ | 顶面坡率 | |
| 5 | $P_b$ | 基底坡率 | |
| 6 | $M_f$ | 面墙边坡 | |
| 7 | $M_k$ | 背墙边坡 | |
| 8 | $H_e$ | 面墙趾高 | |
| 9 | $W_{ek}$ | 背墙趾宽 | |
| 10 | $W_{ef}$ | 面墙趾宽 | |
| 11 | $P_{ek}$ | 背墙趾坡率 | |
| 12 | $P_{ef}$ | 面墙趾坡率 | |
| 13 | $M_{ek}$ | 背墙趾边坡 | |
| 14 | $M_{ef}$ | 面墙趾边坡 | |
| 15 | $\Delta H$ | 面墙趾底与背墙趾底的高差 | |

其中：

$$\Delta H=\frac{\left[(H_e+W_{ef}\times P_{ef})\times M_{ef}+W_{ef}+(H-H_e)\times M_f+W_t+(H+W_t\times P_t-H_e)\times M_k+W_{ek}+(H_e+W_{ek}\times P_{ek})\times M_{ek}\right]\times P_b}{1-M_{ek}\times P_b}$$

接下来，我们用代码来实现这个路堑式挡土墙。首先定义 TSYGravityWall 类，将上述断面参数作为其成员变量。

```
public class TSYGravityWall {
    public double Wt = 1.0;//顶面宽度
    public double Pt = 0.0;//顶面坡率
    public double Pb = 0.0;//基底坡率
    public double Mf = 0.3;//面墙边坡
    public double Mk = -0.3;//背墙边坡
    //墙趾
    public double He = 0.0;//面墙趾高
    public double Wef = 0.0;//面墙趾宽
    public double Wek = 0.0;//背墙趾宽
    public double Mef = 0.3;//面墙趾边坡
    public double Mek = -0.3;//背墙趾边坡
    public double Pef = 0.0;//面墙趾坡率
```

```
    public double Pek = 0.0; //背墙趾坡率

    public short Lr = -1;//方位
    public Core. SweepObjects. TSYDoubleParamList Heights = new Core. SweepObjects.
TSYDoubleParamList();//总高度
    public Core. SweepObjects. TSYDoubleParamList Depths = new Core. SweepObjects.
TSYDoubleParamList();//地下深度

    public double Dxy = 0.0;//平面偏移
    public TSYMileage StartMileage;//起始里程
    public TSYMileage EndMileage;//终止里程
    public double Dz = 0.0;//竖向偏移
    public double Spacing = 5.0;//模型分段间距
    public int CrossDirection = 0;//横切方向
    public TSYAlignmentObject SweepAlignment;//放样路径
}
```

然后是计算指定里程处的断面，计算出来的断面顶点序号如图 11－4 所示，在上面的类中加入如下 getContour 方法。

```
public override List<Point2D> getContour(double length) {
    double height = this.Heights.getValue((float)length);//总高
    double depth = this.Depths.getValue((float)length);

    double wb = ((this.Htoe + this.Wtoe * this.Ptoe) * this.Mtoe + this.Wtoe + (height + this.Wt *
this.Pt - this.Htoe) * this.Mfw + this.Wt + (height - this.Htoe) * this.Mbw + this.Whe + (this.Htoe +
this.Whe * this.Phe) * this.Mhe) / (1 - this.Mhe * this.Pb);
    double dh = wb * this.Pb;
    List<Point2D> points = new List<Point2D>();

    Point2D point = new Point2D();//0
    points.Add(point);

    point.X = -this.Lr * (height - depth) * this.Mfw;//1 为面墙与地面的交点
    point.Y = -(height - depth);
    points.Add(point);

    point.X = -this.Lr * (height - this.Htoe) * this.Mfw;//2
    point.Y = -(height - this.Htoe);
    points.Add(point);

    if (this.Htoe > 0) {
        point.X += -this.Lr * this.Wtoe;//3
        point.Y += -this.Wtoe * this.Ptoe;
        points.Add(point);
```

```
            point.X += -this.Lr * (this.Htoe - this.Wtoe * this.Ptoe) * this.Mtoe;//4
            point.Y += -(this.Htoe -this.Wtoe * this.Ptoe);//此处注意符号
            points.Add(point);

            point.X += this.Lr * wb;//5
            point.Y += -dh;
            points.Add(point);

            point.X += -this.Lr * (this.Htoe + dh + this.Whe * this.Phe) * this.Mhe;//6
            point.Y += this.Htoe + dh + this.Whe * this.Phe;//此处注意符号
            points.Add(point);
        } else {
            points.Add(point);
            points.Add(point);
            points.Add(point);
            points.Add(point);
        }

        point.X = this.Lr * (this.Wt + (height + this.Wt * this.Pt - this.Htoe) * this.Mbw);//7
        point.Y = -(height - this.Htoe);
        points.Add(point);

        point.X = this.Lr * (this.Wt + (height - depth) * this.Mbw);//8 为背墙与地面的交点
        point.Y = this.Wt * this.Pt - (height - depth);
        points.Add(point);

        point.X = this.Lr * this.Wt;//9
        point.Y = this.Wt * this.Pt;
        points.Add(point);

        point.X = this.Lr*(this.Wt + this.Wp);//10
        point.Y = this.Wt * this.Pt + this.Wp * this.Pp;
        points.Add(point);

        double dy = height - depth;
        double dx = this.Lr * this.Mfw * (height - depth);

        for (int i = 0; i < points.Count; i++) {
            point = points[i];
            point.X += dx;
            point.Y += dy;
            points[i] = point;
        }

        return points;
    }
```

计算得出每个断面的顶点后，创建规则扫描实体元素就可以建立路堑式挡墙模型。图 11－5 所示是按上面的方法创建出来的路堑式挡墙模型。

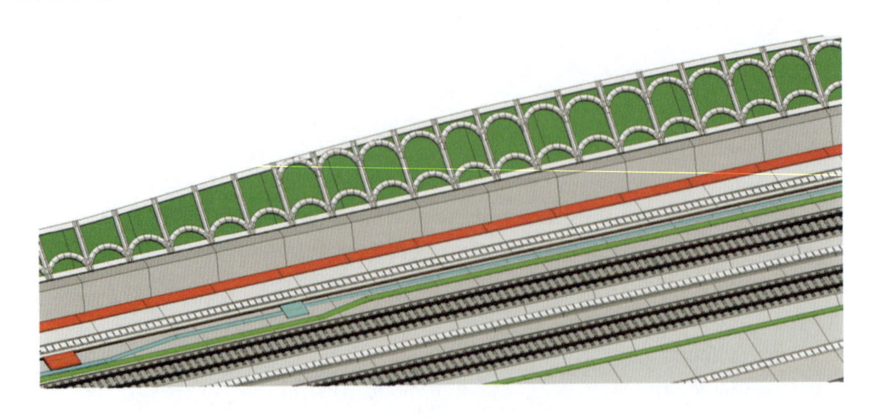

图 11－5　路堑式挡墙模型

### 11.1.4　排水系统建模

路基排除地表水的设施主要有排水沟、侧沟、天沟等。排水沟位于路堤护道外侧，用以排除路堤范围内的地面水及截排自田野方面流向路堤的地面水。侧沟设置于路堑的路肩外侧，用于汇集及排除路基边坡面及路基面范围内的地表水。天沟设于路堑堑顶边缘以外适当距离处，一般为 2～5 米，用于截排堑顶上方流向路堑的地表水。常用的水沟断面形式有矩形和梯形，如图 11－6 所示。

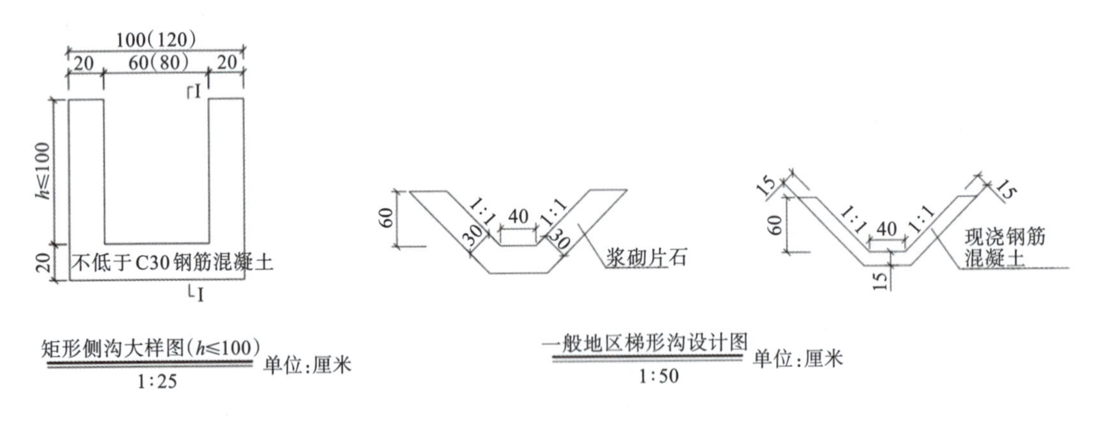


图 11－6　矩形沟(左)和梯形沟(右)

虽然矩形沟和梯形沟的断面形状不同，但矩形沟其实是梯形沟的沟壁坡度为 1:0 的特殊情况，因此两种类型的沟断面可以用一套计算方法来实现。水沟断面尺寸示意图及计算公式如图 11－7 所示。

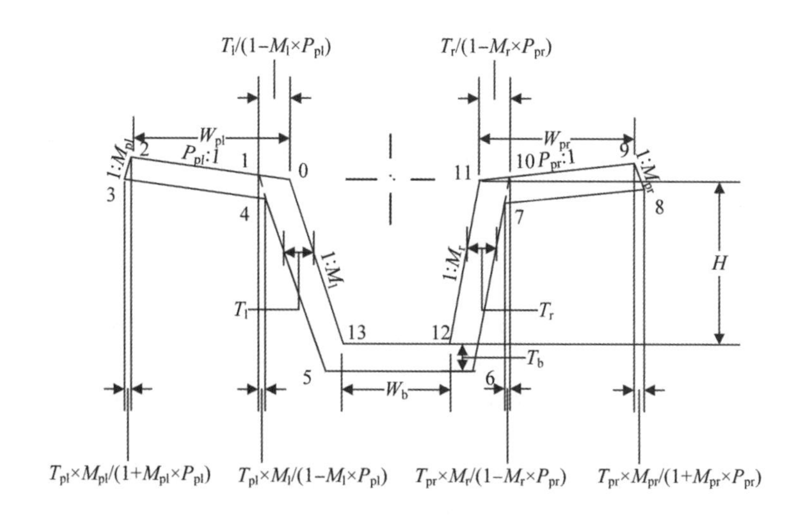


图 11－7　水沟断面尺寸示意图及计算公式

建立 TSYDitch 类，将上述参数封装进来，并添加断面计算函数，主要代码请扫描右侧二维码。

代码示例 9

上述断面顶点坐标为基于断面坐标系的二维坐标，需要转换为三维空间坐标才能建立规则扫描体元素。将断面的二维坐标转为三维坐标需要依据放样路径来完成。对于不同的水沟类型，放样路径的计算也有所不同，侧沟的放样路径为路基的路肩线，排水沟的放样路径为边坡的坡脚线，天沟的放样路径为堑顶线。前文已经介绍过路基本体及边坡的建模方法，水沟放样路径的获取需要结合路基本体及边坡建模来实现。这里以侧沟为例，给出放样路径的获取方法。

```
public virtual List<TSYDivisionSign> createDivisionSigns(double startLength, double endLength,
double spacing) {
    List<TSYDivisionSign> signs = new List<TSYDivisionSign>();
    double fromLength = 0, toLength = 0;

    signs.Insert(0, createDivisionSign(startLength));//加入起始标
    for (int i = 0; i < this.SweepAlignment.Horizontal.getVertexCount(); i++) {
        if (i > 0) {
            GeoLine line = new GeoLine(this. SweepAlignment. Horizontal[i - 1]. getToPoint(),
this.SweepAlignment.Horizontal[i].getFromPoint());
            toLength = fromLength + line.getLength();
            if (! (fromLength >= endLength - MathEngine. DISTANCE_RESOLUTION ||
toLength <= startLength + MathEngine. DISTANCE_RESOLUTION) && line. getLength() >
MathEngine.DISTANCE_RESOLUTION) {
                double length = (startLength > fromLength ? startLength : fromLength);
                double Lmax = endLength < toLength ? endLength : toLength;
                double step = spacing;

                length += step;
```

```
                while (length < Lmax – 0.5 * step) { //直线段不加入首尾标
                    signs.Add(createDivisionSign(length));
                    length += step;
                }
            }
            fromLength = toLength;
        }

        TSYJiaoDianVertex jd = (TSYJiaoDianVertex)this.SweepAlignment.Horizontal[i];
        toLength = fromLength + jd.getLength();
            if (!(fromLength >= endLength – MathEngine.DISTANCE_RESOLUTION || toLength <
= startLength + MathEngine.DISTANCE_RESOLUTION)) {
                if (jd. getLength() <= MathEngine. DISTANCE_RESOLUTION && this.
CrossDirection == 0) { //硬转交点
                    Vector2D fromVector = (i == 0) ? new Vector2D((Point2D)this.SweepAlignment.
Horizontal[i], (Point2D)this. SweepAlignment. Horizontal[i + 1]) : new Vector2D((Point2D)this.
SweepAlignment.Horizontal[i – 1], (Point2D)this.SweepAlignment.Horizontal[i]);
                    Vector2D toVector = (i == this. SweepAlignment. Horizontal. getVertexCount() –
1) ? new Vector2D((Point2D)this. SweepAlignment. Horizontal[i – 1], (Point2D)this.
SweepAlignment. Horizontal[i]) : new Vector2D((Point2D)this. SweepAlignment. Horizontal[i],
(Point2D)this.SweepAlignment.Horizontal[i + 1]);
                    signs.Add(createDivisionSign(fromLength, fromVector, toVector));
                } else { //曲线交点
                    double length = startLength > fromLength ? startLength : fromLength;
                    double Lmax = endLength < toLength ? endLength : toLength;
                    double step = jd.getLength() / 10;
                    if (step > spacing) step = spacing;

                    signs.Add(createDivisionSign(length));//曲线段加入首尾标
                    length += step;
                    while (length < Lmax – 0.5 * step) {
                        signs.Add(createDivisionSign(length));
                        length += step;
                    }
                    signs.Add(createDivisionSign(Lmax));
                }

            }
            fromLength = toLength;
        }
        signs.Add(createDivisionSign(endLength));//加入终止标
        return signs;
}
public virtual TSYReferenceAlignment getBoundary(int boundaryIndex) {
    List<TSYDivisionSign> signs = this.createDivisionSigns();
```

```
        TSYReferenceAlignment alignment = new TSYReferenceAlignment();
        foreach (TSYDivisionSign sign in signs) {
                List<Point2D> points = this.getContour(sign.Length);
alignment. addPoint(MathEngine. ConvertToSection(points[boundaryIndex], sign. Origin, sign. Vector,
sign.Factor));
        }

        return alignment;
}
```

getBoundary 方法可以获取路基的路肩线，其中 boundaryIndex 是边线在断面顶点中的序号，不同断面形式的路基以及路肩左右侧方位不同，其序号都不相同，可在不同断面形式路基类中定义路基的序号。getBoundary 方法中调用了 createDivisionSigns 方法，该方法是按一定间距生成路基断面，依此来计算断面顶点坐标。

获取放样路径后，就可以很方便地将断面二维坐标转为三维坐标，进而就可以创建规则扫描体元素，图 11－8 所示为建立的侧沟模型。

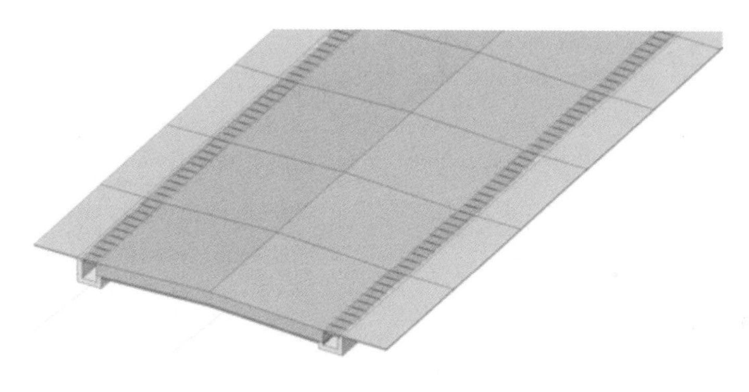

图 11－8　侧沟模型

## 11.2　桥梁建模

桥梁的类型较多，铁路工程中简支梁应用较广泛，这里重点介绍简支梁的建模方法。简支梁桥主要由梁和墩两种部件构成，它们的建模方法与前述路基本体的建模方法类似。首先是基于规则扫描的思路创建出每片梁和每个墩，然后将每片梁和每个墩按指定的姿态放置到指定的位置。图 11－9 所示为一种典型简支梁的断面示意图。

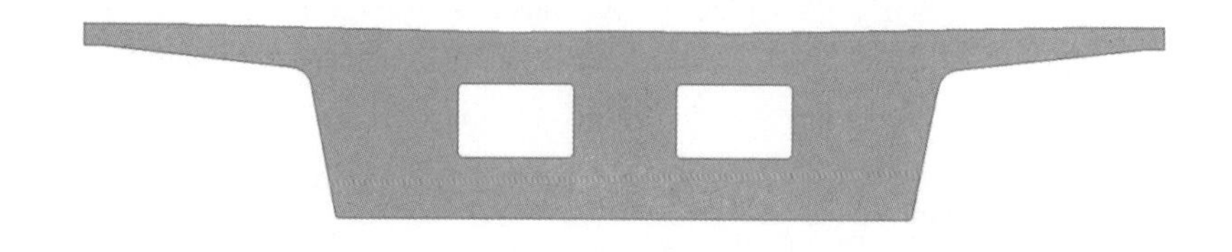

图 11－9　简支梁断面示意图

与挡土墙和水沟断面的计算方法类似，我们也可以整理出断面几何尺寸的计算公式，并将断面参数和计算方法封装到自定义类中。建立如下 TSYSimpleGirder 类。

```
public class TSYSimpleGirder {
    public double Wt = 12.6;//顶宽
    public double Wb = 5.443;//底宽
    public double Rt = 0.75;
    public double Rb = 0.1;
    public double Ut = 7.79;//单位度
    public double Ub = 75.96;//单位度
    public double H = 3.052;
    public double Ht = 0.234;//顶厚
    public Point3D FromPoint;//起点
    public Point3D ToPoint;//终点

    protected List<Point2D> getContour() {
        double xx = 0.0, yy = 0.0;
        List<Point2D> pts = new List<Point2D>();
        double at = this.Ut * Math.PI / 180;
        double ab = this.Ub * Math.PI / 180;

        double t0 = 1 / Math.Tan(ab);
        double t1 = 1 / Math.Tan(at);
        double h0 = ((this.Wt - this.Wb) / 2 - (this.H - this.Ht) * t1) / (t0 - t1);
        double h1 = ((this.Wt - this.Wb) / 2 - (this.H - this.Ht) * t0) / (t1 - t0);

        pts.Add(new Point2D(0.0, 0.0));
        pts.Add(new Point2D(this.Wt / 2, 0));
        pts.Add(new Point2D(this.Wt / 2, -this.Ht));

        yy = h1 - this.Rt * Math.Tan((ab - at) / 2) * Math.Sin(at);
        xx = h1 * t1 - this.Rt * Math.Tan((ab - at) / 2) * Math.Cos(at);
        Point2D fromPoint = new Point2D(this.Wt / 2 - xx, -this.Ht - yy);
        pts.AddRange(MathEngine.CalcCirclePoints(fromPoint, this.Rt, Math.PI / 2 + at, Math.PI /
2 + ab, 5));

        xx = this.Rb * Math.Tan(ab / 2) * Math.Cos(ab);
        yy = this.Rb * Math.Tan(ab / 2) * Math.Sin(ab);
        fromPoint = new Point2D(this.Wb / 2 + xx, -this.H + yy);
        pts.AddRange(MathEngine.CalcCirclePoints(fromPoint, this.Rb, 3 * Math.PI / 2 + ab, 3 *
Math.PI / 2, 5));

        xx = this.Rb * Math.Tan(ab / 2);
        yy = 0;
        fromPoint = new Point2D(-this.Wb / 2 + xx, -this.H + yy);
```

```
            pts.AddRange(MathEngine.CalcCirclePoints(fromPoint, this.Rb, 3 * Math.PI / 2, 3 * Math.
PI / 2 - ab, 5));

            xx = (h0 * t0 - this.Rt * Math.Tan((ab - at) / 2)) * Math.Cos(ab);
            yy = (h0 - this.Rt * Math.Tan((ab - at) / 2)) * Math.Sin(ab);
            fromPoint = new Point2D(-this.Wb / 2 - xx, -this.H + yy);
            pts.AddRange(MathEngine.CalcCirclePoints(fromPoint, this.Rt, Math.PI / 2 - ab, Math.PI
/ 2 - at, 5));

            pts.Add(new Point2D(-this.Wt / 2, -this.Ht));
            pts.Add(new Point2D(-this.Wt / 2, 0));

            return pts;
    }
}
```

桥墩的形式也有多种,这里以单柱花瓶墩为例来介绍桥墩的建模方法。一个完整的花瓶墩由垫石、托盘、墩身、承台、桩基等几部分构成,需要分别建立它们的三维模型。首先建立花瓶墩类 TSYVasePier,对建模参数进行封装。

```
public class TSYVasePier : TSYPier {
    //垫石
    public double Whs = 1.1;//垫石横长
    public double Wfs = 2.7;//垫石纵长
    public double Hs = 0.605;//垫石厚

    //托盘参数
    public double Rh = 4.651;//横桥向半径
    public double Rf = 7.812;//顺桥向半径
    public double Wht = 7.8;//顶部横向宽
    public double Wft = 3.3;//顶部纵向宽
    public double Whb = 6.0;//底部横向宽
    public double Wfb = 2.3;//底部纵向宽

    //墩身
    public double M = 21;//墩身坡比
    public double Rs = 0.1;//凹槽深度

    //承台
    public double Hc = 3.5;//承台厚
    public double Whc = 12.3;
    public double Wfc = 8.9;

    //桩基
    public double Hp = 38.0;//桩长
    public double Dp = 1.0;//桩径
```

```
    public int Np = 10;//桩数量

    public const int GRID_SIZE = 21;
}
```

其次是垫石，创建垫石的关键是计算出上下两个四边形的顶点，这需要对初始四边形进行旋转和移动，通过矩阵运算来实现。首先假设垫石的中心位置在 point 点，其在 $xy$ 平面上的方向为 vector，二维断面坐标为 contour，将 contour 中的二维坐标转换为三维坐标的代码如下：

```
public GeoSolid createSolid(Point3D origin, Vector3D orientation, double height, List<Point2D>
contour) {
    GeoSolid solid = new GeoSolid();
    Matrix matrix = Matrix.Rotation(2, -orientation.Azimuth);

    GeoSection section = new GeoSection();
    for (int j = 0; j < contour.Count; j++) {
        section.Add(Matrix.Transfom(origin.X, origin.Y, origin.Z) * matrix * (Point3D)contour[j]);
    }
    solid.addSection(section);

    section = new GeoSection();
    for (int j = 0; j < contour.Count; j++) {
        section.Add(Matrix.Transfom(origin.X, origin.Y, origin.Z + height) * matrix * (Point3D)
contour[j]);
    }
    solid.addSection(section);

    return solid;
}
//创建垫石
public List<GeoSolid> createPadStone() {
    List<Point2D> contour = new List<Point2D>();
    contour.Add(new Point2D(this.Whs / 2, this.Wfs / 2));
    contour.Add(new Point2D(this.Whs / 2, -this.Wfs / 2));
    contour.Add(new Point2D(-this.Whs / 2, -this.Wfs / 2));
    contour.Add(new Point2D(-this.Whs / 2, this.Wfs / 2));

    List<GeoSolid> solids = new List<GeoSolid>();

    //右垫石
    Point3D point = MathEngine.CalcOffsetPoint(this.Origin, this.Orientation, this.Wht / 4);
    solids.Add(GeoSolid.Create(point, this.Orientation, -this.Hs, contour));

    //左垫石
```

```
    point = MathEngine.CalcOffsetPoint(this.Origin, this.Orientation, -this.Wht / 4);
    solids.Add(GeoSolid.Create(point, this.Orientation, -this.Hs, contour));

    return solids;
}
```

GeoSolid 自定义实体类，它里面保存了实体的三维断面数据，可以很容易由其创建规则扫描体。接下来，是创建托盘，托盘的建模略为复杂，因为它的断面是渐变的，计算其断面是关键，主要代码如下：

```
public List<Point2D> getTrayContour(double wh, double wf) {
    List<Point2D> pts = new List<Point2D>();

    Point2D fromPoint = new Point2D(wh / 2 - wf / 2, wf / 2);
    pts. AddRange(MathEngine. CalcCirclePoints(fromPoint,  wf /  2,  Math. PI /  2,  -Math. PI /  2,
GRID_SIZE));

    pts.Add(new Point2D(this.Rs, -wf / 2));
    pts.Add(new Point2D(0.0, -wf / 2 + this.Rs));
    pts.Add(new Point2D(-this.Rs, -wf / 2));

    fromPoint = new Point2D(-wh / 2 + wf / 2, -wf / 2);
    pts.AddRange(MathEngine.CalcCirclePoints(fromPoint, wf / 2, -Math.PI / 2, -3 * Math.PI / 2,
GRID_SIZE));

    pts.Add(new Point2D(-this.Rs, wf / 2));
    pts.Add(new Point2D(0.0, wf / 2 - this.Rs));
    pts.Add(new Point2D(this.Rs, wf / 2));

    return pts;
}
//创建托盘
public GeoSolid createTray() {
    GeoSolid solid = new GeoSolid();
    Matrix matrix = Matrix.Rotation(2, -this.Orientation.Azimuth);

    double ah = Math.Acos((this.Rh - (this.Wht - this.Whb) / 2) / this.Rh);
    double af = Math.Acos((this.Rf - (this.Wft - this.Wfb) / 2) / this.Rf);

    int nn = GRID_SIZE;
    double dh = ah / (nn - 1);
    double df = af / (nn - 1);
    for (int i = 0; i < nn; i++) {
        double wh = this.Wht - (this.Rh * Math.Cos(ah - dh * i) - this.Rh * Math.Cos(ah)) * 2;
        double wf = this.Wft - (this.Rf * Math.Cos(af - df * i) - this.Rf * Math.Cos(af)) * 2;
```

```
            double zh = this.Rh * Math.Sin(ah) - this.Rh * Math.Sin(ah - dh * i) + this.Hs;
            GeoSection section = new GeoSection();
            List<Point2D> contour = getTrayContour(wh, wf);
            for (int j = 0; j < contour.Count; j++) {
            section.Add(Matrix.Transfom(this.Origin.X, this.Origin.Y, this.Origin.Z - zh) * matrix *
(Point3D)contour[j]);
            }
            solid.addSection(section);
        }

        return solid;
}
```

按照创建托盘的方法创建出墩身最上面和最下面的两个断面，就可以建立起墩身的模型，主要代码如下：

```
public GeoSolid createBody() {
        GeoSolid solid = new GeoSolid();
        Matrix matrix = Matrix.Rotation(2, -this.Orientation.Azimuth);

        double angle = Math.Acos((this.Rh - (this.Wht - this.Whb) / 2) / this.Rh);
        double h0 = this.Rh * Math.Sin(angle) + this.Hs;
        double h1 = this.H;

        GeoSection section = new GeoSection();
        List<Point2D> contour = getTrayContour(this.Whb, this.Wfb);
        for (int j = 0; j < contour.Count; j++) {
            section.Add(Matrix.Transfom(this.Origin.X, this.Origin.Y, this.Origin.Z - h0) * matrix *
(Point3D)contour[j]);
        }
        solid.addSection(section);

        section = new GeoSection();
        contour = getTrayContour(this.Whb + 2 * (h1 - h0) / this.M, this.Wfb + 2 * (h1 - h0) / this.M);
        for (int j = 0; j < contour.Count; j++) {
            section.Add(Matrix.Transfom(this.Origin.X, this.Origin.Y, this.Origin.Z - h1) * matrix *
(Point3D)contour[j]);
        }
        solid.addSection(section);

        return solid;
}
```

承台和桩基的建模方法与前面的垫石、托盘及墩身建模方法类似，关键是建立三维断面，此处不再赘述。

桥梁建模的最后一步就是要根据相关参数，生成梁和墩的集合。梁和墩的数量一般由孔跨样式来描述，该样式是一个形如 2×32+24+36 的字符串，里面包含跨度和每种跨度的数量。因此，我们首先需要从孔跨样式中解析出梁和墩的数量，然后由数量计算出梁的起止位置及墩的中心坐标。解析孔跨样式的代码如下：

```
public static bool ParseHoleStrideStyle(string strHoleStrideStyle, out List<float> strideArray) {
    strideArray = new List<float>();
    if (strHoleStrideStyle == "" || strHoleStrideStyle == "10000")
        return false;
    String pattern = @"(\d+[−x])?[\(（]\d+(\.\d+)*([+x−]\d+(\.\d+)*)*[\)）]|\d+(\.\d+)*([+x−]\d+(\.
\d+)*)*"; //分离出 1−(32+2×48+32)这样的小单元
    MatchCollection mc = Regex.Matches(strHoleStrideStyle, pattern);
    int nCount = mc.Count;
    if (nCount == 0) return false;
    String ss = "";
    String ss1 = "";
    Match match = null;
    int outerCount = 0;
    int innerCount = 0;
    MatchCollection mc1 = null;
    MatchCollection mc2 = null;
    try {
        for (int i = 0; i < nCount; i++) {
            ss = mc[i].Value;
            match = Regex.Match(ss, @"\d+(?=[−x][\(（])");//分离出小单元里的总次数
            if (match == null || match.Value == "") outerCount = 1;
            else outerCount = Int32.Parse(match.Value);//最外面的次数

            mc1 = Regex.Matches(ss, @"\d+(\.\d+)*[−x]\d+(\.\d+)*|\d+(\.\d+)*(?=[\)）+])|(?<=\+)
\d+(\.\d+)*");//分离出小单元中的循环内容(32+ 2×48+32)
            int jj = mc1.Count;
            int c = 0;
            for (int j = 0; j < jj; j++) {
                ss1 = mc1[j].Value;
                if (Regex.IsMatch(ss1, @"^\d+(\.\d+)*$")) { //单个数字
                    strideArray.Add(float.Parse(Regex.Match(ss1, @"\d+(\.\d+)*").Value));
                    c++;
                } else { //带−x的数字
                    mc2 = Regex.Matches(ss1, @"\d+(\.\d+)*");
                    if (mc2.Count != 2)
                        return false;
                    innerCount = Int32.Parse(mc2[0].Value);
                    for (int k = 0; k < innerCount; k++) {
                        strideArray.Add(float.Parse(mc2[1].Value));
                        c++;
                    }
```

```
                }
            }
            //innerCount = disArray.Count;
            for (int j = 0; j < outerCount - 1; j++) { //循环加入内容
                for (int k = 0; k < c; k++) {
                    strideArray.Add(strideArray[strideArray.Count - c]);
                }
            }
        }
    } catch {
        return false;
    }
    return true;
}
```

代码示例 10

此外,还需要为桥梁创建桥栏等附属设施。建立 TSYSimpleBridge 类,在该类中实现上述功能(具体代码请扫描左侧二维码)。

图 11 - 10 所示是建立的简支梁桥模型效果图。

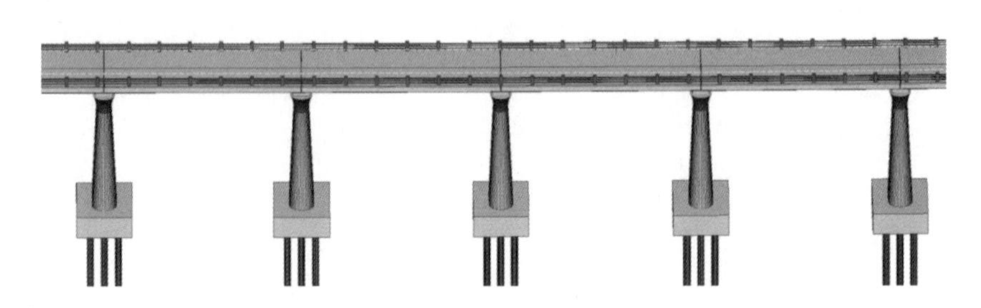

图 11 - 10　简支梁桥模型效果图

## 11.3　站台建模

对于车站,还需要在路基上面建立站台模型,铁路的站台一般分为岛式站台和侧式站台。岛式站台位于两条股道之间,侧式站台位于最外侧股道的旁边,如图 11 - 11 所示。

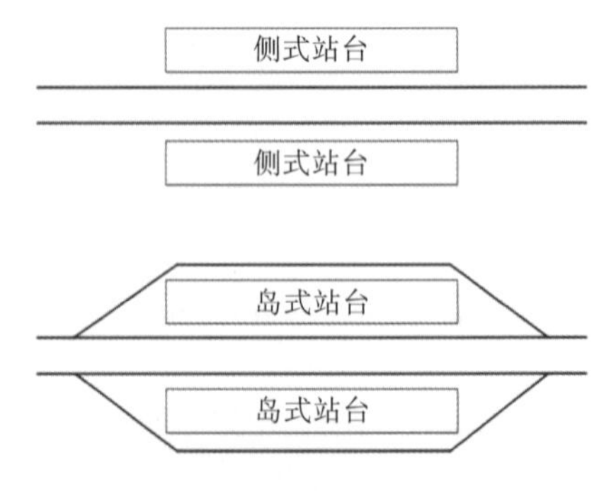


图 11 - 11　岛式站台与侧式站台示意图

站台有站台长度、站台宽度、站台高度、距线路水平距离等参数,其中站台高度是指站台顶面与线路股道轨顶标高的竖向距离。根据上述参数基本可以计算出站台的几何形状,但岛式站台与侧式站台的计算方法略有不同。

对于岛式站台,只需在计算出站台两侧线路的坐标后,从两侧线路往中间收缩一定的距离(一般是站台距线路的水平距离)即可得到站台的平面边界,然后由站台高度和两侧线路的轨面高程可确定站台的顶面高程。由此即可确定站台的顶面轮廓线,再根据路基参数,可计算出站台底面高程,从而得出站台的底面轮廓线。

对于侧式站台,其计算过程类似。根据线路一侧的线路坐标可计算出线路侧的顶面轮廓,再根据站台宽度可计算出另一侧的站台顶面轮廓。最后将两侧轮廓合并即可得到整个站台的顶面轮廓。

将上述思路应用到每个断面,即可计算出站台的三维断面坐标,然后用断面创建出规则扫描体即可生成站台三维模型。有了站台的断面坐标,就可以快速地计算出雨棚的三维断面坐标,就很容易建立雨棚的三维模型了。建立 TSYIslandPlatform 类,由它负责完成岛式站台的建模。

```
public class TSYIslandPlatform {
    public double H = 1.25;//站台高度
    public double D = 0.0;//站台深度
    public double Al = 1.75;//站台至左线路距离
    public double Ar = 1.75;//站台至右线路距离
    public double Htl = 0.766;//左侧轨道高度
    public double Pal = 0.04;//左侧线路横坡
    public double Htr = 0.766;//右侧轨道高度
    public double Par = 0.04;//右侧线路横坡

    public TSYAlignmentObject LeftTrackAlignment;//左线
    public TSYAlignmentObject RightTrackAlignment;//右线

    public TSYIslandPlatform() {
        this.Name = "线间站台";
    }
    public override List<Point2D> getContour(double length) {
        Point3D basePoint = this.getOrigin(length);
        Vector3D baseVector = (Vector3D)this.getVector(length);

        Point2D  pt0  =  TSYSubgradeHelper. GetContourPoint(basePoint,  baseVector,  this.
LeftTrackAlignment);
        pt0.X += this.Al;
        pt0.Y += this.H;

        Point2D  pt2  =  TSYSubgradeHelper. GetContourPoint(basePoint,  baseVector,  this.
RightTrackAlignment);
        pt2.X += -this.Ar;
```

```
            pt2.Y += this.H;

            Point2D pt1;
            TSYSubgradeHelper.CalcGradientChangePoint(pt0, pt2, this.P, this.P, out pt1);//线间站台只能是双斜面坡

            List<Point2D> points = new List<Point2D>();
            points.Add(pt0);
            points.Add(pt1);
            points.Add(pt2);
            points.Add(new Point2D(pt2.X, pt2.Y - (this.H + this.Htl + this.Pal * 0.75 - this.Al * this.Pal) - this.D));
            points.Add(new Point2D(pt0.X, pt0.Y - (this.H + this.Htr + this.Par * 0.75 - this.Ar * this.Par) - this.D));
            return points;
        }
}
```

getContour 就是计算每个断面的方法，该方法调用了 TSYSubgradeHelper 的 GetContourPoint 静态方法，它的作用是将 basePoint 按 baseVector 投射到 alignment 上，然后将投射点转换成以 basePoint 为原点的二维坐标。

```
public static Point2D GetContourPoint(Point3D basePoint, Vector3D baseVector, TSYAlignmentObject alignment) {
    Vector2D normal = new Vector2D(baseVector.Azimuth + Math.PI / 2);
    double length = alignment.Horizontal.hitLength((Point2D)basePoint, normal);
    Point3D point = alignment.getPoint(length);
    double x = MathEngine. CalcDistance((Point2D)basePoint, (Vector2D)baseVector, (Point2D)point);
    double y = point.Z - basePoint.Z;
    return new Point2D(x, y);
}
```

TSYSubgradeHelper 的 CalcGradientChangePoint 静态方法的作用是从两个点各引出一条有一定坡度的直线，然后计算这两条直线的交点。因为站台也要考虑排水，该方法可以计算出站台顶面的横坡。

```
public static bool CalcGradientChangePoint(Point2D leftPoint, Point2D rightPoint, double pl, double pr, out Point2D point) {
    Vector2D leftVector = new Vector2D(-1.0, -pl);
    Vector2D rightVector = new Vector2D(1.0, -pr);

    if (!MathEngine.CalcIntersectPoint(leftPoint, leftVector, rightPoint, rightVector, out point)) {
        return false;
    }
```

```
        if (point.X <= leftPoint.X || point.X >= rightPoint.X) {
            return false;
        }

        return true;
}
```

上面介绍了二维断面坐标的计算方法，接下来根据断面的基点和方向即可将其转换为三维坐标并创建出站台的三维模型。雨棚的创建过程与站台类似，图 11－12 所示为代码创建的站台和雨棚模型效果图。

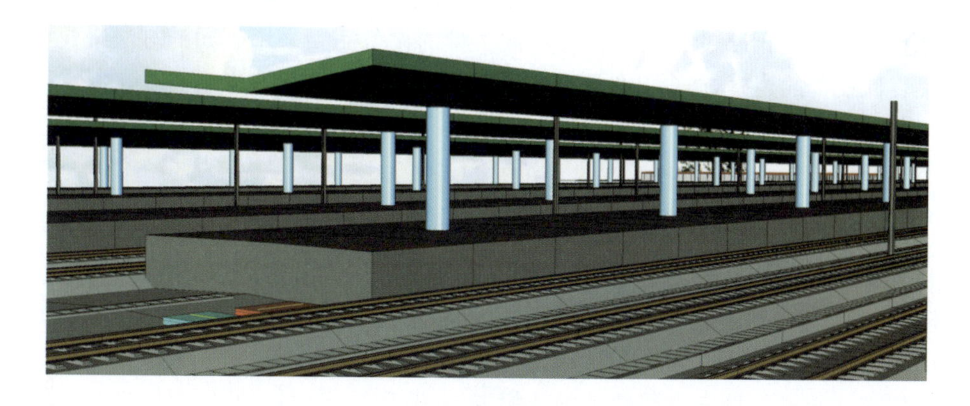

图 11－12　站台和雨棚模型效果图

# 第12章　铁路站场设备建模

站场设备是站场工程的重要组成部分，种类较多，部分设备对布设位置和角度有一定的约束。有些设备需依附线路中线而存在（比如轨道），有些设备需要沿线间隔布设（如接触网），有些设备则没有严格的约束条件。不同类型的设备需要采用不同的方法来建模，本章将介绍代表性设备的建模方法，其他设备的建模可以参照本章所述方法实现。

## 12.1　轨道建模

按道砟的类型，轨道分为有砟轨道和无砟轨道，无砟轨道又可分为板式和双块式，目前我国时速 350 千米的高速铁路普遍采用无砟轨道，部分站线会采用有砟轨道。无论是有砟轨道，还是无砟轨道，其建模都是采用拼装法，即将事先建立的轨道部件模型组装到一起形成完整的轨道模型。

这里以有砟轨道为例来介绍轨道的建模方法，有砟轨道由钢轨及扣件、轨枕、道床等部件构成，下面分别介绍其建模方法。首先建立 TSYBallastTrack 类对有砟轨道的数据进行封装。

```
public class TSYBallastTrack : TSYTrack {
    public int RailType = 0;//钢轨类型
    public int SleeperType = 0;//轨枕类型
    public int PlateType = 0;//垫板类型

    public double Wb = 3.1;//道床顶面宽度
    public double Mb = 1.5;//道床边坡坡度
    public double Hb0 = 0.3;//面渣厚度
    public double Hb1 = 0.0;//底渣厚度
    public double Hbd = 0.0;//堆高

    public double Hr = 0.0;//钢轨高度
    public double Hp = 0.010;//垫板厚度
    public double Hs = 0.0;//轨枕轨下厚度
    public double Ds = 0.0;//轨枕埋深
    public double Ws = 0.0;//轨枕宽度
    public int Ns = 1667;//每公里轨枕数
    public double Vs = 0.0;//轨枕埋入体积

    public double Dxy = 0.0;//平面偏移
    public TSYMileage StartMileage;//起始里程
```

```
    public TSYMileage EndMileage;//终止里程
    public double Dz = 0.0;//竖向偏移
    public double Spacing = 5.0;//模型分段间距
    public int CrossDirection = 0;//横切方向
    public TSYAlignmentObject SweepAlignment;//线路中线
}
```

这里需要注意几个高程的计算，轨枕的顶面中心高程=线路中心标高−(钢轨高度+垫板厚度)，道床顶面中心高程=线路中心标高−(钢轨高度+垫板厚度+轨枕轨下厚度−轨枕埋深)。

钢轨建模可采用规则扫描的思路，先获取钢轨二维断面，然后根据线路中线将二维断面转换为三维断面。钢轨重量不同，断面几何形状略有不同，可以将不同类型的断面形状作为模型库保存为 .cel 文件，建模时从该文件直接读取即可。

```
string libFileName = Settings.SoftwareSettings.CONFIG_PATH + "Templates\\轨道.cel";
string cellName = track.getRailTypeName();
CurveVector railContour = DgnHelper. ReadCurveVector(libFileName, cellName, CurveVector.
BoundaryType.Outer);
if (railContour != null) {
    setter.SetColor(railColor);
    for (int i = 1; i < signs.Count; i++) {
        //左轨
        Point3D origin0 = MathEngine.CalcOffsetPoint(signs[i − 1].Origin, signs[i − 1].Vector, −
0.75);
        Point3D origin1 = MathEngine.CalcOffsetPoint(signs[i].Origin, signs[i].Vector, −0.75);
        origin0.Z −= track.Hr;
        origin1.Z −= track.Hr;

        Element element = CreateSolidElement(dgnModel, railContour, origin0, signs[i − 1].
Vector, origin1, signs[i].Vector);
        setter.Apply(element);
        elementList.Add(element);

        //右轨
        origin0 = MathEngine.CalcOffsetPoint(signs[i − 1].Origin, signs[i − 1].Vector, 0.75);
        origin1 = MathEngine.CalcOffsetPoint(signs[i].Origin, signs[i].Vector, 0.75);
        origin0.Z −= track.Hr;
        origin1.Z −= track.Hr;

        element = CreateSolidElement(dgnModel, railContour, origin0, signs[i − 1]. Vector,
origin1, signs[i].Vector);
        setter.Apply(element);
        elementList.Add(element);

        ProgressBar.Update((int)((i + 1) * 100.0 / signs.Count));
    }
}
```

其中 libFileName 是轨枕模型 .cel 文件的路径，cellName 是具体钢轨型号的模型名称。

轨枕的建模思路是将事先建立标准的轨枕模型按间距放置到线路中线上。首先需要用 MicroStation 建立标准的轨枕模型，将其保存为 .cel 文件并放到指定的目录下边，一般为软件的模型文件夹。在轨道设计中，每千米敷设的轨枕数量是一定的，比如 1667 根，依此可计算出两根轨枕的间距(实际上敷设时不是等间距的，这里做近似处理)。根据线路中线即可计算出每根轨枕的中心位置和放置角度，然后按计算得出的中心位置和角度将轨枕放置好。这里需要注意的是，由于轨枕中有曲面，另外钢轨扣件一般和轨枕放在一起，导致轨枕比较耗费显示资源，如果将轨枕作为普通单元加入文档中，大量的轨枕模型会引起软件的严重卡顿。采用共享单元的方式加入可以解决以上问题。钢轨和道床的建模代码可参考路基本体，轨枕的建模采用共享单元实现，这里作详细介绍。具体步骤如下：

(1) 选择线路及起止位置，输入轨道参数。选取轨道敷设的线路中线并指定敷设起始里程位置和终止里程位置，输入钢轨类型、垫板厚度、轨枕类型、每千米敷设根数等参数。

(2) 计算轨枕数量和实际位置。根据敷设终点位置和每千米敷设根数，计算总共需要铺设的轨枕数量 $N$ 和每根轨枕的实际里程位置，并保存在位置数组中。定义变量 $i$，并令 $i$=1。

(3) 计算第 $i$ 个轨枕的位置和方向。获取第 $i$ 根轨枕的实际里程，利用线路曲线的计算功能得到该里程处的空间点 $P$ 和切方向 $V$。

(4) 放置第 $i$ 个轨枕。根据输入的轨道参数，计算轨枕上表面中心距轨顶的垂直距离 $d_z$，将轨枕放置在点 $P$ 处，并将轨枕向 $Z$ 轴负方向移动 $d_z$，旋转轨枕使其方向与切方向 $V$ 一致。

(5) 判断 $i$==$N$?，如果是，则结束，如果不是，则令 $i$=$i$+1，转到步骤(3)。

以下是创建轨枕的代码：

```
cellName = track.getSleeperTypeName();
if (DgnHelper.CreateSharedCellDefinition(dgnModel, libFileName, cellName, true)) {
    dz = -track.Hr - track.Hp - track.Hs;
    double sleeperSpacing = 1000.0 / track.Ns;
    int sleeperCount = (int)(track.SweepAlignment.Horizontal.getLength() / sleeperSpacing) + 1;
    ProgressBar.Update("正在创建轨枕...");
    for (int i = 0; i < sleeperCount; i++) {
        double length = i * sleeperSpacing;
        Point3D origin = track.getOrigin(length);
        origin.Z += dz;
        Vector3D vector = track.getVector(length);

        SharedCellElement shearedCell = CreateSharedCellElement(libFileName, cellName,
dgnModel, origin, Math.PI / 2 - vector.Azimuth, 0.0, 0.0);
        if (shearedCell != null) {
            setter.Apply(shearedCell);
            elementList.Add(shearedCell);
        }

        ProgressBar.Update((int)((i + 1) * 100.0 / sleeperCount));
    }
}
```

上面的代码首先在本文档中创建轨枕共享单元的定义；其次根据轨枕间距计算出轨枕的数量；再次利用线路中线计算每根轨枕的位置坐标和放置方向；最后按照指定的中心位置和方向创建共享单元实例。创建共享单元定义和实例的代码如下：

```
public static bool CreateSharedCellDefinition(DgnModel dgnModel, string libFileName, string
cellName, bool forceUpdate = false) {
    //找共享单元定义
    SharedCellDefinitionElement definition = FindSharedCellDefinition(dgnModel, cellName);
    if (definition != null && !forceUpdate) {
        return true;
    }

    try {
        if (definition != null) {
            definition.DeleteFromModel();
        }
        Bentley. Interop. MicroStationDGN. Application app = Bentley. MstnPlatformNET.
InteropServices.Utilities.ComApp;
        app. AttachCellLibrary(libFileName, Bentley. Interop. MicroStationDGN.
MsdConversionMode.Always);
        app.CreateSharedCellElement3(cellName, new Bentley.Interop.MicroStationDGN.Point3d
(), true);
        return true;
    } catch { /*(Exception ex)*/

    }
    return false;
}
public static SharedCellElement CreateSharedCellElement(string libFileName, string cellName,
DgnModel dgnModel, Point3D origin, double yawAngle, double pitchAngle, double rollAngle,
double scale = 1.0) {
    double uor = dgnModel.GetModelInfo().UorPerMeter;

    DTransform3d transform = DTransform3d.Scale(scale);//比例缩放
    transform *= GetRotateTransform(yawAngle, pitchAngle, rollAngle);//旋转
    transform.Translation = DPoint3d.FromXYZ(origin.X, origin.Y, origin.Z) * uor;//移动

    if (!DgnHelper.CreateSharedCellDefinition(dgnModel, libFileName, cellName)) {
        return null;
    }

    SharedCellElement sharedInstance = new SharedCellElement(dgnModel, null, cellName,
DPoint3d.Zero, DMatrix3d.Identity, DPoint3d.FromXYZ(1, 1, 1));
    sharedInstance.ApplyTransform(new TransformInfo(transform));
    return sharedInstance;
}
```

之后是道床的建模，和钢轨类似，采用规则扫描的思路，可以将不同类型的道床的二维断面保存于 .cel 文件中。

```
cellName = track.getTrackBedTypeName();
CurveVector railContour = DgnHelper. ReadCurveVector(libFileName, cellName, CurveVector.
BoundaryType.Outer);List<TSYSection> trackBedSections = new List<TSYSection>();
double dz = track.Hr + track.Hp + track.Hs - track.Ds;

for (int i = 0; i < signs.Count; i++) {
    Core.SweepObjects.TSYDivisionSign sign = signs[i];
    Point3D origin = sign.Origin;
    Vector3D vector = sign.Vector;

    TSYSection section = CreateSectionFromTemplate(origin, vector, trackBedPoints, 0.0, -dz);//道
床
    trackBedSections.Add(section);
    ProgressBar.Update((int)(i * 100.0 / signs.Count));
}
```

采用共享单元技术后，轨道模型加载后的流畅度明显提高，图 12－1 所示为建成的轨道模型效果图。

图 12－1　轨道模型效果图

## 12.2　其他设备建模

考虑安全行车和方便业务办理，铁路上有许多设备，如信号机、转辙机、警冲标、接触网、车挡等。这些设备的几何形状大多是固定不变的，对于这样的设备，我们可以事先将其模型单独存储为 .cel 文件，建立模型库，需要时可以直接从模型库读取，然后放置到对应的位置。图 12－2 中列出了部分铁路设备效果图。

图 12－2　铁路设备效果图

建模时，首先要从构件库中读取 .cel 格式的构件，然后根据用户输入的位置坐标和朝向，将其放置到设计场景中。这里以信号机的建模为例来介绍设备的建模过程。

首先建立 TSYSignalMachine 类，该类中有设备坐标、设备方位角、所属线路、设备型号、单元名称等元素，还有获取设备里程、设置设备方位角、设置设备位置等方法。

```
public class TSYSignalMachine {
    public Point3D Origin;//位置
    public double Azimuth;//方位角
    public double Offset;//偏移量
    public int ModelType;//型号类型
    public string ModelName;//单元名称
    public int Lr = 1;//方位
    public TSYAlignmentObject Alignment;//所属线路

    public TSYMileage getMileage() {
        return this.Alignment.Horizontal.getMileage((Point2D)this.Origin);
    }
    public double getOffset() {
        return this.Alignment.Horizontal.getOffset((Point2D)this.Origin);
    }
    public double getAlignmentElevation() {
        double length = this.Alignment.Horizontal.hitLength((Point2D)this.Origin);
```

```
        return this.Alignment.getPoint(length).Z;
    }
    public void setAzimuth(Point3D point) {
        double length = this.Alignment.Horizontal.getLength((Point2D)point);
        Vector2D vector = this.Alignment.Horizontal.getVector(length);
        this.Azimuth = vector.Azimuth;
    }
    public virtual bool setOrigin(TSYMileage mileage, double offset) {
        double length = this.Alignment.getLength(mileage);
        if (length < 0) return false;

        Point2D agnPoint = this.Alignment.Horizontal.getPoint(length);
        Vector2D agnVector = this.Alignment.Horizontal.getVector(length);

        Point2D datumPoint;
        Vector2D datumVector;
        double angle = 0.0;
        if (TSYDatumSystem.GetPointAndTangent(mileage, out datumPoint, out datumVector)) {
            angle = agnVector.angleBetween(datumVector);
        } else {
            datumPoint = agnPoint;
            datumVector = agnVector;
        }

        double distance = MathEngine.CalcDistance(datumPoint, datumVector, agnPoint);
        //if (angle < Math.PI / 2 - 0.001)
        {
            distance += offset / Math.Cos(angle);
        }

        Point2D point = MathEngine.CalcOffsetPoint(datumPoint, datumVector, 0.0, distance);
        this.Origin.X = point.X;
        this.Origin.Y = point.Y;

        this.Offset = offset;
        return true;
    }
}
```

可以创建名为 SignalMachineDlg 的 Window 窗口界面来让用户输入上述参数,如图 12－3 所示。

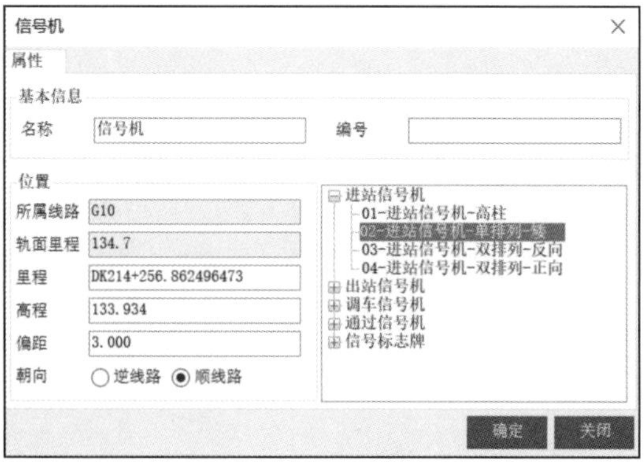

图 12-3　参数输入界面

有了设备坐标和角度这些参数以后，就可以读取 .cel 文件中与 ModelName 相同的模型并加载到场景中了。根据实际情况，用户可以选择以普通单元、共享单元的形式来加载，由于信号机并不像轨枕那样会大规模重复出现，这里采用普通单元的形式加载。

```
public static void CreateSignalMachine(Core.Devices.TSYSignalMachine obj) {
    DgnModel dgnModel = World.Instance.getModel();
    List<Element> elementList = new List<Element>();
    string libFileName = Settings.SoftwareSettings.CONFIG_PATH + "Templates\\信号机.cel";
    string cellName = obj.ModelName;

    double yaw = Math.PI / 2 – obj.Azimuth + (obj.Lr == –1 ? Math.PI : 0.0) – Math.PI / 2;
    Element element = CreateSharedCellElement(libFileName, cellName, dgnModel, obj. Origin,
yaw, 0, 0);
    if (element == null) {
        return;
    }
    elementList.Add(element);

    DgnHelper.CreateNamedGroup(dgnModel, obj, elementList);
}
```

另外，少部分设备的几何尺寸是可以根据实际情况变化的，比如接触网立柱的长和宽。对于这类设备，我们可以采用参数化单元来建模，即事先将尺寸设置为参数，然后将参数关联为 ECItem，这样用户可以直接通过属性栏去修改这些值，当然也可以在程序中直接修改这些值。至于如何用 MicroStation 来创建参数化单元，可以参考 Bentley 中国优先社区上的文档，这里我们给出参数化单元定义的代码示例。

```
public static bool CreateParametricCellDefinition(DgnModel dgnModel, string libFileName, string
cellName, bool forceUpdate = false) {
    ParametricCellDefinitionElement definition = ParametricCellDefinitionElement. FindByName
(cellName, dgnModel.GetDgnFile());
    if (definition != null && !forceUpdate) { //已经定义并且不强制更新，直接返回
```

```
            return true;
        }
        try {
            //创建文档
            DgnDocument document = DgnDocument.CreateForLocalFile(libFileName);

            //创建文件
            DgnFileOwner owner = DgnFile.Create(document, DgnFileOpenMode.ReadOnly);
            DgnFile dgnFile = owner.DgnFile;
            StatusInt errorDetails;
            dgnFile.LoadDgnFile(out errorDetails);
            //dgnFile.FillDictionaryModel();

            //加载Cell元素
            ModelId modelId = dgnFile.FindModelIdByName(cellName);
            DgnModel cellModel = dgnFile.LoadRootModelById(out errorDetails, modelId);
            //dgnFile.FillSectionsInModel(cellModel, DgnModelSections.All);

            DgnComponentDefinitionHandler dh = DgnComponentDefinitionHandler. GetForModel
(cellModel);
            DgnComponentDefinitionModelHandler dmh = dh.DefinitionModelHandler;

            if (definition == null) {
                ParameterStatus status = dmh.CreateCellDefinition(dgnModel.GetDgnFile());//创建
            } else {
                dmh. UpdateCellDefinition(dgnModel. GetDgnFile(), new ParametricCellRemapTable
());//更新
            }

            return true;
        } catch { /*(Exception ex)*/

        }
        return false;
}
```

该方法主要用到了 DgnComponentDefinitionModelHandler 类，它可以创建或更新参数化单元定义。在 Bentley. DgnPlatformNET. dll 中，可以由同样位于该链接库的 DgnComponentDefinitionHandler 获取该类。首先是通过 ParametricCellDefinitionElement. FindByName 方法判断当前文件中是否存在指定名称的参数化单元定义，如果不存在就调用 DgnComponentDefinitionModelHandler 对象的 CreateCellDefinition 方法创建定义，否则调用其 UpdateCellDefinition 方法更新定义。有了参数化单元的定义后，就可以根据这个定义来创建参数化单元实例了。

```
public static ParametricCellElement CreateParametricCellElement(string libFileName, string cellName, DgnModel dgnModel, Point3D origin, double yawAngle, double pitchAngle, double rollAngle, double scale = 1.0) {
    double uor = dgnModel.GetModelInfo().UorPerMeter;

    DTransform3d transform = DTransform3d.Scale(scale);//比例缩放
    transform *= GetRotateTransform(yawAngle, pitchAngle, rollAngle);//旋转
    transform.Translation = DPoint3d.FromXYZ(origin.X, origin.Y, origin.Z) * uor;//移动

    if (!DgnHelper.CreateParametricCellDefinition(dgnModel, libFileName, cellName)) {
        return null;
    }
    ParametricCellDefinitionElement def = ParametricCellDefinitionElement. FindByName
(cellName, dgnModel.GetDgnFile());
    ParametricCellElement element = ParametricCellElement.Create(def, "", dgnModel);
    element.ApplyTransform(new TransformInfo(transform));

    return element;
}
```

创建实例是通过调用同样位于 Bentley.DgnPlatformNET.dll 中的 ParametricCellElement 类来完成。下面的代码分别用于获取 EC 实例和更改 EC 属性值。

```
public static IDgnECInstance GetECInstance(DgnFile dgnFile, string itemLibName, string itemTypeName, Element element) {
    CustomItemHost host = new CustomItemHost(element, true);
    IDgnECInstance item = host.GetCustomItem(itemLibName, itemTypeName);
    return item;
}
public static void SetItemValue(IECInstance item, string name, double value) {
    ECNameValidation.EncodeToValidName(ref name);
    item.SetValue(name, value);
}
```

更改 EC 属性值后,需要手动保存才能永久生效,以下为调用上述代码实现 EC 属性修改的示例代码。

```
IDgnECInstance item = GetECInstance(dgnModel. GetDgnFile(), "RfaSymbols_" + poleCellName, poleCellName, poleElement);
SetItemValue(item, "长度", obj.H);
SetItemValue(item, "截面宽度", obj.Ax);
SetItemValue(item, "截面长度", obj.Ay);
SetItemValue(item, "截面厚度 t1", obj.At1);
SetItemValue(item, "截面厚度 t2", obj.At2);
SetItemValue(item, "截面曲线半径", obj.Ar);
item.WriteChanges();
```

模型库的思路可以满足大部分铁路工程设备的设计需求，采用该思路的关键是要建立种类齐全的模型库。通常用户会积累一些用其他软件（比如 Revit、SketchUp、3DMax）建好的设备模型，为了避免重复建模，可以利用 MicroStation 的导入功能，将其他格式的三维模型导入进来。需要特别说明的是，Bentley 开发了针对 Revit 的插件，能够将 Revit 模型直接转换为 Bentley 的 I-Model 或 DGN 格式。

# 附录　MicroStation开发作品效果

附图1　桥梁模型

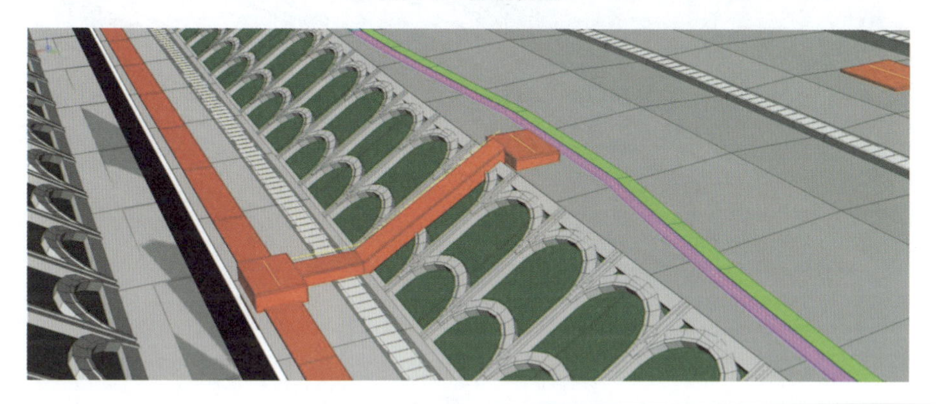

附图2　电缆槽上下路基模型

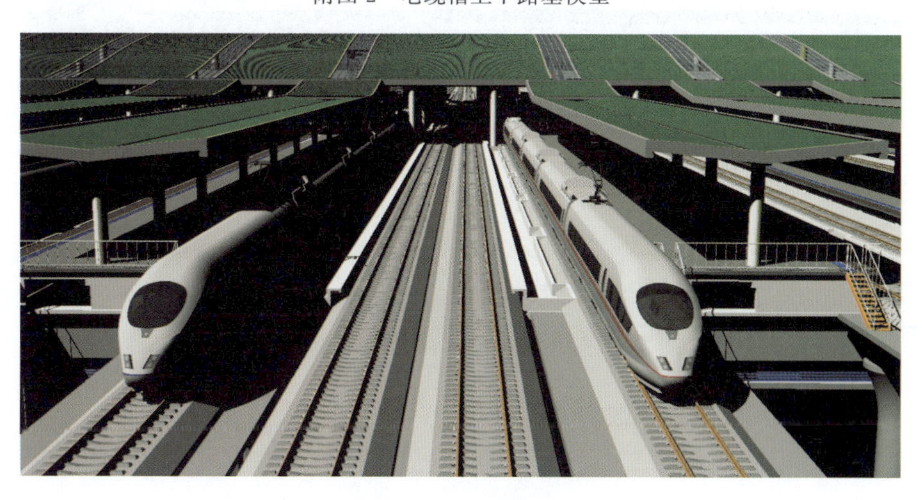

附图3　站台及雨棚模型

附图 4　信号机模型

附图 5　站场路基模型

附图 6　接触网模型

# 主要参考文献


[1] 梁旭源,宁长远,路巍,等. MicroStation CE 应用教程[M]. 北京:人民交通出版社股份有限公司,2019.

[2] 丹尼尔·索利斯,卡尔·施罗坦博尔. C#图解教程(第 5 版)[M]. 北京:人民邮电出版社,2019.

[3] 王小科,王军,赵会东. C#编程宝典[M]. 北京:人民邮电出版社,2011.

[4] 弗莱彻·邓恩,伊恩·帕贝利. 3D 数学基础:图形和游戏开发(第 2 版)[M]. 穆丽君,张俊,译. 北京:清华大学出版社,2020.

[5] 易思蓉. 铁道工程[M]. 3 版. 北京:中国铁道出版社,2015.

[6] 国家铁路局. 铁路线路设计规范:TB 10098—2017[S]. 北京:中国铁道出版社,2018.

[7] 国家铁路局. 铁路车站及枢纽设计规范:TB 10099—2017[S]. 北京:中国铁道出版社,2017.

[8] 国家铁路局. 铁路路基设计规范:TB 10001—2016[S]. 北京:中国铁道出版社,2017.

[9] 铁道第四勘察设计院. 铁路工程设计技术手册——站场及枢纽[M]. 北京:中国铁道出版社,2004.

[10] MicroStation 历史版本一览. https://communities.bentley.com/communities/other_communities/chinafirst/w/chinawiki/25457/microstation.

[11] MicroStation SDK 版本及要求. https://communities.bentley.com/products/programming/microstation_programming/w/wiki/45108/sdk-releases#MicroStationCONNECTSDKs.

[12] 一步步学习 MicroStation CE Addin 开发. https://communities.bentley.com/communities/other_communities/bdn_other_communities/w/chinabdn-wiki/38420/microstation-ce-addin.

[13] 一步步学习 MicroStation CE MDL 开发. https://communities.bentley.com/communities/other_communities/bdn_other_communities/w/chinabdn-wiki/38570/microstation-ce-mdl.

[14] 学习 Microstation 交互式工具开发. https://communities.bentley.com/communities/other_communities/bdn_other_communities/w/chinabdn-wiki/43485/microstation.